卫星测绘系列专著

资源三号卫星
测绘技术总体设计

唐新明　孙承志　高小明　等　著

科学出版社

北京

内 容 简 介

　　本书是"卫星测绘系列专著"的第一册,书中针对我国资源三号卫星测绘技术总体设计问题,在介绍国内外光学测绘遥感卫星发展现状基础上,分析我国1∶5万比例尺地形测图的需求,研究卫星立体测图的误差来源,阐述轨道、姿态、传感器畸变、影像压缩等因素对测图精度的影响,构建了立体影像仿真方法,提出满足测绘精度要求的卫星总体技术指标体系,并介绍了资源三号卫星发射后的在轨测试和总体指标实现情况。

　　本书紧密围绕卫星测绘总体设计技术展开,展示了资源三号卫星从总体精度分析到指标实现的全过程,实用性强,可作为测绘、遥感、摄影测量专业及其他相关专业的工程技术人员研究参考书。

审图号:GS(2017)3095号

图书在版编目(CIP)数据

资源三号卫星测绘技术总体设计 / 唐新明等著. —北京:科学出版社,2018.1

(卫星测绘系列专著)

ISBN　978-7-03-054033-1

Ⅰ.①资…　Ⅱ.①唐…　Ⅲ.①遥感卫星—航天摄影测量　Ⅳ.①V474.2

中国版本图书馆CIP数据核字(2017)第180943号

责任编辑:彭胜潮　赵　晶 / 责任校对:张小霞
责任印制:肖　兴 / 封面设计:黄华斌

科 学 出 版 社 出版
北京东黄城根北街16号
邮政编码:100717
http://www.sciencep.com
中国科学院印刷厂 印刷
科学出版社发行　各地新华书店经销
*
2018年1月第 一 版　　开本:787×1092　1/16
2018年1月第一次印刷　　印张:16 1/4
字数:382 000

定价:118.00元
(如有印装质量问题,我社负责调换)

序 一

人类的活动 80%和空间位置相关。随着对地观测技术水平的提高，人民的生活、政府的决策越来越依赖空间信息。现在，老百姓的出行很多都依靠导航电子地图，几乎各行各业都需要地理空间信息服务，政府的规划、管理和决策均离不开地理空间信息。在现代生活中，我们大家越来越需要精准的地理空间信息服务。

遥感影像是地理空间信息的基本组成部分。随着对地观测技术的不断发展，光学卫星影像的分辨率和精度不断提高。资源遥感卫星从 20 世纪 70 年代发展至今，以美国的陆地卫星为代表，空间分辨率从最初的 70 m 到目前的 0.31 m，短短 40 多年，分辨率提高了约 200 倍。具有代表性的有 Landsat-5 卫星，其分辨率为 30 m，IKONOS 卫星全色谱段分辨率 1 m，GeoEye 卫星全色谱段分辨率 0.41 m，WorldView-3 卫星全色谱段达到 0.31 m。目前，美国军方还有分辨率更高的卫星。影像无控制点的平面定位精度从 Landsat-5 的 400 m 左右，发展到 WorldView-3 的 2~3 m；高程精度从法国 SPOT 5 的 30 m 提高到美国 WorldView-3 的 3 m 左右。在有控制点的情况下，法国 SPOT 5 卫星的高程定位精度可以达到 5 m 左右，WorldView-3 则可以达到 1 m 以内。

除了光学遥感卫星之外，其他类型的遥感卫星也如雨后春笋般涌现，雷达卫星、激光测高卫星、重力卫星、电磁测量卫星等大批新型卫星发展迅猛，使得卫星遥感测绘能力不断提升。2000 年，美国发射的航天飞机搭载的 SRTM 系统，实现了双天线雷达干涉测量，短短的 11 天内对全球 80%的陆地表面进行了高精度地形测绘，高程精度达到 16 m。目前德国的 TerraSAR-X 卫星与 TanDEM-X 构成卫星星座，提供格网尺寸 12 m、高程精度 4 m 的数字高程模型数据。美国的 ICESat 卫星采用激光测高仪获取地面高程点，高程精度可以达到 0.15 m。

我国的对地观测技术也取得了大力发展。1999 年发射首颗中巴地球资源卫星，其影像分辨率达到 20 m，定位精度在 1.4 km 左右；资源一号卫星 02B 星的分辨率达到 2.36 m，无控制点的定位精度达到 700 m。

卫星测绘对我国的测绘事业发展起着举足轻重的作用。但直到 20 世纪末、21 世纪初，我国的地形测绘主要还是依靠航空摄影测量，由于天气、空域等方面的影响，航空摄影测量的效率一直不是很高，每年完成的航空摄影测量的面积只占国土面积的 10%左右，致使我国 1∶5 万地形图的更新周期在 10 年以上。在国民经济迅猛发展的时期，10~20 年的更新周期完全不能满足国家需求。和航空摄影测量相比，航天摄影测量可以不受地域和时间的限制，而且一次成像可以获得大范围的遥感影像，大大缩短成图周期。

我国对测绘卫星发展非常重视，从 20 世纪 90 年代就开展了相关方面研究。对卫星测绘来说，分辨率和定位精度是两个最重要的方面。到 21 世纪初，我国卫星影像的分辨率取得了较大突破，但卫星定位的精度还是不高。如何提高卫星影像的定位精度迫在眉睫。在国家测绘地理信息局的领导下，在国家国防科技工业局的鼎力支持下，我国开展了资源三号卫星的立项研制工作。资源三号卫星的核心是要解决卫星测图问题，能否测图的关键之一是卫星影像的定位精度和高程精度能否达到 1∶5 万比例尺的要求。该书作者及其团队围绕这一问题，开展了大量的理论探索和实践，对涉及卫星影像精度的问题进行了全方位的梳理；他们对影响卫星影像精度的几乎所有参数都进行了论证和分析，并完成大量实验。实践证明，他们的工作是卓有成效的。资源三号卫星已经在轨运行近五年，经过地面几何检校和数据处理之后，卫星影像的无控制点定位精度从开始的 25 m 提高到目前的 10 m，高程精度从开始的 15 m 提高到 5 m；在有控制点条件下，影像的平面精度为 3~5 m，高程精度为 2~3 m。卫星影像的定位精度比原先的设计有较大提高，整体上完成了资源三号卫星测绘技术上的突破，全面实现了 1∶5 万立体测图技术指标，获取大量的卫星影像，结束我国遥感卫星难以测图的历史，向国家交上了一份圆满的答卷，为我国的卫星测绘事业做出了重要贡献。

这套"卫星测绘系列专著"就是他们对这一工作的理论和技术总结。系列专著回顾了资源三号卫星的技术发展历程，开展了资源三号卫星的需求分析，在理论推导和仿真分析基础上，提出资源三号卫星的总体技术指标。系列专著的作者以满足高程精度要求为突破口，对卫星的几乎所有几何误差源进行了分析论证，包括卫星的轨道误差、姿态误差、CCD 安装误差以及成像模型误差等方面进行了深入地探讨，建立了资源三号卫星的轨道模型、姿态模型、CCD 指向角模型，提出了卫星几何检校的方法，构建了高精度的严密成像模型和有理函数模型，实现了国产 1∶5 万立体测图。在此基础上，他们还建立了资源三号卫星数据处理系统、影像数据库管理系统和分发服务系统，完成资源三号卫星应用系统的工程化，处理后的卫星影像已经广泛应用于测绘、国土、水利、农业、林业、城市建设、环境保护和科学研究等诸多方面，实现我国卫星应用从试验应用到应用服务型的转变。

2015 年，我国发布了国家空间基础设施中长期规划，提出要发展更高精度、更高水平的测绘遥感卫星，包括资源三号后续卫星、1∶1 万立体测图卫星、干涉测量卫星、重力测量卫星等，希望他们继续努力，不断创新，取得突破，谱写卫星测绘的新篇章，为实现卫星测绘强国梦而努力奋斗！

中国工程院院士 张祖勋

2016 年 9 月

序　二

　　岁月荏苒，光阴似箭。一眨眼，8 年过去了。2008 年资源三号卫星立项的情景还历历在目。如果从 2004 年开展资源三号卫星的前期论证算起，到现在已经有 12 年了。12 年前，我们国家卫星遥感事业正处于蓬勃发展的起步阶段。那时候，资源卫星已经发射了 01 星、02 星和 02B 星，环境减灾小卫星星座也已经起步。1999 年中巴地球资源卫星的发射，开创了我国资源卫星的先河，为我国的生态环境监测与保护提供了大量的遥感影像。2007 年资源卫星 02B 的发射，将我国卫星遥感的分辨率从 20 m 提高到 2.36 m，实现了我国高分辨率民用遥感的突破。

　　然而，当时我国卫星影像的定位精度不高，影像质量欠佳。国产卫星影像的无控制点定位精度和国外同类卫星相比存在较大差距，影像直接定位误差有时甚至超过 1 km，难以满足测绘等行业的精度要求。而法国的 SPOT 5 卫星影像的地面分辨率从原来的 10 m 提高到 2.5 m，影像无控定位精度达到 30 m 左右；美国的 IKONOS 卫星影像分辨率达到 1 m，无控定位精度达到 12 m 左右；这个精度可以直接满足 1∶5 万地形图的测图和更新要求。GeoEye-1、WorldView-3 等卫星的分辨率更是达到分米级，无控定位精度在 10 m 以内。由于国外卫星的影像质量和精度大大优于国产卫星，长期以来，我国每年不得不花费数亿美元采购国外卫星影像数据。高精度卫星影像数据基本依赖进口，使得我国的国家安全、民族权益难以得到有效保障，高质量、高精度遥感数据的获取已经成为制约我国测绘地理信息发展的最大瓶颈。

　　卫星测绘的难点是精度，如何在距离地球 500 km 的太空实现 5 m 的高程精度，是一项巨大的挑战。我和本书作者一起，从卫星的天地一体化大总体设计开始，不断探索卫星影像高精度定位的理论和方法。对摄影测量来说，卫星测绘实际上是航空摄影测量学向航天摄影测量学的发展。这种发展，不仅仅是从原来的中心投影变成多中心投影，还涉及卫星及载荷的参数设计、卫星发射过程以及在轨运行时参数的变化。因此，在卫星的总体设计时，必须仔细推敲所有可能发生的情况。航天摄影测量还有一个显著特点，就是卫星发射上天后，所有参数只能通过地面方法去验证，不可能像航空摄影测量那样拿回实验室重新测量。另外，航天摄影测量需要考虑过度参数化的问题，因为地面和卫星相距遥远，卫星平台和相机的参数都集中在卫星本体内，过度的参数化会导致模型的不一致性。需要考虑的问题很多，需要试验的内容也很多，需要解决的事情则更多。

　　通过几年的努力，我们终于厘清了 1∶5 万光学卫星立体测绘的技术途径，以及影响成像质量与测图精度的主要因素。这套"卫星测绘系列专著"实际上就是我国首颗立体测图卫星进行技术攻关的结晶。针对立体测图卫星需要解决的各种问题，作者从卫星的指标设计与论证开始，提出了卫星测图误差指标分解方法，解决了卫星与传感器精度指标设计的理论难题，论证了资源三号卫星影像高程精度达到 5 m 的技术方案，构建了资源三号卫星的总体技术指标体系。在此基础上，建立高分辨率光学遥感卫星辐射几何一体化仿真平台，构建星地闭环验证的卫星与传感器精度指标预估体系，解决了测绘卫星总体技术指标设计的仿真难题。针对卫星几何检校问题，提出了天地一体化几何检校技术和几何检校场建设方案，自主研制了高分辨率光学遥感卫星的几何检校系统，攻克了光学遥感卫星几何检校的技术难题，实现了我国高分辨率卫星几何检校技术的重大创新。针对卫星测图，提出了高精度的成像几何模型，实现了测绘卫星的高精度事后定姿和定轨，突破了航天摄影测量的大规模区域网平差技术、数字高程模型与数字正射影像高精度快速处理等核心技术，最终形成了基于资源三号卫星的 1∶5 万立体测图技术体系。

　　资源三号卫星上天后，有关部门对卫星的总体技术指标、仿真系统、几何检校等诸多技术进行了一系列验证，全面证明了该书方法的可行性和可用性。由于卫星系统的改进，有些指标比最初设计得更为先进。

　　资源三号卫星已经顺利在轨运行 4 年多，在基础测绘、国土资源、生态环境、防灾减灾等多个领域发挥了巨大作用，已经成为测绘及相关部门不可或缺的数据源。

　　希望能发射更多、更好的测绘卫星，解决数据覆盖不足的问题。同时，也希望大家再接再厉，攻克更高精度的光学测绘卫星，发展更多的其他测绘卫星，为我国攀登世界卫星测绘高峰而努力奋斗！

中国科学院院士

2016 年 9 月

前　言

　　测绘是对自然地理要素或者地表人工设施的形状、大小、空间位置(包括经度、纬度和高程)及其相关信息等进行测定、采集、表述，以及对获取的数据、信息、成果进行处理和提供的活动，是一个技术密集型行业。20世纪末，人类在空间技术和信息技术领域取得了一系列重大突破，对测绘行业产生了新的变革，也正在全方位地影响着测绘的发展。对地观测系统的发展正深刻地改变着测绘产品的形式和地图更新的手段，卫星遥感数据已成为继航空摄影之后最重要的信息源之一，可被用于制作多种满足精度要求的测绘地理信息产品，为国民经济建设和社会发展、国家安全及人民生活等提供基础保障。

　　测绘卫星是遥感卫星的重要组成部分。一般来说，我们把能够制作测绘产品的、满足测绘精度要求的卫星称为测绘卫星，其主要特征是几何精度高，包括平面精度、高程精度及重力测量精度。按照工作方式划分，测绘卫星主要有5种类型，即高分辨率光学测图卫星、干涉雷达卫星、激光测高卫星、重力卫星和导航定位卫星。光学测绘卫星及雷达卫星可以用于多种比例尺地形图的测制；激光测高卫星主要用于获取全球高程点，甚至是直接获取数字高程模型；重力卫星主要用于反演地球重力场，提高高程基准精度；导航定位卫星主要用于获取地面物体的高精度平面和高程，为各种导航和定位提供服务。

　　测绘卫星是对地观测卫星中难度较大的卫星。卫星测绘的特点是高精度测量地球。除了要看清地球表面物体之外，还要满足可量测的要求。卫星测绘实际上是国家高新技术的标志。随着对地观测应用的进一步深入，各国都把测绘卫星的发展列为重点，并积极发展自主的测绘卫星。法国、美国、印度等国都制定了本国的高精度测绘卫星和卫星测绘的发展计划，已经发射了多颗高分辨率、高定位精度的卫星，并且其数据产品在包括中国在内的国家得到了推广应用。美国在全球卫星技术领域中处于优势地位，高分辨率卫星连续发射，并且还将不断增加，仅在商业应用方面，在轨分辨率优于1 m的卫星已经达到6颗，其中WorldView-3卫星分辨率高达0.31 m。美国卫星对地观测已根据不同的应用领域、应用尺度分工明确，形成了系列化、系统化和常态化的态势；同时美国卫星产业已经不单纯依靠政府出资，商业化卫星公司的运作模式较为成功。

　　相比而言，我国的测绘卫星还处于起步阶段，在卫星性能和星系运行体系上与国际先进水平尚存在一定差距，研制高分辨率立体测绘卫星的能力亟待加强。由于我国经济基础和工业基础还比较薄弱，基础工业水平，尤其是原材料、元器件和工艺技术等方面与发达国家尚有差距，并且发达国家对我国航天技术、航天材料等实行封锁和限制，致使我国超高、甚高分辨率测绘卫星，以及雷达测图卫星、重力测量卫星等的研制能力与美国、加拿大、法国、俄罗斯、德国等航天强国相比还有一定差距。过去，由于缺少高分辨率国产测绘卫星系统，我国卫星测绘长期处于零散状态，一直在利用国外高分辨率遥感卫星进行测图和资源调查。遥感数据源依赖于国外卫星，给我国测绘应用工作的顺利及时开展带来了极大限制，进一步深化发展具有我国自主知识产权的民用遥感卫星事业迫在眉睫。

党和国家领导人对测绘工作高度重视，李克强总理在视察国家测绘地理信息局时指出，要发展我国的立体测图卫星。国家测绘局于 2005 年编制的《测绘部门"十一五"航天规划(草案)》中建议启动测绘卫星计划，研制发射我国自主的高分辨率测绘系列卫星，建立自主版权的测绘卫星综合应用服务体系。《国务院办公厅关于促进地理信息产业发展的意见》(国办发〔2014〕2 号)指出："用 5 至 10 年时间，使我国地理信息获取能力明显提升，发展测绘应用卫星，形成光学、雷达、激光等遥感数据获取体系，加强遥感数据处理技术研发，进一步提高数据处理、分析能力"。国务院已经批复的《国家地理信息产业发展规划(2013~2020)》指出："要加快产业发展基础设施建设，加快我国卫星遥感基础设施建设，尤其是光学立体测图卫星、干涉雷达卫星、激光测高卫星等的建设"。我国是发展中国家，国民经济建设和社会发展迅速、变化频繁。为满足测绘部门和国民经济各部门对地理信息的需求，必须大力发展我国自主的测绘卫星，满足国家对地理信息的迫切需求。根据目前国内测绘卫星发展现状和国际遥感卫星发展趋势，以及国家基础测绘和地理信息产业发展的需求特点，我国测绘卫星的发展应在注重数据精度和保持连续稳定数据源的基础上，发展满足国民经济和社会发展、国家安全和人民生活需求的多种测绘卫星，服务政府、服务行业、服务大众。

在国家测绘地理信息局、国家国防科技工业局、国家发展和改革委员会、财政部以及国土资源部等多个部门的支持下，资源三号高分辨率立体测图卫星作为我国首颗民用测绘卫星，于 2008 年 3 月经国务院批准立项。卫星装载三线阵测绘相机，其中，正视全色相机分辨率 2.1 m，前后视相机 3.5 m，一台多光谱相机，分辨率为 5.8 m；卫星基高比为 0.89，轨道高度为 505km，回归周期为 59 天，重访周期为 5 天。卫星主要用于全国，乃至全世界高分辨率基础地理信息的获取，进行 1∶5 万立体测绘和 1∶2.5 万地图修测，以及国土资源详查、区域地质、矿产资源调查等。卫星影像还将在城市规划和建设、生态环境调查、农业、林业、交通、通信等各个行业发挥巨大作用，为国土资源、生态环境和防灾减灾等领域服务。

自资源三号卫星发射以来，截至 2015 年年底，已累计获取原始数据 6850 轨，原始数据总量为 1027.8 TB，影像数据为 176 万景。中国区域有效覆盖面积达 1121 万 km2，已实现中国全国陆地国土面积 98.8%的有效覆盖。全球范围内有效覆盖面积达 7122.4 万 km2，有效覆盖率接近 14%。资源三号卫星的成功应用，促使国外同类卫星影像及其产品的价格在国内大幅下降。

卫星测绘的难点是精度，如何在 500 km 的太空实现 5 m 的高程精度是一项巨大的挑战。在此之前，我国卫星影像在无控制点情况下的定位精度可以达到 300 m 左右，影像定位误差有时甚至超过 1 km，影像常常需要数十个、甚至上百个控制点才能进行较高精度的平面纠正，影像质量和国外相比存在较大差距；国产卫星影像基本不能测图，无法满足测绘等高精度需求。

实现 1∶5 万立体测图是资源三号卫星重大而艰巨的使命。笔者和项目组其他同仁一起，在院士和专家的大力帮助下，在航天科技集团五院以及相关单位的支持下，开展了艰难的探索。经过 5 年左右的技术攻关，资源三号卫星终于突破我国卫星测绘的技术难题，建立起高精度光学卫星立体测图理论和技术体系，圆满实现了 1∶5 万高精度立体测图，填补了我国民用自主高分辨率卫星测绘的空白，实现了我国资源卫星从难以测图到立体测图的技术跨越，促进了航天摄影测量学的发展，推动了我国航天测绘的关键技术创新。资源三号卫星打破国外的技术封锁和数据垄断，实现我国 1∶5 万测绘从依赖国外卫星到使用国产卫星的根本性变革，使我国一举成为国际上少数几个掌握成套卫星测绘技术的国家，是我国测绘行业技术进步的划时代标志。

资源三号卫星几何数据处理的核心是航天摄影测量。过去，由于我国没有发射传输型测绘卫星，我国的航天摄影测量重点研究的是如何对国外已经处理好的传感器校正产品进行平差等处理，生成满足各种比例尺要求的地理信息产品。而在航天摄影测量中，特别是卫星指标体系设计和与卫星传感器相关的几何处理研究不多。王任享院士提出了等效框幅的卫星设计方法，张祖勋院士提出了高精度影像匹配以及大区域网平差理论和方法，李德仁院士提出了发展我国测绘卫星的设想，刘先林院士建立的 JX3、JX4 摄影测量系统可直接用于卫星测图。胡莘、方勇等为测绘卫星的设计提出了不少建设性方案。

对航天摄影测量来说，我们不仅需要对卫星获取的影像进行平差、接边等数据处理，还需要对影响测绘精度的卫星参数进行总体设计和分析。卫星升空过程对卫星的几何参数将产生重要影响，卫星上天后，由于重力的释放，也使卫星的技术参数发生变化。为保证卫星的测绘精度达到要求，需要天地一体化的检校。这些问题是航天摄影测量与其他摄影测量的主要差别，也是航天摄影测量必须解决的难题。

"卫星测绘系列专著"实际上是摄影测量在航天领域的延伸，这种延伸不仅是从航空摄影测量到航天摄影测量的延伸，还包括卫星的精密定轨等大地测量学方面；是摄影测量在卫星指标设计、卫星精密定轨、卫星几何检校和数据处理方面对方法和技术的拓展。

本套系列专著是资源三号卫星测绘在理论、技术和实现方面的总结，共分三册。第一册是《资源三号卫星测绘技术总体设计》，主要分析卫星测绘误差的来源，研究卫星测绘的总体技术指标，从理论上推导卫星测图精度，并进行仿真分析，建立资源三号卫星影像仿真系统，并对模拟的影像进行测图精度验证。第二册是《资源三号卫星数据几何处理方法》，包括卫星轨道的数据处理、姿态的数据处理、成像模型的建立、卫星几何检校场建设方法和卫星几何检校方法，并对资源三号卫星实际的测图精度进行验证。第三册是《资源三号卫星影像产品及其应用》，重点阐述资源三号卫星各类各级产品的生产方法、流程，介绍资源三号卫星海量影像管理技术和服务系统构建技术，最后概括资源三号卫星影像产品的应用情况，包括在测绘地理信息、国土资源、农林水利、生态环境、城市建设、交通和防灾减灾等领域的应用情况。

本书是本套系列专著中的第一册，主要介绍资源三号卫星测绘技术总体设计。第 1 章绪论，主要介绍资源三号的总体设计和实现情况，由唐新明执笔。第 2 章国内外光学测绘遥感卫星概况，主要介绍国内外光学测绘遥感卫星现状和发展，由高小明执笔。第 3 章卫星需求分析和指标要求，主要介绍资源三号卫星的需求分析和指标要求，从基础测绘、资源调查等方面对立体测图卫星的需求进行了详细分析，由唐新明、孙承志、胡芬执笔。第 4 章几何精度理论分析，是指标精度分析，主要介绍光学测绘卫星的指标分析方法，由唐新明、黄文超执笔。第 5 章仿真分析方法，详细介绍了资源三号卫星几何精度仿真技术，由张过、黄文超执笔。第6章是辐射几何一体化仿真，由岳庆兴、唐新明、邱振戈执笔。第7章仿真分析与验证，介绍卫星的仿真分析实验，由黄文超执笔。第8章影像压缩指标设计，介绍卫星影像压缩对测图精度的影响，由翟亮、高小明执笔。第9章仿真测图及精度分析，是卫星模拟影像的立体测图和结果分析，由潘红播执笔。第10章资源三号卫星在轨测试与验证，由唐新明、朱广彬执笔。全书由唐新明统稿，高小明和莫凡协助。

　　资源三号卫星已经顺利运行五年,本书的许多内容来自2004年开始的论证分析和卫星应用系统建设工程。由于本书时间跨度较长，当时的认识不够全面，虽然做了很多修改，但书中疏漏之处在所难免，请各位读者批评指正。

唐新明

2016 年 1 月 30 日

目　　录

序一
序二
前言
第1章　绪论 ··· 1
  1.1　引言 ·· 1
  1.2　测绘卫星分类 ·· 2
  1.3　资源三号卫星总体情况 ·· 3
  1.4　资源三号卫星技术指标与实现 ·· 4
  1.5　资源三号卫星测绘的特点 ·· 7
  1.6　主要技术设计思路 ··· 11
第2章　国内外光学测绘遥感卫星概况 ·· 14
  2.1　国外发展现状 ··· 14
    2.1.1　美国光学遥感卫星 ··· 14
    2.1.2　欧洲光学遥感卫星 ··· 21
    2.1.3　亚洲光学遥感卫星 ··· 25
  2.2　国内发展现状 ··· 30
  2.3　国内外光学遥感卫星发展特点与趋势 ·· 36
第3章　资源三号卫星需求分析和指标要求 ·· 40
  3.1　卫星需求分析 ··· 40
    3.1.1　背景和意义 ··· 40
    3.1.2　需求分析 ··· 47
  3.2　指标要求 ··· 61
    3.2.1　卫星主要任务和使用要求 ·· 61
    3.2.2　平台指标要求 ··· 63
    3.2.3　传感器指标要求 ··· 63
    3.2.4　星地一体化指标要求 ··· 67
    3.2.5　工程化要求 ··· 69
第4章　几何精度理论分析 ·· 72
  4.1　定位误差项分析 ··· 74
    4.1.1　定轨误差分析 ··· 74
    4.1.2　定姿误差分析 ··· 76
    4.1.3　相机误差分析 ··· 81
    4.1.4　时间误差分析 ··· 84
  4.2　几何精度理论分析 ··· 85
    4.2.1　成像几何关系分析 ··· 85

4.2.2　轨道误差理论分析··88
4.2.3　姿态误差理论分析··88
4.2.4　内方位元素误差理论分析···89
4.2.5　平面精度理论分析··91
4.2.6　高程精度理论分析··91
4.3　几何精度理论分析结果··98
4.3.1　原始影像几何精度理论分析结果···98
4.3.2　传感器校正影像理论分析结果···99
4.4　存在的问题和后续的工作···104

第5章　仿真分析方法··105
5.1　国内外研究现状···105
5.2　轨道仿真···111
5.3　姿态仿真···115
5.3.1　姿态建模方法···116
5.3.2　标称姿态仿真···116
5.3.3　误差姿态仿真···118
5.4　内方位元素仿真···118
5.4.1　标称内方位元素仿真··118
5.4.2　误差内方位元素仿真··120
5.5　时标仿真···120
5.6　几何模型构建··120
5.6.1　几何成像模型正算··120
5.6.2　几何成像模型反算··121
5.7　定位精度仿真分析方法···122
5.7.1　平面定位精度分析方法···122
5.7.2　高程精度分析方法···123
5.8　影像仿真方法··124
5.8.1　影像重采样方法··124
5.8.2　影像仿真方法···127

第6章　辐射与几何一体化仿真···129
6.1　地面场景建模··129
6.1.1　几何描述及建模··129
6.1.2　辐射描述与建模··131
6.1.3　连续地面辐射场构建··133
6.2　仿真相机入瞳辐亮度计算··134
6.2.1　自然光源计算···135
6.2.2　入瞳辐亮度建模··136
6.3　大气折光与大气点扩散函数···138
6.4　相机静态MTF建模···140
6.4.1　相机静态MTF分解··140
6.4.2　相机静态MTF仿真方法··143

6.5 TDI CCD 相机信噪比建模 ·······················144
6.6 相机静态辐射响应建模 ·························147
6.7 相机几何建模 ·····························149
6.7.1 相机安装模型 ·························150
6.7.2 相机光学系统几何模型 ······················150
6.7.3 探测器安装几何模型 ·······················151
6.8 轨道建模 ····························152
6.9 姿态建模 ····························153
6.10 基于光线追踪的仿真链路设计 ····················156
6.10.1 光线追踪算法 ························156
6.10.2 传统光线追踪在卫星相机成像仿真中的局限 ············159
6.10.3 卫星 TDICCD 相机成像仿真的光线追踪方法 ·············161
6.11 卫星影像仿真实验 ·························166
6.11.1 光线出发点采样方法对比实验 ···················167
6.11.2 静态 MTF 对分辨率的影响 ·····················168
6.11.3 动态 MTF 对分辨率的影响 ·····················170
6.11.4 不同积分级数下的 MTF-SNR 综合响应 ················171
6.11.5 三线阵 TDI CCD 影像模拟 ·····················172

第7章 仿真分析与验证 ···························174
7.1 仿真精度和理论精度对比分析 ·····················174
7.1.1 定轨误差分析 ························175
7.1.2 定姿误差分析 ························176
7.1.3 定姿设备安装误差分析 ······················178
7.1.4 相机安装误差分析 ·······················179
7.2 仿真精度和实际精度对比分析 ·····················180
7.2.1 平面定位精度分析 ·······················180
7.2.2 高程精度分析 ························182

第8章 影像压缩指标设计 ·························185
8.1 遥感影像压缩主观质量评价 ·····················185
8.1.1 专家打分法 ·························185
8.1.2 模糊综合评判方法 ·······················186
8.2 遥感影像压缩构像质量评价 ·····················187
8.2.1 影像特征分析 ························187
8.2.2 影像对比分析 ························189
8.3 遥感影像压缩几何质量评价 ·····················191
8.3.1 影像匹配精度评价 ·······················191
8.3.2 数字表面模型精度评价 ······················192
8.3.3 定位精度评价 ························192
8.4 影像压缩比试验 ··························193
8.4.1 主观评价试验与结果分析 ·····················193
8.4.2 构像质量评价试验与结果分析 ···················197
8.4.3 数字表面模型精度评价实验 ····················201

　　　　8.4.4　定位精度评价实验···204

第9章　仿真测图及精度分析··208
　9.1　连云港试验区验证···208
　9.2　嵩山试验区仿真验证··213
　9.3　结论···217

第10章　资源三号卫星在轨测试与验证·····································218
　10.1　在轨测试要求···218
　10.2　方法和内容···219
　　10.2.1　卫星工程参数测试···219
　　10.2.2　卫星业务测试··223
　　10.2.3　相关系统指标测试···230
　10.3　在轨测试成果及结论··233
　　10.3.1　在轨测试成果··233
　　10.3.2　在轨测试结论··235

参考文献··237

致谢···242

第1章 绪 论

1.1 引 言

人类的活动时时刻刻都离不开地理空间信息。作为测绘成果的地理信息，客观地表现地球表面重要的自然地理要素与人工设施的空间位置、形态特征和相关关系，准确地描述地名、境界等人文要素所对应的空间位置和空间范围。测绘所涉及的时空基准、基础地理信息、国家系列地图等信息作为国民经济与社会信息化建设的基础性产品，已经成为国家空间信息基础设施的核心组成部分。现势性强、精度高的地理信息数据可广泛应用于地方、国家和全球事务中，在资源管理、国家安全、防灾减灾、城市建设、交通运输、环境保护等各个领域发挥重要作用。

随着我国国民经济的高速发展，传统测绘技术如航空摄影测量已经远远不能满足我国信息化建设的要求，必须采用航天手段，依靠测绘遥感卫星，实时获取各种空间信息，以建立和维持我国高精度的时空基准，及时更新各种比例尺的基础地理信息，快速生产现势性强的国家系列地图。我国正在实施国家空间信息基础设施建设等重大工程，各行业部门对高分辨率基础地理信息提出了强烈需求，因此亟须发展我国自主的高分辨率立体测图卫星，以生产现势性强、精度高的基础地理信息数据，供各行业部门使用。

由于测绘技术的迅速发展，测绘已经越来越依赖于卫星影像资料。据 2005 年的数据统计，测绘部门使用的卫星遥感数据 90%以上来自于美、法、加等国的遥感卫星，卫星的数据源基本由国外所控制。一旦外部环境发生变化，我国在地理信息建设方面将极为被动。只有建立了我国长期、稳定、连续的国产高分辨率立体测图卫星，才能自主地、不依赖任何外国数据源进行空间数据基础设施建设，大幅提升我国自主信息保障能力和全球空间信息获取能力，全面提高我国信息安全和国防安全水平，更好地为国民经济、国防建设和社会发展服务。

进入 21 世纪以来，我国的航天技术得到了空前发展，已经具备了研制发射我国自主的高分辨率立体测图卫星的能力。发射高分辨率立体测图卫星，可以为国家基础地理信息系统建设、维护和更新提供数据源，满足 1∶5 万所要求的影像地面分辨率及其相应的平面和高程的精度要求，同时兼顾更大比例尺地图修测及资源、环境、水利、交通、城市建设、灾害评估和国家安全、寓军于民等方面的需求。高分辨率立体测图卫星的研制、发射及应用，将会带动我国航天与测绘高科技的发展，打破国外对高分辨率遥感信息资源的垄断，推动我国地理空间信息产业的发展，提高我国的国际地位，增强我国在国际竞争中的综合实力。

我国测绘部门经过"八五""九五""十五"等几个五年计划的建设，已经建立了较为完整的地理信息处理和数字化测绘生产体系。2005 年，全国基础测绘有 2 万人的队伍从事数字化测绘生产，其中技术人员约占 60%。全国从事测绘的单位从业人员总计 19

万人，从业人员每年明显递增。测绘部门已基本形成以数字栅格图、数字正射影像、数字高程模型、数字线划图等为基础产品的基础地理信息数据生产流程，以及数字化测绘生产的能力；建立了集遥感数据处理、应用和分发于一体的航空航天遥感数据处理系统，形成了一定规模的仪器装备和生产科研队伍，为我国高分辨率立体测图卫星的数据处理奠定了基础。

发射高分辨率立体测图卫星可为国家基础地理信息系统建设、维护和更新提供必不可少的数据源，满足 1∶5 万比例尺基础地理信息的生产和更新需求，同时兼顾更大比例尺地图修测及资源、环境、水利、交通、城市建设、防灾减灾以及国家安全等方面的需求，带动我国航天与测绘高科技的发展，提高我国的国际地位，增强国际竞争的实力，打破西方国家对高分辨率遥感信息资源的垄断，推动我国地理空间信息产业的发展。

从 20 世纪 90 年代开始，我国的航天工业得到了空前的发展。"十一五"期间已经初步建立了导航、气象、海洋、资源卫星系列和环境与减灾卫星星座，开始形成国家对地观测体系，已经具备了自主研制发射的高分辨率立体测图卫星的能力。根据国民经济和社会信息化建设的需要，要求加快我国空间信息基础设施建设和测绘信息产品的生产更新速度，急需发展我国独立自主的测绘卫星。

1.2　测绘卫星分类

资源三号卫星是测绘卫星大家庭中的一员，主要用于立体测图。一般来说，测绘卫星是指具备大地测量和摄影测量等测绘能力的卫星，这些卫星必须具备较高的平面、高程或者重力测量精度。若从传感器的类型来区分，测绘卫星主要包括高分辨率光学测图卫星、干涉雷达卫星、激光测高卫星、重力测量卫星和导航定位卫星等五种类型。其中光学测绘卫星、干涉雷达卫星、激光测高卫星主要采用光学相机、微波合成孔径雷达、激光雷达等手段获取光学影像、雷达影像和激光测高数据，满足大中比例尺测图需求，这三种卫星一般称为测绘遥感卫星。在光学卫星中，以立体测图为主要功能的卫星一般称为光学立体测绘遥感卫星(或立体测图遥感卫星)，简称光学测绘遥感卫星，或者直接称为光学测绘卫星。而只能获取平面影像的卫星，或者以平面影像获取为主、立体影像获取为辅的卫星一般称为遥感卫星。但必须指出，高分辨率光学遥感卫星由于影像分辨率高、影像定位精度高，完全可以满足基础地理信息更新的需求，因此从广义的角度说，也是一种测绘卫星。光学测绘卫星还可以根据比例尺进行细化，满足 1∶5 万比例尺精度要求的卫星可以称为 1∶5 万立体测图卫星；满足 1∶1 万精度要求的称为 1∶1 万立体测图卫星。干涉雷达卫星主要采用主动发射微波的方式获取地面的雷达影像，并采用干涉测量的手段形成数字高程模型，卫星的种类同样也可以细分。激光测高卫星采用发射和接收激光的方式获取地面高程信息，也可以按照传感器的不同进行细化。重力卫星主要采用重力加速度计或者重力梯度仪获取地球重力数据，从而恢复全球重力场。而导航定位卫星则依靠卫星的高精度时钟对地面可以获得卫星信号的物体(或人)进行精确定位，是一种对目标进行定位测量的卫星。测绘卫星的分类见图 1.1。

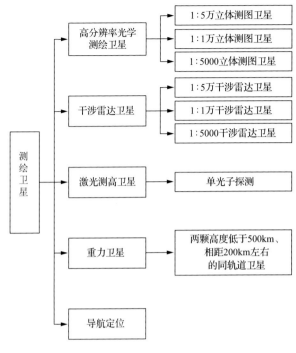

图 1.1　测绘卫星的分类

1.3　资源三号卫星总体情况

我国自 20 世纪 80 年代以来，陆续发射了气象、海洋、资源、环境减灾等系列遥感卫星，对地观测卫星的分辨率逐步提高。但长期以来，我国卫星影像的定位精度不高，影像质量较差。国产卫星的无控制点定位精度和国外同类卫星相比存在较大差距，影像定位误差有时甚至超过 1 km。一些卫星的影像需要数十个甚至上百个控制点才能进行较高精度的平面纠正，影像质量和国外相比也存在巨大差距。在资源三号卫星发射之前，国产卫星影像基本不能测图，无法满足测绘应用等高精度需求，致使我国每年不得不花费数亿美元大量采购国外卫星数据。由于高精度卫星影像数据基本依赖进口，使得我国的国家安全、民族权益难以得到有效保障，自主高精度卫星影像数据源缺乏已经成为制约我国测绘地理信息发展的最大瓶颈。

资源三号卫星是高分辨率光学传输型立体测图卫星，集测绘和资源调查功能于一体。卫星采用三线阵测绘方式，由具有一定交会角的前视、正视和后视相机通过对同一地面点不同视角的观测，形成立体影像，同时配以精确的内外方位元素参数，准确获取影像的三维地面坐标，生产 1∶5 万测绘产品，以及开展 1∶2.5 万及更大比例尺地形图的修测与更新。卫星通过多光谱数据的获取，并配以正视高分辨率数据，可用于地物要素判读、国土资源调查和监测以及其他相关应用。

鉴于国民经济和社会发展对地理信息的迫切需求，从 2005 年 1 月开始，国家测绘局(现为国家测绘地理信息局)和中国航天科技集团公司联合成立论证组，对我国 1∶5 万立体测图卫星需求的必要性和可行性进行了分析和论证。2005 年 9 月,双方合作完成了测绘卫星的需求和可行性论证。从 2005 年年底开始,开展了立体测图卫星的深化论证工作,从技术可实现性及数据处理等多方面进行了进一步论证,同时开展了卫星测绘关键技术的深入研究。2008 年 3 月,国务院正式批准资源三号卫星工程立项。卫星工程由卫星系统、运载火箭系统发射场系统、测控系统、地面系统和应用系统六大系统组成,卫星工程由中国航天科技集团公司五院负责总体研制,国家测绘局负责完成卫星大总体指标设计以及地面应用系统建设,并负责卫星大总体技术指标的实现。

2012 年 1 月 9 日,资源三号卫星在太原卫星发射中心成功发射;7 月 30 日,卫星完成在轨交付。在轨测试结果表明,资源三号卫星测绘的总体精度指标优于法国 SPOT 5、日本 ALOS 等国外同类产品。卫星在稀少控制点的条件下,影像平面精度优于 3 m,高程精度优于 2 m,全面超过了 1∶5 万立体测图卫星设计指标,并可用于 1∶2.5 万测图及部分 1∶1 万地理要素的更新。在无控制点的条件下,影像平面精度优于 10 m,高程精度优于 5 m;卫星影像的直接定位精度从 1000 多米提高到 10 m 以内。多光谱卫星影像配准精度达到 0.15 个像元,总体影像质量优于国外同类卫星。

资源三号卫星打破了国外对我国的技术封锁和数据垄断,实现了国产遥感卫星从"有"到"好用"、从示范应用到业务化运行的根本性转变,突破了困扰我国高分辨率遥感数据长期依赖进口的瓶颈,开创了自主航天测绘的新纪元,是我国航天和测绘事业的重要里程碑,也是我国测绘行业技术进步的划时代标志。

到 2016 年年底,资源三号卫星已向测绘、国土、水利、地矿等行业的 1800 多家单位提供影像产品 32 万余景,累计面积超过 1.92 亿 km^2,为基础测绘、国土资源、林业调查等提供了有效保障,产品已推广到澳大利亚、德国、巴西等 30 多个国家和地区,在国际上产生巨大反响。

1.4 资源三号卫星技术指标与实现

资源三号卫星是我国首颗民用高分辨率光学传输型立体测图卫星。卫星采用太阳同步圆轨道,设计轨道高度约为 505 km,可对地球南北纬 84°以内的地区实现无缝影像覆盖,卫星重量约为 2650 kg,倾角为 97°。降交点地方时为上午 10∶30,设计寿命为(4+1)年,其中 4 年是设计寿命,1 年为试验考核期。卫星的回归周期是 59 天,具有±32°的侧摆能力,在侧摆条件下,卫星的重访周期为 5 天。

资源三号卫星采用"三线阵+多光谱"实现立体测图和地图更新。三线阵相机由前视、正视和后视相机组成,前后视相机的影像地面分辨率优于 4 m,正视相机分辨率设计指标优于 2.5 m,卫星基高比为 0.89。多光谱相机设计红、绿、蓝及近红外 4 个谱段,分辨率优于 6 m。卫星采用双频 GPS 定位,在轨定位精度设计优于 10 m,测速精度优于 0.2 m/s。此外,卫星安装了激光角反射器,联合双频 GPS 和 SLR(卫星激光测距)定轨,定轨设计指标优于 20 cm。资源三号卫星采用 3 台高精度星敏感器和多组陀螺进行联合定姿,姿态测量精度优于 0.01°(3σ),姿态稳定度优于 5×10^{-4}(°)/s(表 1.1,图 1.2)。

表 1.1　资源三号卫星设计总体技术指标

项目	设计指标
发射日期	2012 年 1 月 9 日
轨道	高度 505 km
	太阳同步，降交点地方时上午 10:30
	周期 97 分钟
卫星设计寿命	5 年
卫星重量	重 2650 kg
	太阳能电池 3.2 KW，蓄电池 100 Ahr
传感器波段	全色谱段
	4 个标准谱段：红、绿、蓝、近红外
传感器分辨率	全色：正视优于 2.5 m(GSD)，前后视优于 4 m(GSD)
	多光谱：星下点处优于 6 m(GSD)
全色相机数量	3 台(正视相机，前视相机和后视相机)，前后视夹角 46°
CCD 记录	每像元 10 bits，延时积分成像(TDI CCD)
成像幅宽	平面 51 km，立体 45 km
姿态测定与控制	三轴稳定
	星敏感器，陀螺
指向精度	0.1°
侧摆能力	±32° 侧摆
周期	回归周期 59 天
	重访周期 5 天
几何精度	无地面控制点，平面精度优于 100 m
	有地面控制点，平面精度优于 25 m，高程精度优于 5 m
标准数据产品	1：5 万 DSM、DEM、DOM、DLG

　　2012 年 1 月 9 日，资源三号卫星在太原卫星发射基地成功发射。通过对资源三号卫星 3 个月的在轨测试和长达 5 年的跟踪测试，卫星运行情况良好。卫星影像、姿态、轨道原始观测数据完整、正确，数据获取链路畅通。经过大规模的数据测试和验证，卫星系统的整体功能和性能全面满足《资源三号卫星工程研制总要求》，关键项目性能优于指标要求。地面系统工作正常、运行稳定，功能和性能满足在轨测试要求。卫星获取的影像清晰，三线阵、多光谱相机内方位元素保持高精度稳定，外方位元素(姿态、轨道、

时间)精度保持稳定，经过地面几何检校后，定位精度达到国际先进水平。对卫星测图精度验证及测图产品精度检查的结果表明，该卫星完全满足1∶5万立体测图精度、1∶2.5万地图更新要求(表1.2)。

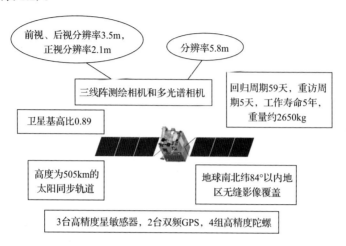

图 1.2　资源三号卫星主要设计指标

表 1.2　资源三号卫星达到的技术指标

功能	设计指标	达到的技术指标
地面像元分辨率	前视：优于 4 m	3.50 m
	后视：优于 4 m	3.51 m
	正视：优于 2.5 m	2.07 m
	多光谱影像：优于 6 m	5.74 m
立体有效覆盖宽度	大于 45 km	52 km
系统在轨动态 MTF	优于 0.1	正视：优于 0.12
		前视：优于 0.16
		后视：优于 0.14
		多光谱 B1：优于 0.20
		多光谱 B2：优于 0.21
		多光谱 B3：优于 0.20
		多光谱 B4：优于 0.14
平面和高程精度	有地面控制点平面精度：优于 25 m	1.7 m（单景平差精度）
	有地面控制点高程精度：优于 5 m	2 m（单景平差精度）
	无地面控制点平面精度：优于 100 m	10 m
辐射定标精度	全色影像的相对辐射定标精度：优于 3%	相对定标精度 0.52%
	多光谱影像的相对辐射定标精度：优于 3%	相对定标精度 0.8%
	全色绝对定标精度：优于 7%	4.8%

功能	设计指标	达到的技术指标
辐射定标精度	多光谱影像的绝对辐射定标精度：优于 7%	4.8%
测图精度要求	1∶5 万数字地形图基本产品	平面：4.7 m， 高程：1.2 m(平地)
	1∶5 万数字高程模型	高程：1.8 m(平地)
	1∶5 万数字正射影像图	平面：3 m(平地)
	1∶2.5 万地形图修测	
轨道测量精度	优于 10 m(实时，1σ)	优于 4 m(实时，1δ)
姿态稳定度	$\leqslant 5\times10^{-4}$(°)/s	$\leqslant 3\times10^{-4}$(°)/s
卫星指向精度	$\leqslant 0.1°$	0.08°
三线阵相机信噪比	太阳高度角 70°、地面反射率 0.3 的条件下，SNR 优于 42 dB	前视 44 dB
		后视 47 dB
		正视 44 dB
	太阳高度角 30°、地面反射率 0.03 的条件下，SNR 优于 28 dB	前视 39 dB
		后视 38 dB
		正视 36 dB
多光谱相机信噪比	太阳高度角 70°、地面反射率 0.3 的条件下，SNR 优于 40 dB	B1：41.3 dB
		B2：40.4 dB
		B3：41.3 dB
		B4：40.7 dB
	太阳高度角 30°、地面反射率 0.03 的条件下，SNR 优于 20 dB	B1：32.5 dB
		B2：31.4dB
		B3：30.5dB
		B4：32.9 dB
几何检校	利用检校场对 CCD 探元指向角进行标定，精度优于 0.3 像元	0.25 像元
姿态数据处理精度	经过地面控制点处理后，结合精密定轨数据，姿态精度达到 0.6″(1σ)	0.6″(1σ)

1.5 资源三号卫星测绘的特点

资源三号卫星最大特点是首次实现国产自主卫星的高精度立体测图。

资源三号卫星立足航天摄影测量的技术前沿，针对我国资源卫星难测图的问题，突破了我国高分辨率立体测图卫星从卫星总体技术指标设计到几何检校及立体测图等一系列技术难题，卫星影像比原来国产资源卫星的直接定位精度提高了数十倍，产品全面满足了 1∶5 万和 1∶2.5 万立体测图精度的要求，已达到国际同类领先水平。总体来说，资源三号卫星在测绘技术方面具有以下几个特点。

(1)在卫星测绘技术设计方面，建立了光学测绘遥感卫星辐射几何一体化的仿真平台，解决了测绘遥感卫星总体精度设计的难题，实现了卫星总体技术指标设计的定量化。

测绘卫星是可用于高精度三维立体测图的遥感卫星，其特点是天地一体化程度高、设计难度大、精度要求高，是遥感卫星中技术难度极大的卫星。

在资源三号卫星论证过程中，笔者提出了卫星测图误差指标分解方法，解决了卫星精度指标设计的理论问题，论证了资源三号卫星影像高程精度达到 5 m 的技术方案。针对 1∶5 万立体测图的应用需求，研究包括相机分辨率、光学系统误差、焦平面误差，以及星敏感器姿态测量误差、姿态稳定度和卫星颤振、轨道实时和事后处理误差、时间同步误差、基高比等在内的全链路成像过程误差公式，建立严密的光学卫星线阵摄影测量模型，形成高精度光学立体测图卫星精度分析方法，与卫星研制部门一起，提出采用 2~5 m 分辨率三线阵测绘相机进行 1∶5 万比例尺立体测图的技术方案，制定《资源三号卫星研制总要求》，构建资源三号卫星的总体技术指标体系。

在理论分析基础上，建立了高分辨率光学遥感卫星辐射几何一体化仿真平台，解决了测绘卫星总体技术指标设计的仿真问题，发展了基于姿态运动学的姿态仿真模型，提出了功率谱合成等方法，实现了不同姿态确定精度、不同稳定度、长短周期变化及高频颤振等姿态模拟；对轨道误差、内方位元素误差和时间同步误差分别建立轨道动力学仿真模型、内方位元素拟合模型和 TDI 时间积分模型，构建全链路辐射仿真技术，发展光学系统成像退化模型和电子系统成像退化模型，实现了地面辐亮度场建模、全色相机和多光谱相机辐射响应模拟、静态/动态 MTF 模拟、SNR 模拟、TDI CCD 成像数值积分器模拟；基于逆向蒙特卡罗光线追踪等方法，自主构建辐射几何一体化仿真平台，实现卫星总体技术指标设计的定量化。该平台模拟大量的卫星影像，对多种条件下生成的仿真数据进行立体测图精度评价，构建星地闭环验证的卫星精度指标预估体系。

针对卫星下传的影像数据质量，提出一套面向测绘等卫星应用的遥感影像压缩及质量评价方法，构建我国光学遥感卫星影像压缩质量评价体系，实现星上数据高保真压缩技术，自主设计影像构像质量的综合性评价指标；对多种压缩比采用多种数据、运用多种方法，对多种应用目标进行了上千幅影像的压缩试验和评价；提出了我国光学测绘卫星影像压缩比一般不应超过 4∶1 的指标，改变了过去国产高分辨率卫星长期采用 8∶1 压缩比的局面。

(2) 建立我国高分辨率光学遥感卫星几何检校场，突破国产光学卫星几何检校技术难题，结束我国卫星定位精度长期低下的历史。

卫星的高精度几何检校是卫星能否测图的前提。在资源三号卫星之间，我国高分辨率卫星的无控制点定位精度和国外同类卫星的定位精度存在较大差距，如资源一号 02B 星定位精度为 1 km、资源二号 03 星等卫星的定位精度为 200 m，传感器内部几何检校几乎是空白。而国外卫星 SPOT 5、ALOS 等定位精度达到几十米，国外近些年发射的高分辨率的 GeoEye 和 WorldView 等卫星的无控制点定位精度在 10 m 以内。

卫星几何检校是高精度测绘的瓶颈问题，也一直是国外不公开的核心技术。笔者深入研究了卫星几何检校原理，自主提出了天地一体化几何检校技术和几何检校场建设方案。从几何检校场面积、地形、气象、人工几何靶标、自然标志点、地物波谱 6 个方面出发，完成了资源三号卫星地面几何检校场建设方案。在国内遴选出新疆、黑龙江、内蒙古、河北、河南等地区作为我国测绘卫星高精度几何检校场的候选区域，并建立了我国光学遥感卫星几何检校场。

在研究法国、美国等卫星在轨几何检校方法基础上，笔者提出采用 1∶2000 数字高程模型和数字正射影像并辅以人工靶标进行国产光学卫星高精度几何检校的方法，构建广义指向角模型、多 CCD 拼接拟合和 CCD 线阵畸变综合处理等模型，实现内方位元素的精确标定；采用相位配准的方法，突破资源三号卫星影像亚像元匹配技术；提出波尔兹曼曲线拟合人工靶标像点坐标的方法，提取精度达到 1/20 像元；针对卫星的上千个技术参数，提出了对姿轨参数误差和设备安装误差分步求解的策略，解决了内外方位元素之间的强相关性问题；提出了多检校场、多类型控制点联合标定技术和方案，解决了外方位元素的动态变化问题。

自主研制了高分辨率光学遥感卫星的几何检校系统，全面攻克我国光学遥感卫星几何检校的技术难题，建立 1∶5 万光学遥感卫星检校技术体系，实现我国高分辨率卫星几何检校技术的创新。利用华北等多个地区的高精度数字高程模型和数字正射影像及人工靶标数据，对资源三号卫星影像进行在轨几何检校。首次检校后，三线阵全色相机的内方位元素标定精度达到 0.25 像元以内，影像无控制点定位精度从检校前的 900 m 提高到 25 m。多次检校后影像的无控制点定位精度达到 10 m，影像直接定位精度提升 90 倍。经过检校，资源三号卫星影像无控制点定位精度已超过法国 SPOT 5、日本 ALOS 和印度(CartoSat，又称 IRS P5)等卫星，居国际同类卫星的首位。

(3)建立高精度的成像几何模型，实现测绘卫星的高精度事后定姿和定轨，突破航天摄影测量的一整套核心技术。

卫星成像几何模型、定轨和定姿参数是高精度测图的关键。模型的严密性、姿态和轨道的精确性都对测图精度起决定性作用。

笔者针对资源三号卫星下传的轨道、姿态数据，构建卫星事后定姿、事后定轨技术；提出星载和地面一体化联合精密定轨方法与卫星轨道系统误差标定方法，实现资源三号高精度 GPS 事后定轨，三维定轨精度达到 3~4 cm；发展了双向卡尔曼滤波算法，研制了星敏感器相机偏置矩阵模型和星敏感器陀螺联合定姿方法，资源三号卫星姿态后处理精度达到 1 角秒。

在线阵推扫式多中心投影理论的基础上，自主提出资源三号卫星严密成像模型构建方法，建立高精度的有理函数模型(RFM)。针对卫星的姿态变化、TDI CCD 积分时间不连续、成像系统变化等不规则成像问题，自主提出虚拟重成像技术，构建理想线阵无畸变虚拟 CCD 成像模型，实现了从基于实验室参数的严密成像模型到在轨运行严密成像模型的简化；构建虚拟控制点求解方式，实现 RPC 参数的高精度稳健估计求解，建立了分子分母不相同的三阶有理函数模型。严密成像模型到有理函数模型的转换误差优于 0.0015 像元，大大优于 0.05 像元的平均水平。

利用自主研发的成像几何模型，资源三号卫星影像的精度达到：①稀少控制点时，平面精度优于 3 m，高程精度优于 2 m，全面超过 1∶5 万测图精度指标，可进行 1∶2.5 万立体测图，还可以用于 1∶1 万部分地形要素的更新。②无控制点时，平面精度优于 10 m，高程精度优于 5 m，可直接用于 1∶5 万基础地理信息更新，甚至可用于全球 1∶5 万无控制立体测图。测图精度全面优于法国 SPOT 5、日本 ALOS 和印度 P5 等国外立体测图卫星，不仅结束了我国卫星难以测图的历史，而且使得自主卫星的测图精度与国际同类卫星相比处于领先水平。

(4)建立国际通行的资源三号卫星产品体系，自主研制从原始影像到测绘产品的全流程并行数据处理系统，其产品质量与国际接轨。

过去，我国资源卫星的辐射处理精度偏低，影像产品质量不高，立体测图产品缺乏，产品体系无法与国际接轨，严重制约了国产卫星影像产品的规模化应用。

笔者研发了三线阵立体影像辐射校正技术，提出自适应动态求解相对辐射定标参数的方法，解决多 CCD 光谱差异、死像元剔除、抽头平滑等技术问题。资源三号卫星影像相对校正精度优于 1%；提出了多光谱影像虚拟化技术，解决了谱段间高精度配准问题，谱段间配准精度达到 0.15 像元，比原有国产资源卫星的配准精度提高 60% 以上。

针对海量遥感影像处理和复杂计算的瓶颈问题，自主研制了从原始影像到测绘产品的全流程并行数据处理系统。对辐射校正、传感器校正、内外方位元素标定、成像模型参数计算、三线阵影像匹配等每个处理功能进行针对性的并行优化，解决了 I/O 密集型和计算密集型的负载均衡问题，实现三线阵影像辐射和几何的并行化处理、自动化调度及流程控制，传感器校正产品的生产效率达到 20s/景(15 个计算节点)；提出采用线面约束条件下，基于 RPC 模型的物方面元多视并行匹配算法，实现数字表面模型的快速生产。

在数据处理过程中，笔者采用同类误差合并处理原则，建立满足测绘及相关行业需求的国际通行的测绘遥感影像产品体系。根据资源三号卫星影像全色、立体、多光谱等数据特点，制订资源三号卫星测绘产品生产工艺流程，自主研发附带严密成像几何模型和 RPC 模型的传感器校正产品、系统几何纠正产品、精纠正产品及核线产品等不同等级、不同精度的测绘产品，制订 22 项生产技术规程和产品规范，实现生产运行的业务化。

从总体上看，资源三号卫星突破了航天摄影测量的一整套核心技术，填补了我国民用自主高分辨率卫星测绘的空白，建立了高精度光学卫星立体测图理论和技术体系，极大地促进了航天摄影测量学的发展，实现了我国资源卫星从难以测图到立体测图的技术跨越，全面推动了我国航天测绘的关键技术创新。打破了国外的技术封锁和数据垄断，实现了我国 1∶5 万测绘从依赖国外卫星到使用国产卫星的根本性变革，使我国一举成为国际上少数几个掌握成套卫星测绘技术的国家，是我国测绘行业技术进步的划时代标志。

1.6　主要技术设计思路

1. 影响卫星测图精度的因素

卫星测绘是航空摄影测量从空中向空间的延伸，但这种延伸不仅仅是高度从数千米到数百千米的变化，更重要的是卫星的传感器成像方式的变化。卫星在地面研制，经过发射段和失重的影响，原先地面获取的传感器参数都将发生变化，使得原先建立的模型都要进行改正。另外，由于绝大多数传感器采用线性推扫方式，使得卫星的摄影变成了多中心投影方式，卫星的姿态处理也成为一个重要方面。

影响卫星测图精度的因素有很多，概括起来，主要包括以下几个方面：影像的分辨率、相机的主点主距和畸变、CCD 拼接精度、姿态角误差、像点量测误差、轨道误差及相机的安装矩阵。其中，轨道误差基本是线性误差，对无控制点测图精度影响较大；在有控制点时，这项误差基本可以消除。

卫星的影像分辨率和成像质量是影像测图能力的首要指标，如果影像质量不佳，则影像匹配等都无从谈起。

对 1∶5 万测图来说，影像的分辨率为 2~5 m 较好。2~5 m 分辨率可以有效保证传感器的幅宽，从而减少多个相机拍摄的影像之间的拼接，降低影像处理的难度，提高成图效率。

相机的主点主距和畸变则会影响像元的大小和影像的变形。对测绘相机来说，其边缘畸变一般需要校正到 1/3 像元之内，像主点偏移一般需要修正到 1 个像元之内。CCD 拼接误差主要针对影像内部的几何关系，一般需要将内部拼接误差控制到 1/3 像元之内。

对测图精度影响最大的是姿态角误差。这种姿态角误差主要来源于卫星的姿态测量精度和姿态稳定度精度。姿态测量精度和卫星的稳定度受多种因素的影响，包括陀螺、星敏感器以及卫星的活动部件。对于无控制点测图来说，姿态测量精度和事后姿态处理精度是最重要的技术指标。要满足 100 m 的平面定位精度，一般需要姿态测量精度至少达到 $0.01°$，事后姿态处理精度达到 $0.007°$。而对于有控制点测图来说，卫星的姿态稳定度是最重要的技术指标。一般来说，要达到 5 m 的平面和高程精度，则需要姿态稳定度达到 $5×10^{-4}$ (°)/s。影响测量精度的还有相机和卫星本体之间的夹角误差，以及 GPS 天线和本体之间的夹角误差。在卫星上天之后，一般要通过几何定标把这种安装误差消除到最低。

卫星测图还要考虑时统误差。对 1∶5 万测图来说，需要把时统误差控制在 20 μs 内。对高程精度的影响还有一个基高比，一般来说，基高比为 1 时，高程精度最好。但基高比为 1 时，人眼进行长时间立体观测，比较费眼，反而影响人工测图的效率和精度。为了照顾计算机自动匹配和人工测图等多种测绘模式，还需要对基高比进行设计。

影响测图精度的还有传感器之间的夹角及夹角的稳定性等。对于延时成像 CCD 来说，还要考虑不同积分成像对几何精度的影响。

2. 资源三号卫星测图精度的概略分析

卫星测绘精度概略分析主要是采用简化的摄影测量方法，对影响卫星测绘精度的核心因素进行大致的计算，是开展测绘卫星详细论证的基础。表 1.3 是资源三号卫星精度分析的初步结果。对资源三号卫星来说，平面精度 25 m、高程精度 5 m 是最主要的精度指标。一般来说，若高程可以达到 5 m 的精度，则平面 25 m 的精度一定可以实现。表 1.3 主要考虑卫星的轨道、摄影基线、畸变误差、像点量测、内方位元素、姿态误差几个方面对高程精度的影响。

表 1.3　资源三号卫星影像高程精度分析(按轨道高度 500km 计算)

误差源		误差源性质	误差源大小	有控制点精度/m	无控制点精度/m
摄站位置误差		随机	0.2 m	0.2	0.2
基线量测误差		随机	0.49 m	0.61	0.61
像点坐标及内方位元素误差	像点量测误差	随机	3.3 μm	3.54	11.3
	畸变标定后残差	随机	3.3 μm		
	主距误差	随机	3 μm		
		系统	15 μm		
三轴指向误差	姿态稳定度	随机	0.9″	2.88	43.58
	姿态测量精度	系统	0.005°		
	控制点对外方位元素标定后残差	随机	0.3″		
总误差				4.61	45.02

从表 1.3 可以得出以下结果：

(1)若像点量测误差多 1 μm，或影像匹配误差多 1 μm，则高程误差约增加 0.4 m。

(2)若姿态角误差多 0.1″，则高程误差约增加 0.3 m。

(3)若摄站误差多 10 cm，则高程误差增加 0.055~0.076 m。

(4)若焦距测误差多 1 μm，则高程误差增加 0.02~0.03 m。

从以上计算结果可以看出，像点量测误差和姿态角误差对最终高程精度的影响最大。若像点量测误差或影像匹配误差多 1 μm，或者姿态角误差多 0.1″，则高程精度将下降 0.3~0.4 m。

因此，对于测绘卫星，第一要保证分辨率和影像质量；第二要保证姿态的稳定度。对于分辨率和影像质量来说，相机系统的结构设计、光学系统设计和电子学系统设计是关键；影响姿态测量精度的元素主要包括星敏感器和陀螺测量精度、星敏感器和陀螺测量与卫星平台安装精度、联合滤波的算法精度等，影响姿态稳定度的因素主要包括星体内部动量轮或其他器件的活动、太阳光压等外界条件影响，以及相应的姿态控制系统等。要使资源三号卫星测图精度满足任务指标，需确保各主要误差源分别达到各自的分解指标要求。

3. 卫星测绘总体设计内容

从总体上讲，测绘卫星总体设计的主要内容包括以下几个方面。

(1) 需求分析：测绘卫星的应用是卫星工程的出发点，也是落脚点。一个工程的总体设计，特别是测绘卫星的大总体设计要紧紧围绕需求展开。从需求出发，一步一步地导出卫星和载荷的各项指标。只有这样，工程的各项指标才能协调统一，从而实现最终的应用需求。需求要兼顾目前的技术水平和能力，不要提出过高的要求。同时，需求分析不能只考虑目前的研制水平，要在底线要求基础上适当考虑提升空间。

(2) 指标设计：指标是在需求分析的基础上提出的。指标要考虑整个系统的协调性。一方面，要研究如何分解应用指标；另一方面，要研究如何合成这些指标，满足应用需求。

(3) 理论精度分析：指标设计过程实际上是理论分析和模拟验证的过程。指标的分解需要进行理论上的分析，采用摄影测量、姿态控制及数据分析等方法建立指标分析体系，从理论上论证这些指标的合理性。

(4) 仿真分析：仿真分析就是对这些设计指标进行仿真，仿真分析的实质就是要得出这些指标的模拟影像。虽然这些影像是虚拟的，但这些影像要比只进行理论分析前进了一大步。仿真分析是精度分析中最重要的环节，不同的仿真方法可能得出不同的结论。因此，还需要对仿真结果进行分析。

(5) 模拟测图：模拟测图实际上是对这些设计的影像进行模拟精度验证。在卫星发射之前，一方面要对设计指标的合理性进行合成分析；另一方面要计算出根据这些指标设计得到的仿真影像的精度。和传统的遥感卫星不同，测绘卫星可以根据这些影像进行模拟测图，从而在总体设计层面形成闭环。

由于一颗卫星的总体设计内容很多，设计方法、分解方法和验证方法也很多。本书重点介绍资源三号卫星测绘应用的主要设计思路。第 2 章主要介绍国内外光学卫星的发展现状，对这些卫星的特点进行了分析；第 3 章是对资源三号立体测图卫星的需求分析，从测绘、国土、地理信息产业以及相关行业应用进行了必要性和需求分析，并提出了主要技术指标要求；第 4 章分析了资源三号卫星的理论几何精度。第 5 章提出卫星影像仿真分析方法，主要介绍如何对这些指标进行仿真模拟；第 6 章对辐射与几何一体化仿真展开分析，系统地介绍辐射与几何一体化仿真的技术细节；第 7 章是仿真分析，主要利用资源三号设计的技术指标进行精度仿真，分析可能达到的精度。考虑到本书的重点，省略了辐射仿真内容；第 8 章介绍卫星的影像压缩设计，研究不同压缩比对立体测图的精度影响；第 9 章是仿真测图和精度分析，研究利用模拟影像进行立体测图，分析模拟影像的立体测图精度。至此在卫星发射之前，资源三号的总体设计内容基本完成；第 10 章是在轨测试和结论。在卫星发射后，针对资源三号卫星的设计指标进行逐项测试，验证卫星是否实现了工程技术指标。

第2章 国内外光学测绘遥感卫星概况

一般来说,光学测绘遥感卫星主要采用光学相机等手段获取立体影像,实现大中比例尺测图功能。在光学卫星中,以立体测图为主要功能的卫星一般称为光学立体测绘遥感卫星(或立体测图遥感卫星),简称光学测绘遥感卫星,或者直接称为光学测绘卫星,如法国的 SPOT 5、日本的 ALOS 卫星、印度的 CartoSat 卫星和中国的资源三号卫星等。而只能获取平面影像的卫星,或者以平面影像获取为主、立体影像获取为辅的卫星一般称为遥感卫星。但必须指出,高分辨率遥感卫星由于影像分辨率高、影像定位精度高,完全可以满足地形图修测和基础地理信息更新的需求,因此从广义角度说,也是一种测绘遥感卫星。

在近半个世纪的发展进程中,测绘遥感卫星从最初的胶片返回式卫星,发展到目前的传输型卫星;从框幅式相机,发展到现在的单线阵、双线阵甚至三线阵 CCD 相机;民用遥感卫星中可用于测绘的卫星,其空间分辨率从近百米提高到当前的 0.31 m,时间分辨率和光谱分辨率也在不断提高;测绘卫星的种类日趋完善,从光学卫星发展到干涉雷达卫星、激光测高卫星、重力卫星、导航卫星等;卫星测绘应用技术也在不断进步,从过去有控测图,发展到稀少控制点测图甚至无控制测图;测图精度也逐步提高,从满足 1∶25 万地形图制图,发展到满足 1∶5000 地形图制图;测绘应用也日益广泛,从单一的测绘产品生产,扩展为全球各行业地理信息的获取与更新服务(唐新明和谢俊峰,2011;唐新明等,2012)。

2.1 国外发展现状

从 20 世纪 80 年代开始,世界主要发达国家和部分发展中国家都在积极发展光学测绘遥感卫星,为本国的空间信息基础设施建设和全球化战略服务。进入 21 世纪,随着对地观测技术的飞速发展和对地观测应用的逐步深入,国际上商业光学测绘遥感卫星加速升级换代,影像分辨率、几何辐射精度、获取效率等性能指标不断提升。美国和法国在高分辨率光学卫星测绘遥感技术领域走在了世界前列。

2.1.1 美国光学遥感卫星

美国的光学遥感卫星技术处于世界领先水平。不仅拥有连续对地观测长达 40 余年的 Landsat 系列(从 1972 年开始),世界上第一颗提供高分辨率卫星影像的商业遥感卫星 IKONOS(从 1999 年开始),世界上最先提供亚米级分辨率的商业卫星 QuickBird(2001 年),以及标志着分辨率优于 0.5 m 的商用遥感卫星进入实用阶段的 GeoEye 卫星(2008 年)和代表了美国当前商业遥感卫星最高水平的 WorldView 系列卫星(从 2007 年开始),并且近两年发射了表现非常出色的微小型光学遥感卫星，如 SkyBox 公司的 SkySat 系列卫星(从 2013 年开始)。

1. Landsat 系列卫星

1) 基本情况

Landsat 系列是美国对地观测体系内开展中分辨率遥感的主要系统，主要用于陆地资源调查和管理、水资源调查和管理、测绘制图等。Landsat 已发展了四代：第一代为 Landsat-1、Landsat-2、Landsat-3；第二代为 Landsat-4、Landsat-5；第三代为 Landsat-6、Landsat-7；第四代为 Landsat-8。其中，Landsat-5 从 1984 年一直服役到 2012 年，Landsat-7 从 1999 年服役到 2005 年，Landsat-8 于 2013 年发射并已投入使用。经过历代发展，Landsat 技术水平稳步提高并获取了大量遥感数据。Landsat 系列卫星的主要传感器由多光谱扫描仪(multi-spectral scanner，MSS)发展为专题制图仪(thematic mapper，TM)和增强的专题制图仪(enhancement thematic mapper，ETM)，并加上全色影像，又进一步更新为陆地成像仪(operational land imager，OLI)和热红外传感器(thermal infrared sensor, TIRS)。

Landsat-1、Landsat-2、Landsat-3 三颗卫星的星体形状和结构基本相同，卫星搭载了反束光导管摄像机(return beam vidicon camera，RBV)、MSS、宽带视频记录机(wideband video tape recorder, WBVTR)和数据收集系统(data collection system，DCS)4 种有效载荷。Landsat-1、Landsat-2 的光谱覆盖从可见光绿色至近红外波长有 4 个谱段。Landsat-3 的 MSS 增加了第 5 个热红外谱段。RBV 和 MSS 分别有 3 个和 4 个波段，分辨率为 80 m，幅宽为 185 km(表 2.1)。

表 2.1　Landsat 系列卫星性能参数

卫星 名称	发射时间 (年份)	传感器	分辨率/m (全色/多光谱)	重访周期 /天	幅宽 /km	应用 领域
Landsat-1~Landsat-3	1972/1975/1978	MSS	80	18	185	
Landsat-4~Landsat-5	1982/1984	MSS/TM	30/120	16	185	
Landsat-6	1993	发射失败				资源/环境
Landsat-7	1999	ETM+	15/30/60	16	185	
Landsat-8	2013	OLI/TIRS	15/30/100	16	185	

Landsat-4、Landsat-5 的平台采用多任务模块结构。TM 的地面分辨率除热红外波段为 120 m 外，其他波段均为 30 m。MSS 的光谱覆盖 4 个谱段，分辨率为 80 m。

Landsat-6 于 1993 年发射，未能正常入轨。Landsat-7 最主要的特点是采用再增强型专题成像仪(enhancement thematic mapper +，ETM+)代替了前两代 Landsat 卫星的 MSS 和 TM。ETM+是一种位置固定、天底点观测、推扫式多光谱扫描辐射计，相比较而言，ETM+工作谱段的范围更大，从可见光、近红外、短波红外、长波红外到全色。其影像分辨率更高，热红外谱段(long wave infrared rays，LWIR)分辨率为 60 m，全色影像分辨率为 15 m。此外，ETM+经过地面绝对定标后，可达到 5%的绝对辐射测量精度。因此，

Landsat-7 卫星的影像处理和识别均较为方便，具有广泛的应用领域。

Landsat-8 卫星主要有效载荷为业务 OLI 和 TIRS，可提供地球陆地和极地地区中等分辨率的可见光、近红外、短波红外和热红外数据。OLI 是一种推扫成像传感器，包括 1 个全色谱段、8 个多光谱谱段共 9 个谱段，其中新增了 1 个海岸带观测谱段(1号谱段)和 1 个卷云识别谱段(9 号谱段)，能够发现海岸边的叶绿素，分辨出卷云，并对大气影响进行校正。Landsat-8 卫星的全色分辨率为 15 m，多光谱分辨率为 30 m，幅宽为 185 km，视场角为 15º。卫星对全球陆地的持续观测，在能源和水资源管理、森林资源监测、人类健康、城市规划、灾后重建和农业估产等众多领域发挥重要作用(NASA，2016)。

2)特点分析

Landsat 系列卫星定位为中分辨率陆地普查卫星，具有单景覆盖较宽、能够实现广域观测、数据全球免费开放、载荷提供的光谱信息丰富、客户使用量大等特点。

Landsat 卫星单景覆盖较宽，幅宽达到 185 km，能够有效实现广域观测。Landsat 系列卫星从 1972 年开始到现在超过 40 年，基本无间断地提供对地观测卫星数据，在全球尺度的资源环境监测中发挥了无可比拟的重要作用。2008 年，美国内务部部长在美国环境系统研究所公司(ESRI)的国际用户会议上宣布，所有存档的 Landsat 影像免费向公众开放。2010 年，ESRI 宣布 Landsat 数据将通过"ArcGIS 在线"免费使用。2011 年，ESRI公布了免费访问 Landsat 近 30 年全球卫星数据的浏览器(ChangeMatters)。免费开放政策及连续数十年的对地观测数据，使其成为应用最为广泛的卫星数据之一。

2. IKONOS 卫星

1)基本情况

IKONOS 是美国第一颗高分辨率商业卫星，卫星采用太阳同步轨道，轨道高度为681km，其传感器系统包括一个 1m 分辨率的全色传感器和一个 4 m 分辨率的多光谱传感器，采用线阵 CCD 推扫方式成像，影像幅宽为 11 km(表 2.2)。

表 2.2 IKONOS 卫星性能参数

卫星名称	发射时间(年份)	传感器	分辨率/m(全色/多光谱)	重访周期/天	幅宽/km	定位精度/m(平面/高程)	应用领域
IKONOS-2	1999	IKONOS-2	1/4	2.9/1.6	11	有控 2/3无控 12/10	测图

2)特点分析

IKONOS 卫星首次在民用领域将星载传感器的地面分辨率提高到 1 m，大大缩短了卫星影像与航空影像分辨率上的差距，为较大比例尺测图提供了一种新的选择。IKONOS的多光谱波段与 Landsat TM 的 1~4 波段大体相同，并且全部波段都具有 11 位的动态范围,从而使其影像包含更丰富的信息。IKONOS 卫星采用了灵活的机械设计,装载有高精度三轴姿态稳定系统,通过相机前、后或左、右摆动摄影,可以获取无明显时间差的同轨立体影像。IKONOS 星体内部稳定的热机械环境、稳固的 CCD 承轴面、高精度的定轨、定姿技术,使得它在未检校前就能获得较高的定位精度。在仅利用星载 GPS 接收机、恒星敏感器和激光陀螺提供的轨道星历、卫星姿态及焦平面的信息,地理定位精度在无地面控制点的情况下,平面精度优于 12 m,高程精度优于 10 m;在有地面控制点时平面精度优于 2 m,高程精度优于 3 m,可满足 1∶2.5 万及更大比例尺地图制图(陈泽民和马荣华,2004)。

3. QuickBird 卫星

1)基本情况

美国数字全球(Digital Globe)公司于 2001 年 10 月成功发射了 QuickBird-2 卫星,它的轨道高度为 450 km、倾角 98°的太阳同步圆轨道,全色分辨率为 0.61 m,4 谱段多光谱分辨率为 2.44 m,幅宽为 16.5 km,在侧摆 25°时,全色分辨率为 0.72 m,多光谱分辨率为 2.88 m(表 2.3)。

表 2.3　QuickBird 卫星性能参数

卫星名称	发射时间(年份)	传感器	分辨率/m(全色/多光谱)	重访周期/天	幅宽/km	定位精度/m(平面/高程)	应用领域
QuickBird-2	2001	QuickBird-2	0.61/2.44	1~6	16.5	有控 2/2无控 23/17	测图/资源/环境

2)特点分析

QuickBird-2 是世界上最先提供亚米级分辨率的商业卫星,它的成像系统能在–25°~+25°范围内灵活摆动,能以沿轨或垂轨的方式形成对被摄区域的立体覆盖,卫星影像以同轨立体为主,也有异轨立体。Crespi 等(2007)分别对 QuickBird-2 同轨基本立体影像产品和异轨标准立体影像产品进行了 DSM 提取实验,实验表明,同轨基本立体影像产品提取的 DSM 精度都在 1 m 的水平,异轨标准立体影像产品提取的 DSM 精度为 2 m。王崇倡和石吉宝(2004)通过实验对 QuickBird-2 遥感影像平面精度进行验证,实验表明,QuickBird-2 标准影像具有良好的内部几何精度,几何纠正后的影像平面坐标绝对误差精度均方根为 0.35m,就单纯单点绝对精度来看,达到 1∶2000 地形图平面精度的要求。

4. OrbView 卫星

1)基本情况

美国于 1995 年成功发射了 OrbView-1 卫星,为大气层风暴研究航天器。1997 年发射的 OrbView-2 卫星是海洋和陆地遥感卫星。该系列首颗高分辨率光学遥感卫星 OrbView-3 于 2003 年成功发射。OrbView-3 卫星采用太阳同步轨道,其轨道高度为 470 km,卫星重访周期为 3 天,观测角度为–45°~+45°,具有立体测图能力,可提供 lm 分辨率的全色影像和 4 m 分辨率的多光谱影像,幅宽为 8 km。1 m 分辨率的全色影像可形成高精度的数字影像和卫星飞过区域的三维影像;4 m 分辨率的多光谱影像可以产生城市、乡村和未开发区域的彩色和红外信息(赵秋艳,2000a)(表 2.4)。

表 2.4　OrbView 系列卫星性能参数

卫星名称	发射时间(年份)	传感器	分辨率/m(全色/多光谱)	重访周期/天	幅宽/km	定位精度/m(平面/高程)	应用领域
OrbView-1	1995	OrbView-1	10000	2	1300		气象
OrbView-2	1997	OrbView-2	1000	1	2800		海洋/资源
OrbView-3	2003	OrbView-3	1/4	3	8	有控 7.5/3.3 无控 12/8	测图/资源

2)特点分析

Orbview-3 卫星上装有 GPS 接收机、2 台星敏感器和光纤陀螺。卫星的地面几何检校系统由基于特定的几何模型、严密的自检校空中三角测量、姿态卡尔曼滤波和轨道确定等模块完成。最重要的部分为轨道确定、姿态确定和相机模型。卫星轨道确定是基于 JPL 实验室的 GIPSY-OASIS 软件,姿态确定系统是利用偏置卡尔曼滤波估计安装误差及与星敏陀螺相关的比例因子来标定参数的。检校数据采用航空影像,在无控制点条件下,单张影像的平面定位精度为 12 m(CE90),立体影像的平面定位精度为 11 m(CE90),高程精度为 8 m(LE90)(Mulawa and Orbimage,2000)。

5. GeoEye 卫星

1)基本情况

美国 GeoEye 公司于 2008 年 9 月发射了 GeoEye-1 卫星,代表了当时商用光学遥感卫星的技术水平和发展趋势,标志着分辨率优于 0.5 m 的商用遥感卫星进入实用阶段。GeoEye-1 运行在轨道高度为 681 km、倾角 98°的太阳同步轨道,轨道周期为 98 分钟,降交点地方时为 10∶30。全色分辨率达到 0.41 m,4 谱段多光谱分辨率为 1.64 m,成像幅宽为 15.2 km(表 2.5)。

表 2.5　GeoEye-1 卫星性能参数

卫星名称	发射时间(年份)	传感器	分辨率/m(全色/多光谱)	重访周期/天	幅宽/km	定位精度/m(平面/高程)	应用领域
GeoEye-1	2008	GeoEye-1	0.41/1.64	2~3	15.2	有控 0.5/NA 无控 3/6	测图/资源/环境

2）特点分析

GeoEye 系列卫星是 IKONOS 和 OrbView-3 的下一代卫星。GeoEye-1 卫星具有空间分辨率高、测图能力强、重访周期短和星座观测能力等特点。GeoEye-1 卫星较 IKONOS-2 分辨率提高 1 倍，卫星姿态更灵活、获取能力更强、内外精度更高，该卫星是真正的半米卫星。GeoEye-1 卫星具有很强的测图能力，可以获取单片影像与立体像对，可以在轨旋转，可以在一次通过时拍摄更多影像。GeoEye-1 与 OrbView-3 卫星及 IKONOS-2 卫星形成一个高分辨率成像卫星星座，可使星座日收集影像区域大于 100 万 km²，对各地理目标的重访时间小于 1.5 天。在无地面控制点的情况下，GeoEye-1 单张影像能够提供优于 3 m 的平面定位精度，立体影像能够提供 4 m（CE90）的平面定位精度和 6 m 的高程定位精度，可直接用于 1∶1 万及更大比例尺的地图制图（唐新明等，2012）。

6. WorldView 卫星

1）基本情况

WorldView 系列卫星代表了美国当前商业遥感卫星的最高水平，它由 4 颗（WorldView-1、WorldView-2、WorldView-3 和 WorldView-4）卫星组成，其中 WorldView-1 和 WorldView-2 分别在 2007 年和 2009 年发射，WorldView-3 和 WorldView-4 分别在 2014 年和 2016 年发射。

WorldView-1 卫星运行在轨道高度为 450 km、倾角为 98°的太阳同步轨道上，降交点地方时为上午 10:30，周期为 93.4 min。WorldView-1 卫星仅有全色成像能力，最高分辨率达到 0.41m。卫星装有控制力矩陀螺、星敏感器、固态惯性敏感器和 GPS 等姿态轨道控制设备，具有很高的定位精度。它的侧摆能力也较强，能够快速瞄准要拍摄的目标和有效地进行同轨立体成像，单星重访周期为 1.7 天。无地面控制点时，影像定位精度可以达到 5.8~7.6 m（表 2.6）。

表 2.6　WorldView 系列卫星性能参数

卫星名称	发射时间（年份）	传感器	分辨率/m（全色/多光谱）	重访周期/天	幅宽/km	定位精度/m（平面/高程）	应用领域
WorldView-1	2007	WorldView-1	0.45	1.7	16	有控 2/NA 无控 5.8~7.6/NA	测图/海洋
WorldView-2	2009	WorldView-2	0.46/1.84	1.1/3.7	16.4	有控 2/NA 无控 8.5~10.7/NA	测图/海洋
WorldView-3	2014	WorldView-3	0.31/1.24	1	13.1	无控<3.5/NA	测图/灾害/海洋
WorldView-4	2016	WorldView-4	0.31/1.24	1	13.1	无控 < 3/NA	测图/灾害/海洋

WorldView-2 卫星运行在轨道高度为 770 km、倾角为 97.8°的太阳同步轨道上，轨道周期 100 min，降交点地方时为 10∶30。天底点全色分辨率为 0.46 m，多光谱分辨率为

1.84 m，幅宽为 16.4 km。主要载荷为 WV-110 相机，增加了 8 个多光谱谱段，三镜消像散镜组，光学口径为 1.1 m，焦距为 13.3 m，视场 1.28°。无地面控制点时，影像定位精度可以达到 8.5～10.7 m。

WorldView-3 是第一颗地面分辨率达到 0.31 m 的商业卫星。卫星轨道为太阳同步轨道(降交点地方时 13:30)，轨道高度为 617 km，成像幅宽为 13.1 km，平均重访周期小于 1 天，设计寿命为 10～12 年。卫星实现多项性能的提升，提供 0.31 m 的全色分辨率、1.24 m 的多光谱分辨率、3.7 m 的短波红外分辨率，以及 30 m 的 CAVIS(云、气溶胶、水蒸气、冰和雪的简称)波段分辨率(司马文，2015)。CAVIS 是 WorldView-3 搭载的全新探测器，能够大大提高影像波谱分析的程度，甚至可以通过 CAVIS 探测器大气校正实现天气的定量遥感。WorldView-3 除了提供 0.31 m 分辨率的全色影像和 8 波段多光谱影像外，还提供 8 波段短波红外(shortwave infrared，SWIR)影像。其极高的空间分辨率可以分辨更小、更细的地物，能够与航空影像相媲美。其覆盖可见光、近红外、短波红外的波谱特征，使 WorldView-3 拥有极强的定量分析能力，在植被监测、矿产探测、海岸/海洋监测等方面拥有广阔的应用前景。

WorldView-4 卫星保持了 WorldView-3 卫星大部分的性能指标，如 0.31 m 的全色分辨率和 1.24 m 的多光谱分辨率等，目前已在 617 km 的轨道高度运行。但是 WorldView-4 卫星比 WorldView-3 卫星能够更快速地从一个目标移动到另一个目标，具备较强的敏捷成像能力，并且具有更大的存储能力。WorldView-4 卫星具备业界领先的无控定位精度，可以实现双向扫描，配备一流的控制力矩陀螺，能够快速提供更优化的对区域及点目标的影像数据。WorldView-4 卫星具备优质的影像采集性能，能够清晰地拍摄城市、海洋和岛屿等多种不同类型的地物地貌，可被应用于建筑施工计划、农作物监测、导航功能优化、通讯能力提升、环境气候调查等领域。WorldView-4 卫星与 WorldView-3 卫星组网运行，大大地提高了 DigitalGlobal 星座群的整体数据采集能力，让 DigitalGlobal 可以对地球上任意位置的平均拍摄频率达到 4.5 次/天，且 GSD 小于 1m。

2)特点分析

WorldView 系列的三颗卫星空间分辨率均在 0.5 m 以内，而最新的 WorldView-3 更是以 0.31 m 的超高空间分辨率成为全球最高分辨率的商业遥感卫星。WorldView-1 是全色数据，WorldView-2 增加了 8 波段多光谱数据，WorldView-3 在 WorldView-2 的基础上进行了改进，又增加了 8 个波段，包括 SWIR 区域的波段，这使得 WorldView-3 可以观测到比其他商业卫星更广范围的电磁光谱，比起多光谱数据要精确很多，是第一颗超光谱超高分辨率商用卫星。WorldView 系列的三颗卫星无控定位精度在 10 m 以内，而 WorldView-3 在无地面控制点的情况下，对地面目标的定位精度能够控制在 3.5 m 以内。

7. SkySat 卫星

1)基本情况

2013 年和 2014 年发射的 SkySat-1、SkySat-2 卫星是 Skybox Imaging 公司发射的小

卫星，其在地球上空约 450 km 的圆形轨道上运行，卫星体积小、成本低廉。SkySat 在成像模式工作时，其全色分辨率为 0.9 m，4 谱段多光谱分辨率为 2 m，幅宽为 8 km；在视频模式工作时，能提供全色视频，分辨率为 1.1 m，视场为 2 km×1.1 km，视频产品的幅宽比成像模式时的幅宽下降到原来的 1/3，视频每秒 30 帧，持续时间为 90 秒，输出高清 MPEG4 格式视频。该公司计划发射 24 颗小卫星组成卫星星座，用来采集地球及陆上地标的高分辨影像卫星，致力于记录并提供地貌详图及高清视频(刘韬，2014)(表 2.7)。

表 2.7　SkySat-1、SkySat-2 小卫星性能参数

轨道形式	极地倾斜圆形轨道
轨道高度	450 km
影像	全色分辨率：0.9 m 多；多光谱分辨率：2 m；幅宽：8 km
视频	全色分辨率：1.1 m；最大时长：90 秒；帧率：30 fps；视场：2 km×1.1 km

2)特点分析

SkySat 卫星是小型、廉价和高效的卫星，其质量为 90～120 kg。24 星 SkySat 星座具备对目标每天 8 次的重访能力(刘韬，2014)。SkySat 卫星是世界上首个具备空间视频成像能力的高分辨率对地观测商业卫星，相对于静止影像而言，空间视频成像最大的优势在于对动态环境的持续监视和对运动目标的长期跟踪。空间视频成像作为一项具有划时代意义的高新技术，具有不容忽视的市场吸引力(王余涛，2014)。

2.1.2　欧洲光学遥感卫星

欧洲发射光学遥感卫星的国家以法国、德国为主。以法国 SPOT 系列、Pleiades 系列和德国的 RapidEye 卫星星座为突出代表。法国于 2014 年 6 月发射了 SPOT 系列的第 7 颗卫星 SPOT 7，与 2012 年发射的 SPOT 6 形成双子星，标志着空中客车防务与空间公司(Airbus)此前规划的由 SPOT 6 、SPOT 7 与分别于 2011 年和 2012 年发射的 Pleiades 1A 和 Pleiades 1B 组成 4 颗卫星星座的计划得以完成。该星座将对全球任意地点进行每日两次的重访，由 SPOT 卫星提供高分辨率影像，Pleiades 提供极高分辨率影像。德国于 2008 年 8 月发射 5 颗 RapidEye 卫星组成商业对地观测卫星星座，它是第一个提供红外谱段数据的商业卫星，这种获取方式可以监测植被变化，为植被分类和生长状态监测提供有效信息。可以说，以法国和德国为代表的欧洲光学遥感卫星已经跻身于国际先进水平的行列。俄罗斯拥有发展迅速的 Resurs 系列卫星，卫星有效载荷种类不断丰富，有全色相机、光谱扫描仪、合成孔径雷达和微波辐射计，性能也不断改进，分辨率不断提高。2013 年发射的 Resurs-P 卫星，分辨率已达到全色 1 m 和多光谱 4 m，主要用于测图、农林、海洋和资源环境等方面。

1. 法国 SPOT 系列卫星

1）基本情况

SPOT 卫星项目最初由法国国家空间研究中心(CNES)于 1978 年提出，用于全球连续高分辨率光学成像。目前，SPOT 卫星系统已经发展成一个全球性网络，并得到广泛应用，通过 SPOT Image 公司实现商业化运营。SPOT 系列共发展了四代：第一代为 SPOT 1、SPOT 2、SPOT 3；第二代为 SPOT 4；第三代为 SPOT 5；第四代为 SPOT 6、SPOT 7。目前，除 SPOT 1 和 SPOT 3 已经退役，其余卫星均正常运行(表 2.8)。

表 2.8　法国 SPOT 系列卫星性能参数

卫星名称	发射时间(年份)	传感器	分辨率/m(全色/多光谱)	重访周期/天	幅宽/km	定位精度/m(平面/高程)	应用领域
SPOT 1、SPOT 2、SPOT 3	1986/1990/1993	HRV	10/20	26	60	有控 10~30/NA 无控 350/NA	测图/资源/环境
SPOT 4	1998	HRVIR	10/20	26	60	NA	
SPOT 5	2002	HRG/HRS	2.5/10	26	60	有控 10/5 无控 50/NA	
SPOT 6	2012	e2v 高性能 CCD	1.5/6	1	60	无控 10/NA	
SPOT 7	2014	e2v 高性能 CCD	1.5/6	1	60	无控 10/NA	

SPOT 1、SPOT 2、SPOT 3 为第一代 SPOT 卫星，于 1986 年开始使用，提供 10 m 全色影像和 20 m 多光谱影像。它们的高分辨率传感器采用 HRV(haute resolution visible)，包括全色波段和红、绿、近红外 3 个多光谱波段。SPOT 卫星具有倾斜观测能力，倾斜观测是通过旋转一个安装在望远镜入口处的"带选择镜"(strip selection mirror, SSM)，每个 SSM 可以旋转到 3~93 的任意 91 个不同位置，其中 3 代表最大倾角为 27º，旋转单位 1 代表改变视角方向 0.6º。每颗 SPOT 星上装载有两台 HRV，其最大侧视角为 ±27º。通过调整侧视角大小，卫星可以在 950 km 宽的条带内获取任何区域的影像。若垂直成像时，幅宽为 60 km；若最大侧视角成像时，幅宽为 81 km。

SPOT 4 为第二代卫星，设计寿命也由原来的 3 年提高到 5 年，重访周期是 26 天，提供 10 m 全色影像和 20 m 多光谱影像。SPOT 4 装有两个性能相同的高分辨率可见光红外相机(haute resolution visible and infra-red, HRVIR)，这两个相机具有侧视观测能力，可进行立体观测。与第一代 SPOT 不同，SPOT 4 卫星的传感器新增加了一个短波红外波段(1.58~1.75 μm)，用于估测植物水分，增强对植物的分类识别能力，并有助于冰雪探测(张兵，2011)。其光学传感器全部采用推扫方式，探测器为长线阵 CCD 器件。

SPOT 5 是第三代卫星，分辨率在 2.5 m 左右，它的发射成功使 SPOT 系列卫星的观测能力大幅提高。该卫星运行在 832 km 的轨道上，突出优点是成像幅宽，高达 60 km。SPOT 5 在分辨率及其他性能上较以前有很大提高，传感器包括 HRG(haute resolution geographic)和 HRS(haute resolution stereo)，前者用于获取高分辨率全色和多光谱数据，后者用于采集立体像对。HRS 传感器可以通过同轨前后摆动获取立体像对。该仪器在 180s 内能实时获取 120 km 宽和 600 km 长的立体像对，影像为全色模式，沿轨道前进方向分辨率为 10 m，垂直于轨道前进方向分辨率为 5 m，获取的像对基高比为 0.84，生成的 DEM 高程精度可达到 10 m。

SPOT 6、SPOT 7 卫星分别于 2012 年 9 月和 2014 年 6 月成功发射，两者为双子星，保持 180° 的相对位置。SPOT 6、SPOT 7 具有 60 km 的幅宽。这两颗卫星每天的获取能力将达到 600 万 km²，能够提供大覆盖区域的 1.5 m 高分辨率影像；此外，SPOT 6、SPOT 7 作为敏捷卫星，可以在 1500 km 范围内快速地瞄准地面目标进行观测。SPOT 6、SPOT 7 的设计使用寿命至少为 10 年，保证了卫星影像服务的连续性可持续到 2024 年。SPOT 6 已经于 2013 年 2 月开始了商业运营，可以满足 1∶2.5 万比例尺制图的需求。SPOT 7 也在发射后不久便成功地投入了运营，在自然资源和城区规划与农林环境监测等方面得到广泛应用。

2）特点分析

SPOT 卫星具有空间分辨率高、重访周期短、可倾斜观测并生成立体像对，以及星座观测等特点。SPOT 卫星的倾斜观测通过调整侧视角能对同一地点进行重复观测，提高了观测成像的概率。此外，由于 SPOT 卫星是多星运作体系，卫星组合运行大大提高了重复观测的能力，地球上 95% 的地点可在任意一天被 SPOT 的一颗卫星成像。SPOT 系列有侧摆式和前后摆式两种立体成像方式，卫星系统中的两颗就能在同一天接收到立体像对，组成立体像对的影像可以是全色与多光谱影像之间的任意组合。

2. 法国 Pleiades 卫星

1）基本情况

Pleiades 卫星是法国和意大利签署的空间对地观测卫星系统发展计划的研究内容，是 SPOT 系列卫星的后续计划。Pleiades 高分辨率卫星星座由两颗完全相同的卫星 Pleiades 1A 和 Pleiades 1B 组成，分别于 2011 年 12 月和 2012 年 12 月成功发射。Pleiades 1A 和 Pleiades 组成双子星，其全色影像分辨率达到 0.5 m，成像幅宽达到 20 km，整星能以 –40°~+40° 倾角前、后视成像，具有三维立体成像的能力，双星配合可以实现全球任意地区的每日重访，快速满足对任何地区的超高分辨率数据获取需求。在无地面控制点的情况下，能够获得 3 m 定位精度（雷蓉和董杨，2015），利用地面控制点能够获得 1 m 定位精度（表 2.9）。

表 2.9　法国 Pleiades 卫星性能参数

卫星名称	发射时间（年份）	传感器	分辨率/m（全色/多光谱）	重访周期/天	幅宽/km	定位精度/m（平面/高程）	应用领域
Pleiades1A Pleiades1B	2011 2012	e2v 高性能 CCD	0.5/2	1	20	有控 1m/NA 无控 3m/NA	测图/资源/环境

2)特点分析

Pleiades 卫星的空间分辨率高，Pleiades 卫星数据经过地面系统的处理，可以实现全色波段 0.5 m 和多光谱波段 2 m 的空间分辨能力。它的观测模式灵活，Pleiades 卫星上装有 4 组陀螺驱动装置，可以在 7 秒内将卫星姿态调整 5°，或在 25 秒内调整 60°。在姿态调整方面，Pleiades 卫星可以在沿卫星飞行方向和垂直方向进行 −30°~+30° 的有效侧视成像。在立体成像方面，除可以实现传统的两视角立体成像外，还可以通过调整卫星的姿态实现三视角的立体成像。由于采取星座式运行，以及卫星可以大角度调整飞行姿态，Pleiades 卫星的重访能力得到了加强，双星配合可以实现全球任意地区的每日重访 (郭连惠和喻夏琼，2013)。

另外，SPOT 6、SPOT 7 与高分辨率卫星 Pleiades 1A 和 Pleiades 1B 在同一轨道，4 颗光学卫星组成卫星星座，该星座将对全球任意地点进行每日两次的重访。这意味着地球上任一地点每日都可拍摄到 SPOT 卫星影像和 Pleiades 高分辨率影像，即 SPOT 6 和 SPOT 7 提供大覆盖区域的 1.5 m 分辨率影像，Pleiades 1A 和 Pleiades 1B 提供聚焦到关键地点的 0.5 m 影像。该地球成像卫星星座能够保证将高分辨率、大幅宽数据服务延续到 2023 年 (GIM International，2014)。

3. 德国 RapidEye 卫星星座

1)基本情况

德国 RapidEye 地球探测卫星星座于 2008 年 8 月成功发射，由 5 颗卫星组成，均匀分布在一个高度为 620 km 的太阳同步轨道内，设计寿命为 7 年。RapidEye 传感器影像在 400~850 nm 内有 5 个谱段，每颗卫星都携带 6 台分辨率达 6.5 m 的相机，能够提供"红边"波段，为植被分类及植被生长状态监测提供有效信息 (表 2.10)。

表 2.10 德国 RapidEye 卫星星座性能参数

卫星名称	发射时间 (年份)	传感器	分辨率/m (多光谱)	重访周期 /天	幅宽 /km	应用领域
RapidEye	2008	推扫式 多光谱 CCD	6.5	1	77	环境/林业/农业

2)特点分析

RapidEye 星座数据获取效率高，日覆盖面积约为 400 万 km²，15 天内可覆盖整个中国。其重访周期短，一天内可访问地球的任何一个地方，适合短时间需要大面积覆盖并具有一定时相要求的应用。其独特的红边波段、5 个光谱波段的获取方式更加有助于监测植被变化，为植被分类和生长状态监测提供有效信息，可对水体的富营养程度进行相应监测，适合于农林、环境等方面的调查与研究。

4. 俄罗斯 Resurs 系列卫星

1) 基本情况

Resurs 系列卫星是俄罗斯发展时间最长、应用范围最广的地球资源卫星,包括 Resurs-F 系列、Resurs-O 系列、Resurs-DK 系列和 Resurs-P 系列,主要用于农林、海洋、环境监测等方面。Resurs 系列卫星有效载荷种类不断丰富,有全色相机、光谱扫描仪、合成孔径雷达和微波辐射计,其性能也在不断改进,分辨率也在不断提高(表 2.11)。

表 2.11　俄罗斯 Resurs 系列卫星性能参数

卫星名称	发射时间 (年份)	传感器	分辨率/m (全色/多光谱)	重访周期 /天	幅宽 /km	定位精度 /m	应用领域
Resurs-F	1974/1987/1993	Kate-200/ KFA-1000/MK-4	5~8/15~30	NA	60/180	NA	侦查/资源
Resurs-O	1985/1988/ 1994/1998	MSU-E/MSU-SK	34/170	21/16/14	64	NA	测图/ 资源/环境
Resurs-DK	2006	NA	1/2	5~7	28	NA	制图/ 资源/环境
Resurs-P	2013	NA	0.7/3	3	38	无控 10	制图/ 资源/环境

2) 特点分析

Resurs-P 卫星除了可以获取优于 1 m 分辨率的全色影像(1 个波段)和优于 4 m 分辨率的多光谱影像(5 个波段)外,还有两个附加传感器,分别为幅宽 25 km、分辨率 25 m 的高光谱传感器(96 个波段),以及超幅宽 97~441 km、分辨率 12~120 m 的多光谱传感器。Resurs DK1 携带了一套先进通信系统,可迅速将最新影像传回地面站,数据传输时间降低为数分钟或数小时,而 Resurs-P 则被设计为近实时获取高质量的可见影像(魏雯,2013)。

2.1.3　亚洲光学遥感卫星

亚洲光学遥感卫星的发展比较迅速,主要以印度、日本、韩国、以色列等国为代表。印度于 2007 年 1 月发射的制图卫星 CartoSat-2,全色相机分辨率高达 0.8 m,重访周期为 4 天,2008 年 4 月和 2010 年 7 月又分别发射 CartoSat-2A 和 CartoSat-2B,该系列的 3 颗卫星形成了相当强大的制图能力,此外,印度正在研制下一代遥感卫星 CartoSat-3 系列,其第一颗卫星 CartoSat-3A 将在 450 km 轨道上实现优于 0.5 m 的全色分辨率和 1 m 的多光谱分辨率,发展势头强劲。日本于 2006 年发射了同时具备光学和雷达成像能力的 ALOS-1 卫星,能够提供 2.5 m 全色和 10 m 多光谱的影像。目前,日本正在研制并计划于 2019 年发射 ALOS-3 卫星,届时 ALOS-3 卫星将达到全色 0.8 m 和多光谱 5 m 的高分辨率。韩国于 1999 年发射 Kompsat-1 光学卫星,全色分辨率近 6 m,2006 年发射 Kompsat-2 卫星,分辨率已提升为全色 1 m、多光谱 4m,2012 年发射的 Kompsat-3 卫星分辨率为全色 0.7 m、多光谱 2.8 m,已掌握亚米级光学遥感卫星技术。以色列于 2000 年发射了其

首颗高分辨率卫星 EROS-A, 全色分辨率为 1.8 m, 2006 年发射了全色分辨率为 0.7 m 的
EROS-B1 卫星,并计划发射 6 颗相同的 EROS-B 卫星,若组成星座,重访周期可缩短到
一天以内。泰国于 2008 年发射 THEOS 卫星,该卫星拥有 2 m 全色分辨率和 15 m 多光
谱分辨率,主要应用于制图、土地调查及资源调查等方面(段云龙和赵海庆,2013)。从
发展现状来看,以印度、日本、韩国、以色列等国为代表的亚洲国家的光学遥感卫星技
术已具备相当强的国际竞争力。

1. 印度系列卫星

1)基本情况

印度遥感卫星主要包括印度遥感卫星(IRS)系列、资源卫星(Resourcesat)系列、制图
卫星(CartoSat)系列等,1988 年印度发射了首颗 IRS-1A 卫星,现已发展了三代遥感卫星:
第一代遥感卫星包括 IRS-1A、IRS-1B、IRS-P1、IRS-P2;第二代遥感卫星包括 IRS-1C、
IRS-1D、IRS-P3,目前这两代卫星已经全部完成任务退役。第三代遥感卫星以 Resourcesat
系列和 CartoSat 系列为代表,主要包括 Resourcesat-1、Resourcesat-2 和 CartoSat-1、
CartoSat-2、CartoSat-2A、CartoSat-2B(庞之浩,2012;李远飞等,2013)(表 2.12)。

表 2.12　印度系列卫星性能参数

卫星系列	卫星名称	发射时间(年份)	传感器	分辨率/m	重访周期/天	幅宽/km	定位精度/m	应用领域
IRS	IRS-1A/1B/P2	1988/1991/1994	LISS-1/2A/2B	72.5/36.5	22/11	140	NA	海洋/测图
	IRS-1C/1D	1995/1997	LISS-3/4	5.8/23/189 5.2/21/128	24	70	NA	
	IRS-P3	1996	MOS、WiFS	MOS 500	5	200	NA	
Resourcesat	Resourcesat-1/2	2003/2011	LISS-4/3 WiFS	5.8/24/56	5/24/5	23/70/140	NA	资源/测图
CartoSat	CartoSat-1	2005	NA	全 2.5	5	30	无控 80	资源/测图
	CartoSat-2/2A/2B	2007/2008/2009	NA	全 0.8	4	9.6	NA	

(1) 印度遥感卫星(IRS)系列　　IRS-1A/1B/P2 分别于 1988 年、1991 年和 1994 年
发射,IRS-1A 是第一颗完全由印度自行研制的太阳同步极轨卫星。IRS-1B 卫星轨道参
数及传感器与 IRS-1A 卫星完全相同。IRS-1C/1D 分别于 1995 年和 1997 年发射,IRS-1C
除了一个常见的宽视场传感器(WiFS)外,还具有一个全色相机,用 CCD 推扫方式成像,
分辨率为 5.8 m,幅宽为 70 km,相机具有−26°～+26°的侧视能力,且有立体成像能力。
IRS-1D 星上携带了 3 种传感器:全色相机、LISS-III 相机和 WiFS,与 IRS-1C 卫星的传
感器完全相同。IRS-P3 卫星于 1996 年发射,星上携带两种传感器,模块式光电扫描仪
(MOS)和 WiFS。MOS 具有可见光和近红外区的 18 个通道成像光谱仪,地面分辨率为
500 m,幅宽约为 200 km。WiFS 与 IRS-1C 卫星上的扫描仪类似,但增加了一个 SWIR
谱带,主要用于检测植物表面水分含量。

(2) 资源卫星(Resourcesat)系列　　Resourcesat-1/2 分别于 2003 年和 2011 年发射,

Resourcesat-1 载有 3 个相机：高分辨率线阵成像自扫描仪(LISS-4)工作在可见光和近红外谱段，分辨率为 5.8 m，相机可偏转–26°～+26°，具有立体成像能力；LISS-3 相机工作在近红外和短波红外谱段，分辨率为 23.5 m；先进宽视场传感器(AWiFS)相机工作在近红外和短波红外谱段，分辨率为 56 m。Resourcesat-2 主要用于延续 Resourcesat-1 的服务，其主要变化包括 LISS-4 多光谱影像的幅宽提升到 70 km。

(3) 制图卫星(CartoSat)系列   CartoSat-1 卫星于 2005 年发射，是印度第一颗有能力在轨提供立体影像的遥感卫星，也是全球第一颗专业测图卫星。它搭载有两个分辨率为 2.5 m 的全色传感器，可连续推扫，形成同轨立体像对，数据主要用于地形图制图、高程建模、地籍制图及资源调查等。CartoSat-1 卫星的优势主要体现在大规模数据采集能力上，其劣势在于该数据无地面控制时的定位精度较低。

CartoSat-2、CartoSat-2A、CartoSat-2B 卫星分别于 2007 年、2008 年和 2010 年发射，CartoSat-2 采用了与 CartoSat-1 不同的平台，设计寿命为 5 年，运行在高度 630 km、倾角 97.91°的太阳同步轨道，重访周期为 4 天。CartoSat-2 卫星分辨率有了很大提高，全色相机分辨率高达 0.8 m，幅宽为 9.6 km。印度对于 CartoSat-2 的性能比较满意，并进一步发射其同型号卫星 CartoSat-2A 和 CartoSat-2B，CartoSat-2、CartoSat-2A、CartoSat-2B 三颗卫星形成了相当强大的对地监视能力。

2)特点分析

CartoSat-1 是印度首颗具备立体成像能力的卫星，可提供生成数字表面模型和数字高程模型的立体像对。CartoSat-2 系列卫星的影像分辨率已达到 0.8 m，下一代遥感卫星 CartoSat-3 系列的性能将进一步提高，该系列首颗卫星 CartoSat-3A 将在 450 km 高度的轨道上实现优于 0.5 m 的全色分辨率和约 1 m 的多光谱分辨率(段云龙和赵海庆，2013)，逐步缩小与发达国家的差距。

2. 日本 ALOS 卫星

1)基本情况

ALOS-1 卫星于 2006 年发射，是日本地球观测卫星计划的陆地观测系列，采用了先进的陆地观测技术，能够获取全球高分辨率陆地观测数据，主要应用于测图、灾害和资源环境等领域。卫星采用距地面高 692 km、倾角 98°的太阳同步轨道，采用三轴姿态控制，姿态控制精度可达–0.1°～+0.1°，姿态指向确定精度可达–2.0×10^{-4}(°)～+2.0×10^{-4}(°)，还采用高速大容量数据处理技术、卫星精确定位和姿态控制技术(表 2.13)。

表 2.13 日本 ALOS 卫星性能参数

卫星名称	发射时间(年份)	传感器	分辨率/m(全色/多光谱)	重访周期/天	幅宽/km	定位精度/m(平面/高程)	应用领域
ALOS-1	2006	PRISM/AVNIR2/PALSAR	2.5/10	46	70	有控 4~6/5 无控 15/6	测图/资源/环境
ALOS-3	2019(预计)	改进 PRISM/多光谱/超光谱传感器	0.8/5/30	NA	90/30/30	优于 ALOS-1	

ALOS-1卫星载有3个传感器：2.5 m分辨率全色遥感立体测绘仪(PRISM)，主要用于数字高程测绘；10 m分辨率先进可见光与近红外辐射计(AVNIR2)，用于精确陆地观测；相控阵型L波段合成孔径雷达(PALSAR)，用于全天时全天候陆地观测。与Landsat、SPOT等卫星相比，ALOS-1卫星可以提供高分辨率的陆地覆盖物数据和数字化的海拔数据。ALOS-2卫星于2014年5月成功发射，是一颗L波段SAR卫星。日本正在研制ALOS-3卫星，它除了配备改进型的PRISM外，还配备了多光谱和超光谱谱段。改进型的PRISM分辨率为0.8 m，多光谱频段为4通道，其分辨率为5 m，幅宽为90 km，超光谱频段包括57通道的可见光与近红外频段和128通道的短波红外频段，其中可见光与近红外频段的分辨率均为30 m，幅宽为30 km，短波红外频段的分辨率为30 m，幅宽为30 km。

2)特点分析

从ALOS-1到ALOS-3，日本在发展本国高分辨率光学遥感卫星方面的载荷技术不断改进。ALOS-3上搭载了改进的PRISM及多光谱和超光谱(含可见光与近红外和短波红外)传感器，与ALOS-1相比，ALOS-3上搭载的有效载荷无论是在数据压缩能力、传输能力，还是在可观测范围、分辨率和立体观测水平上都有了大幅度的提高。ALOS-1搭载了多个传感器，包括雷达和光学两种类型的载荷，具有立体观测能力。

3. 韩国Kompsat系列卫星

1)基本情况

Kompsat系列为韩国卫星，中文译为"阿里郎卫星"。Kompsat项目共规划7颗卫星，分别为Kompsat-1、Kompsat-2、Kompsat-3、Kompsat-3A、Kompsat-5、Kompsat-6和Kompsat-7，其中Kompsat-1、Kompsat-2、Kompsat-3、Kompsat-3A和Kompsat-7是光学卫星，Kompsat-5和Kompsat-6是雷达卫星。Kompsat-1、Kompsat-2、Kompsat-3分别于1999年、2006年和2012年成功发射(表2.14)。

表2.14 韩国Kompsat系列卫星性能参数

卫星名称	发射时间(年份)	传感器	分辨率/m(全色/多光谱)	重访周期/天	幅宽/km	定位精度/m(平面/高程)	应用领域
Kompsat-1	1999	EOC/OSMI/SPS	6.6/NA	28	17(EOS) 800(OMSI)	NA	测图/海洋/资源/环境
Kompsat-2	2006	全色/多光谱	1/4	3	15	无控<80	
Kompsat-3	2012		0.7/2.8	NA	15	无控<70	
Kompsat-3A	2015		0.55/2.2				

Kompsat-1卫星携带有光电摄像机(EOC)、海洋多光谱扫描成像仪(OSMI)、空间物理传感器(SPS)3种传感器。Kompsat-2与Kompsat-1卫星轨道高度相同，但轨道相位不同。Kompsat-2卫星上装有GPS接收机用于定轨，并具有较高的姿态机动能力，能够在滚动方向摆动–56°~+56°、在俯仰方向摆动–30°~+30°，从而进行多轨立体成像。Kompsat-2

获取 1 m 分辨率全色影像及 4 m 分辨率多光谱影像。Kompsat-3 是韩国第三颗多用途卫星，该卫星属于精密观测卫星，其数字相机的影像分辨率达到 0.7 m。Kompsat-3A 是 Kompsat-3 的后续星，于 2015 年成功发射，其全色分辨率达 0.55 m，多光谱分辨率达 2.2 m，并带有红外相机(祁首冰，2015)。

2)特点分析

韩国光学遥感卫星数量较少，但是技术起点较高，更加注重监测能力。Kompsat 系列卫星机动灵活，可以进行多轨立体成像，其影像分辨率从 Kompsat-1 的 6.6 m，发展到 Kompsat-2 的 1 m，再到 Kompsat-3 的 0.7 m，直到 Kompsat-3A 的 0.55 m，已经掌握了半米级别的光学遥感卫星技术(祁首冰，2015)。

4. 以色列 EROS 卫星

1)基本情况

以色列计划制造并发射 8 颗小卫星，组成一个低成本的商业对地遥感卫星 EROS 星座。卫星分为 EROS-A (2 颗)和 EROS-B (6 颗)两个系列，均以 1995 年发射的 Ofeq-3 (分辨率为 2 m)为基础，是军事侦察卫星技术转为民用遥感卫星技术的范例。EROS-B1～EROS-B6 卫星的分辨率均为 0.82 m。整个卫星系统建成后可提供高质量的影像服务，实现全球覆盖(表 2.15)。

表 2.15　以色列 EROS 系列卫星性能参数

卫星名称	发射/预计时间	传感器	分辨率/m (全色/多光谱)	重访周期/天	幅宽/km	定位精度/m (平面/高程)	应用领域
EROS-A1	2000 年	HRIS/MRIS	1.8/19	5	12.5/100	优于 100	测图/灾害
EROS-B1～EROS-B6	从 2006 年开始	HRIS/MISIS/STIS	0.8/1～1.5/5～8	5	30～40/40～60 /30～50	优于 30	测图/资源

EROS-A1 于 2000 年发射，卫星重约 250 kg，是全球首颗轻型、高分辨率商业遥感卫星。EROS-A1 卫星具有小巧灵活、成本低廉及性能优良的特点，具有单轨立体成像能力，可对地面进行推扫式扫描。卫星在飞行过程中可向左右两侧摆动，最大摆角为±30°，以便对地面轨迹两侧成像。EROS-A1 卫星高分辨率红外(high resolution infrared rays, HRIS)可提供分辨率为 1.8 m 全色影像，幅宽为 12.5 km，若通过采样等软件处理，最高分辨率可优于 1 m，中等分辨率红外(medium resolution infrared rays, MRIS)19 m 分辨率多光谱影像幅宽为 100 km。

EROS-B1～EROS-B6 从 2006 年开始发射，系列卫星重量轻，卫星平台具有高敏捷性；可在轨道上向任何方向倾斜 45°，以便对许多不同的地方进行成像；能根据需要在同一轨道上对不同的区域成像，并具有单轨立体成像能力。EROS-B 卫星的扫描带宽为 16 km，有同步和非同步扫描两种工作模式；可提供全色分辨率 0.8 m 的影像，幅宽为

40 km；多光谱分辨率为 1~1.5 m（4 个谱段）的影像，幅宽为 40~60 km。EROS-B 卫星主要应用于测绘、城市规划、资源环境等方面。

2）特点分析

以色列实施 EROS 卫星计划的目的是实现早期导弹预警和实时侦察周围阿拉伯国家的军事行动，从其卫星的特点可以看出，卫星更加注重影像的分辨率、重访周期和卫星的灵活性等方面。

2.2　国内发展现状

我国目前已经建立了资源、气象、海洋、环境与减灾卫星系列，初步形成了国家对地观测体系，并在国土资源、生态环境、气象和减灾等领域开展了不同的应用。目前，我国在光学遥感卫星领域的发展水平与国际卫星强国相比还存在一定差距。我国主要的光学遥感卫星包括中巴地球资源系列卫星、资源三号卫星、环境一号 A、B 星、天绘一号 01/02 星、高分一号/二号卫星以及其他小卫星。

1. 中巴地球资源系列卫星

1）基本情况

中巴地球资源卫星是我国第一代传输型地球资源卫星，是 1988 年由中国和巴西两国政府联合议定书批准，由中国、巴西两国共同投资、联合研制的卫星（代号 CBERS）。

资源一号 01/02（CBERS-01/02）卫星分别于 1999 年和 2003 年发射，主要载荷包括：①CCD 相机：有 4 个近红外波段和 1 个全色波段，在星下点的空间分辨率为 19.5 m，扫描幅宽为 113 km；②红外多光谱扫描仪（IRMSS）：有 1 个全色波段、2 个短波红外波段和 1 个热红外波段，扫描幅宽为 119.5 km，可见光、短波红外波段的空间分辨率为 78 m，热红外波段的空间分辨率为 156 m；③宽视场成像仪（WFI）：有 1 个可见光波段、1 个近红外波段，星下点的可见光分辨率为 258 m，扫描幅宽为 890 km（表 2.16）。

资源一号 02B（CBERS-1 02B）卫星于 2007 年 9 月发射，具备高、中、低 3 种空间分辨率的对地观测载荷，除搭载了与资源一号 01/02 星相同的 CCD 相机和 WFI 外，还搭载了 2.36 m 分辨率的高分辨率相机。

资源一号 02C（ZY-1 02C）卫星于 2011 年 12 月成功发射，卫星重约 2100 kg，设计寿命为 3 年，搭载的全色和多光谱相机分辨率的分别为 5 m 和 10 m，幅宽为 60 km。

资源一号 04（ZY-1 04）卫星于 2014 年 12 月 7 日在山西太原卫星发射中心成功发射。CBERS-04 卫星共搭载 4 台相机，其中 5 m/10 m 空间分辨率的全色多光谱相机（PAN）和 40 m/80 m 空间分辨率的红外多光谱扫描仪（IRS）由中方研制。20 m 空间分辨率的多光谱相机（MUX）和 73 m 空间分辨率的 WFI 由巴方研制。

2) 特点分析

中巴地球资源卫星发展到 CBERS-04 卫星，其具有两个显著特点：分辨率逐步提升，CBERS-04 卫星搭载的全色相机和多光谱相机（PAN）空间分辨率分别达到 5 m 和 10 m，配备宽视场成像仪加上全色相机–32°～+32°的侧摆能力，使重访天数达到 3 天，载荷的 16 个通道覆盖 9 个谱段，空间、时间、辐射分辨率均大幅提升。载荷具有多样性，CBERS-04 卫星配备 4 种光学载荷，多样的载荷配置使其可在国土、水利、林业资源调查、农作物估产、城市规划、环境保护及灾害监测等领域发挥重要作用（中国资源卫星应用中心，2014）。

表 2.16　中巴地球资源系列卫星性能参数

卫星名称	发射时间（年份）	传感器	类型	通道	分辨率/m	重访周期/天	幅宽/km	应用领域
资源一号 01/02	1999/2003	CCD	全	1	19.5	26	113	国土/资源/环境
			多	4				
		WFI	多	2	258		890	
		IRMSS	多	4	78/156		119.5	
资源一号 02B	2007	CCD	全	1	20	26	113	国土/资源/环境
			多	4				
		HR	全	1	2.36	104	27	
		WFI	多	2	258	5	890	
资源一号 02C	2011	P/MS	全	1	5	3～5	60	资源/环境
			多	3	10			
		HR	全	1	2.36		54	
资源一号 04	2014	PAN	全	1	5	3	60	国土/资源/环境
			多	3	10			
		MUX	多	4	20	26	120	
		IRS	多	3	40	26	120	
			多	1	80			
		WFI	多	4	73	3	866	

2. 环境一号 A、B 星

1）基本情况

环境与灾害监测预报小卫星星座环境一号 A、B（HJ-1A、1B）卫星于 2008 年 9 月发射，拥有光学、红外、超光谱多种探测手段，可获取高时间分辨率、中等空间分辨率的对地观测数据，具有大范围、全天候、全天时、动态的环境和灾害监测能力。HJ-1A、1B 卫星的轨道完全相同，相位相差 180°。两颗卫星组网后重访周期仅为两天。HJ-1A 卫星搭载了 CCD 相机和超光谱成像仪（HSI），HJ-1A、1B 卫星搭载了 CCD 相机和红外相机（IRS）。在 HJ-1A、1B 卫星上装载的两台 CCD 相机的设计原理完全相同，以星下点对称放置，平分视场、并行观测，联合完成幅宽为 700 km、像元分辨率为 30 m、4 个谱段的推扫成像(表 2.17)。

2)特点分析

HJ-1A、1B 卫星具有重访周期短的特点。HJ-1A 卫星上装载有一台超光谱成像仪，能够完成幅宽为 50 km、地面像元分辨率为 100 m、110～128 个光谱谱段的推扫成像，具有−30°～+30°的侧视能力和星上定标功能。在 HJ-1B 卫星上还装载有 1 台红外相机，完成幅宽为 720 km、地面像元分辨率为 150 m/300 m、近短中长 4 个光谱谱段的成像。HJ-1A、1B 卫星与 2012 年发射的环境一号 C(HJ-1C)星建立起中空间分辨率、高时间分辨率、高光谱分辨率、宽观测幅宽的性能，能综合运用可见光、红外与微波遥感等观测手段，由光学卫星和合成孔径雷达卫星组成的"环境与灾害监测预报小卫星星座"系统，能够有效提高中国生态环境变化、自然灾害发生和发展过程监测的能力。

表 2.17　中国 HJ-1A、1B 卫星星性能参数

卫星名称	发射时间(年份)	传感器	类型	通道	分辨率/m	重访周期/天	幅宽/km	应用领域
环境 1A	2008	CCD	多	4	30	4	360	环境/减灾
		HSI	高	128	100		50	
环境 1B	2008	CCD	多	4	30	4	360	环境/减灾
		IRS	多	4	150/300		720	

资料来源：中国资源卫星应用中心，2014。

3. 天绘一号 01/02 星

1)基本情况

天绘一号 01/02 星分别于 2010 年 8 月和 2012 年 5 月发射，并实现了两颗测图卫星的组网运行。双星影像经无缝拼接后，测绘覆盖宽度达 110 km，提高了测绘效率，加快了测绘区域影像获取速度。天绘一号卫星搭载了具有我国自主知识产权的线面混合三线阵 CCD 相机(LMCCD 相机)，其线阵分辨率为 5 m，面阵分辨率为 6 m，多光谱相机分辨率为 10 m，全色相机分辨率为 2 m，卫星设计寿命为 3～5 年，采用太阳同步轨道，轨道设计高度为 500 km，地面覆盖宽度优于 60 km(胡莘，2013)(表 2.18)。

表 2.18　天绘一号卫星性能参数

卫星名称	发射时间(年份)	传感器	类型	通道	分辨率/m	重访周期/天	幅宽/km	应用领域
天绘一号 01/02	2010/2012	全色相机	三线阵	1	5	NA	60	测图/资源/环境
		全色相机	多	4	10	NA		
		多光谱相机	全	1	2	NA		

2) 特点分析

天绘一号卫星具有分辨率高、覆盖范围宽、寿命长等特点，与三线阵 CCD 立体测绘相机相结合，可对同一地区进行高分辨率影像获取，增强地物的详细测绘和修测能力，提高卫星的整体应用价值。

4. 高分一号/二号/四号卫星

我国高分辨率对地观测系统重大专项(简称"高分专项")是一个非常庞大的遥感技术项目，于 2010 年全面启动，计划到 2020 年建成我国自主的陆地、大气和海洋观测系统。"高分专项"至少包含 7 颗卫星和其他观测平台，分别编号为高分一号到高分七号，它们都将在 2020 年前发射并投入使用。2013 年 4 月发射的高分一号卫星，高分辨率相机全色分辨率为 2 m、多光谱分辨率为 8 m，并携带分辨率 16 m、幅宽 800 km 的宽幅相机，是典型的高时间分辨率(宽覆盖)遥感卫星；2014 年 8 月发射的高分二号卫星，携带了全色分辨率为 0.8 m、多光谱分辨率为 3.2 m 的高分辨率相机，实现了较高的空间分辨率；2015 年 12 月发射的高分四号卫星是静止轨道光学遥感卫星，它携带全色分辨率为 50 m 的凝视相机，在静止轨道上对 7000 km×7000 km 的区域进行实时观测；高分五号卫星是民用高光谱观测卫星，高光谱相机分辨率能力可达 10 m，它还将携带气溶胶探测仪、温室气体监测仪等探测设备；高分六号卫星属于高分一号卫星的后继，它仍是一颗全色分辨率 2 m、多光谱分辨率 8 m 的普查卫星，但幅宽超过 1000 km；高分七号卫星属于 1∶1 万比例尺立体测绘卫星，将为测绘等部门提供高分辨率的立体测绘数据。目前，该系列已经发射了高分一号、高分二号和高分四号 3 颗卫星(表 2.19)。

表 2.19　高分一号、高分二号和高分四号卫星性能参数

卫星名称	发射时间(年份)	传感器	类型	通道	分辨率/m	重访周期/天	幅宽/km	定位精度/m	应用领域
高分一号	2013	全色	全	1	2	4	70	NA	测图/资源/环境
		多光谱	多	4	8				
		宽幅相机	宽	4	16		800		
高分二号	2014	全色	全	1	0.8	5	45	无控 50	测图/资源/环境
		多光谱	多	4	3.2				
高分四号	2015	全色	全	1	50	分钟级	400	N/A	资源/环境/气象等
		多光谱	中波红外	N/A	400				

5. 北京一号、北京二号小卫星

北京一号小卫星于 2005 年 10 月成功发射。根据小卫星"快、好、省"的原则，该卫星系统的研制周期不到两年，全星质量为 166.4 kg，外形尺寸为 900 mm×770 mm×

912 mm，运行轨道高度为 686 km，设计在轨运行寿命为 5 年。北京一号采用倾角 98.17°的太阳同步轨道。北京一号的有效载荷包括一台较高分辨率的全色相机和一台多光谱相机。全色相机的成像模式为推扫式，覆盖波谱宽度为全色 500~800 nm，幅宽为 24.2 km，分辨率为 4 m。多光谱相机分 3 个波段 520~620 nm、630~690 nm 和 760~900 nm，空间分辨率为 32 m(童庆禧和卫征，2007)。

北京二号小卫星星座于 2015 年 7 月成功发射。北京二号星座具有很高的详查能力，其全色分辨率达 1 m，多光谱分辨率为 4 m；卫星成像幅宽达 23.5 km，并具备-45°~+45°的侧摆机动能力。同时，该星座时间分辨率很高，仅用一天便能对全球任一地点进行重复观测。卫星采用了先进的小卫星平台，每颗卫星仅重 350 kg，设计寿命为 7 年(刘韬，2015)(表 2.20)。

表 2.20　北京一号/二号小卫星性能参数

卫星名称	发射时间(年份)	传感器	类型	通道	分辨率/m	重访周期/天	幅宽/km	定位精度/m	应用领域
北京一号/二号	2005	CCD	全	1	4	527	24.2	NA	测图/资源/环境
			多	3	32	2	600		

6. 其他小卫星

中国除大力发展大中型光学遥感卫星外，同时也在微小型卫星方面开展了大量研究，目前已发射主要的微小卫星见表 2.21。

表 2.21　中国部分微小卫星性能参数

	卫星名称	发射时间(年份)	传感器	类型	通道	分辨率/m	重访周期/天	幅宽/km	定位精度/m	应用领域
小卫星	航天清华一号	2000	CCD	NA	3	40		40	NA	环境/资源/灾害
	探索一号	2004	CCD	三线阵	NA	10	NA	NA	有控：平面 5~8 高程 25	测图/资源/环境
	天拓一号	2012	尺寸为 425mm×410mm×80mm；重量为 9.3kg							资源/灾害
	天拓二号	2014	尺寸为 515mm×524mm×685mm；重量为 67kg							
	吉林一号	2015	星载一体化设计，体积仅 1m³							资源/测绘

1)航天清华一号小卫星

航天清华一号(HT-1)卫星是清华大学、中国航天机电集团公司与英国萨瑞大学联合研制的用于遥感、通信和科学实验的我国第一颗微小卫星，于 2000 年 6 月发射，标志着我国在小卫星技术方面有了突破性进展。该星位于 700 km 太阳同步轨道，携带有 CCD 三波段相机，数据存储转发通信和无线电信号处理与传输实验等有效载荷，光学分辨率为 40 m，幅宽为 40 km，可用于环境、资源和灾害监测等。HT-1 微小卫星具有重量轻

(50kg)、体积小(0.07 m³)、研制周期短(1 年)、风险小、能耗低、发射快、成本低、功能密度高等众多优点，可以搭载发射，也可以一箭多星，发射机动灵活便于管理，体现了微小航天器技术向"更高、更好、更省"方向发展的趋势(尤政和戴泪，2001)。

2)探索一号小卫星

探索一号(TS-1)小卫星是我国第一颗传输型的测绘微小卫星，由哈尔滨工业大学研制，于 2004 年 4 月发射升空。TS-1 卫星是一颗准太阳同步轨道新技术演示验证卫星，工作寿命为两年。该卫星的主要任务是进行立体测绘、存储转发通信试验及全自主卫星管理技术实验。该卫星工作于 500 km 左右的太阳同步圆轨道，摄影覆盖能力不小于南北纬80°之间。该卫星搭载了三线阵 CCD 相机，空间分辨率为 10 m。三线阵 CCD 的设计使 TS-1 卫星可以进行立体测图，其立体像对能够获得相对高程精度 5~8 m、相对平面精度 25 m 的定位精度。对于境外目标点，无控制点下绝对定位精度约为 180 m。

3)天拓一号、天拓二号小卫星

天拓一号微小卫星于 2012 年 5 月发射，由中国国防科技大学研制，是中国首颗将星务管理、电源控制、姿态确定与控制、测控数据传输等基本功能部件集成在单块电路板上的微小卫星，该卫星体积尺寸为 425 mm×410 mm×80 mm，重量为 9.3 kg。其主要任务是开展星载船舶自动识别系统接收、光学成像、空间环境探测等在轨科学试验。相比于传统大卫星的宇航级元器件，天拓一号卫星 90 %以上为工业级元器件，不仅大大降低了整星费用，而且能经受长时间在太空环境中运行的考验。

天拓二号卫星于 2014 年 9 月发射，是我国首颗采用视频成像体制的微卫星，尺寸为 515 mm×524 mm×685 mm，重量为 67 kg，有效载荷为 4 台不同性能的摄像机。其主要任务是进行视频成像与实时传输、动态目标连续跟踪观测等科学试验，为发展高分辨率视频成像卫星奠定了技术基础。天拓二号采用视频成像和视频影像实时传输的工作方式，具有实时视频成像、人在回路交互式操作、基于网络的远程操作控制等功能，能实现对动态运动过程的连续观测和跟踪，获取观测区域的视频数据。作为一种新型对地观测卫星，其在资源普查、灾害监测、动态事件观测等方面具有广阔的应用前景。

4)吉林一号小卫星

吉林一号小卫星于 2015 年 10 月发射，是我国首个自主研制的商用遥感卫星星座。它一箭四星，其中包括 1 颗光学遥感主星、1 颗灵巧成像验证星和 2 颗灵巧成像视频星。这 4 颗卫星的工作轨道均为 650 km 的太阳同步轨道。其中，吉林一号主星(光学 A 星)具备常规推扫、大角度侧摆、同轨立体、多条带拼接等多种成像模式，地面像元分辨率为全色 0.72 m、多光谱 2.88 m。除了可以拍高清晰照片外，吉林一号小卫星还能拍视频。灵巧成像视频星地面像元分辨率为 1.12 m，可提供多模式成像技术验证。根据规划，吉林省计划在 2020 年之前发射 60 颗民用小卫星(张召才，2015)。

2.3 国内外光学遥感卫星发展特点与趋势

基于以上国内外光学测绘遥感卫星的基本情况，将当前国内外光学测绘遥感卫星发展的特点和趋势总结如下。

1. 空间分辨率不断提高

空间分辨率是光学遥感卫星最重要的指标之一，国内外近年来也在该方面做出了巨大的努力。由表 2.22 可以看出，目前能够突破半米量级的只有美国的 GeoEye、WorldView 系列和法国的军民两用卫星 Pleiades 1A/1B，而以色列、印度、韩国等的高分辨率光学遥感卫星以及中国的高分二号均已达到亚米量级，我国卫星的分辨率更多处于 1~2.5 m。

表 2.22 国内外光学遥感卫星主要性能参数

分辨率水平	卫星名称	国别	分辨率/m（全色/多光谱）	重访周期/天	幅宽/km	定位精度/m（无控/有控）
0~0.5 m 级	GeoEye-1	美国	0.41/1.6	2~3	15.2	无控：单片 3，立体 4；有控：2
	WorldView-1		0.45	1.7	16	7.6/2
	WorldView-2		0.46/1.8	1.1/3.7	16.4	4/2
	WorldView-3		0.31/1.24	1	13.1	无控<3.5
	Pleiades 1A/1B	法国	0.5/2	26	1	有控 1
0.5~1 m 级	IKONOS-2	美国	1/4	2.9/1.6	11	12/2
	QuickBird-2		1/4	0.61/2.44	16.5	无控 23
	OrbView-3		1/4	3	8	无控：单片 18，立体 11
	Resurs-DK	俄罗斯	1/1.5	5~7	28.3	
	EROS-B1~ EROS-B6	以色列	0.8/1~1.5	5	30~40/40~60	优于 30
	CartoSat-2	印度	<1	4	9.6	
	CartoSat-2A		0.8			
	CartoSat-2B		0.8			
	Kompsat-2	韩国	1/4	28	15	
	Kompsat-3		0.7/2.8		15	<70
	高分二号	中国	1/4	5	45	<50
1~2.5 m 级	SPOT 6/7	法国	1.5/2		60	
	EROS-A1	以色列	1.8/19		12.5/100	<100
	ZY1-02B/02C	中国	2.36	3~5	54	
	ZY-3		2.1/5.8	3~5	51	
	天绘一号		2/10		60	
	高分一号		2/8	4	70	
2.5~10 m 级	SPOT 5	法国	2.5/10	26	60	
	RapidEye	德国	5	1	77	
	CartoSat-1	印度	2.5	5	26	<80/5
	Resourcesat-1	印度	5.8/23.5	5	70/23	

分辨率水平	卫星名称	国别	分辨率/m (全色/多光谱)	重访周期 /天	幅宽/km	定位精度/m (无控/有控)
2.5~10 m 级	ALOS-1	日本	2.5/10	46	70	
	Kompsat-1	韩国	6.6	28	17/800	
	HJ-1A/1B	中国	4	30	4	
10~30 m 级	Landsat-8	美国	15/30	16	170×180	
	HJ-1A/1B	中国	30	4	360	

美国：1999 年发射的 IKONOS 卫星、2001 年发射的 QuickBird 卫星，以及 2003 年发射的 OrbView-3 卫星均具有优于全色 1 m 和多光谱 4 m 的分辨率，发展至 2007 年的 WorldView 系列已经开始进入半米卫星时代，2007 年和 2009 年发射的 WorldView-1、WorldView-2 能提供 0.45 m 和 0.46 m 的全色分辨率，2008 年发射的 GeoEye-1 卫星全色分辨率达到了 0.41 m，最新发射的 WorldView-3 卫星将空间分辨率进一步提升至 0.31 m。而正在研制中的 GeoEye-2 卫星分辨率将达到 0.25 m。美国光学遥感卫星的空间分辨率正在逐步接近厘米级。

欧洲：法国的 SPOT 6、SPOT 7 能够提供 60 km 大幅宽的 1.5 m 分辨率高清影像。Pleiades 卫星数据经过地面处理系统的处理，可以实现全色波段 0.5 m 和多光谱波段 2 m 的空间分辨能力。俄罗斯的 Resurs 系列分辨率从最初的 5~8 m 发展到现在的 0.7 m。

亚洲：印度的 CartoSat-2 系列卫星的影像分辨率已达到 0.8 m，下一代遥感卫星 CartoSat-3 系列的性能将会进一步提高，CartoSat-3A 将实现优于 0.5 m 的全色分辨率和约 1 m 的多光谱分辨率，逐步缩小与发达国家的差距。韩国的 Kompsat 影像分辨率从 Kompsat-1 的 6.6 m，发展到 Kompsat-2 的 1 m，再到 Kompsat-3 的 0.7 m，已经掌握了接近半米级别的光学遥感卫星技术。以色列的 EROS-B 卫星已达到 0.8 m 的分辨率，计划中的其他 5 颗卫星具有相同的成像能力。

中国：高分二号是迄今为止我国研制的空间分辨率最高的民用遥感卫星，高分二号具备 0.8 m 分辨率的成像能力，技术指标达到或超过国外同类光学遥感卫星的水平。

2. 注重高空间分辨率与广域观测的协调

美国：虽然不断提升空间分辨率，但同时也注重大区域观测，Landsat 系列卫星发展至今超过 40 年，其分辨率最高为 15 m，主要是因为 Landsat 系列卫星定位为中分辨率大面积陆地普查卫星，单景覆盖宽，幅宽达到 185 km，能够实现广域观测，载荷提供光谱信息丰富，客户使用量大。

日本：在研的 ALOS-3 卫星除了配备改进型的 PRISM 外，还配备了多光谱和超光谱频段。多光谱频段为 4 通道，其分辨率为 5 m，幅宽为 90 km，以实现广域观测。

中国：高分二号是国际上相同分辨率(0.8m)中幅宽最大的，目前在轨的美国 IKONOS、韩国 Kompsat-2 等遥感卫星分辨率同为 1 m，但幅宽仅十几千米，而高分二号却拥有 45 km 的大幅宽，实现了真正的广域高清观测。天绘一号卫星能够以 60 km 幅宽获取 2 m 分辨率全色影像、10 m 分辨率多光谱影像和 5 m 分辨率立体影像，从而实现广域高分辨率观测。

3. 地理定位更加精确

美国：IKONOS 无控定位精度在 12 m 以内，QuickBird 为 23 m，OrbView-3 为 12 m，WorldView-3 提高到 3.5 m，GeoEye-1 是首个使用军用级 GPS 的非军用卫星，在仅利用卫星系统参数和双频 GPS 接收机而无需地面控制点的情况下，其对地面目标的定位精度达到 3 m。

中国：资源三号卫星影像的有控制定位精度优于 1 个像元。前后视立体像对幅宽为 52 km，基线高度比为 0.89~0.95，可满足 1∶5 万比例尺立体测图需求；正视影像分辨率为 2.1 m，可满足 1∶25 000 比例尺地形图更新需求。

4. 星座组网观测能力加强，重访周期不断缩短

美国：GeoEye-1 与 OrbView-3 卫星及 IKONOS-2 卫星形成一个高分辨率光学卫星星座，可使星座日收集影像区域大于 100 万 km^2，对各地理目标的重访时间小于 1.5 天。计划发射的下一代高分辨率光学遥感卫星 GeoEye-2 将加入到由 GeoEye-1、OrbView-3 和 IKONOS-2 组成的高分辨率卫星星座，届时将具备强大的星座组网观测能力。

欧洲：法国拥有 4 颗卫星组成的星座(SPOT 6、SPOT 7、Pleiades-1A、Pleiades-1B)，该星座具备对全球任意地点进行每日两次重访的能力，由 SPOT 卫星提供大幅宽高分辨率影像，Pleiades 提供极高分辨影像。德国 RapidEye 卫星星座具有极强的影像获取能力，日覆盖范围达 400 万 km^2 以上，能够在 15 天内覆盖整个中国，每天都可以对地球上任一点成像，空间分辨率为 5 m。

亚洲：印度已形成较为完善的对地观测系统——CartoSat 系列，其由 4 颗卫星(CartoSat-1、CartoSat-2、CartoSat-2A、CartoSat-2B)组成星座。以色列即将拥有一个由 8 颗小卫星组成的低成本商业对地遥感卫星 EROS 星座，卫星分为 EROS-A(2 颗)和 EROS-B(6 颗)两个系列，分辨率均为 0.8 m，且一个地区一天内的重复访问可达到 2 次。

中国：环境一号 A、B 星与 2012 年发射的环境一号 C 星建立起中高空间分辨率、高时间分辨率、高光谱分辨率、宽观测幅宽的性能，能综合运用可见光、红外与微波遥感等观测手段，由光学卫星和合成孔经雷达卫星组成的"环境与灾害监测预报小卫星星座"系统，能够有效提高中国环境生态变化、自然灾害发生和发展过程监测的能力。

5. 小卫星成本低廉，已成为热点之一

大卫星虽然具有功能强、平台稳定等优势，但成本高、灵活性与时间敏感性相对较差。而小卫星组网具有研发周期短、投资与运行成本低、可以按需发射等一系列优势，因而小卫星组网发展必将引领新潮。

美国：SkySat 卫星是世界上首个具备空间视频成像能力的高分辨率对地观测商业卫星，能够对动态环境的持续监视和对运动目标的长期跟踪；其质量为 90～120 kg，单星成本为 5000 万美元。Sky-box Imaging 公司计划发射 24 颗小卫星组成卫星星座，用来采集地球及陆上地标的高分辨影像，24 星星座具备对目标每天 8 次的重访能力。

欧洲：法国 Pleiades 星座单星质量为 970 kg，SPOT 6、SPOT 7 的单星质量为 712 kg。德国 RapidEye 卫星星座的 5 颗卫星每颗星重约为 150 kg。

亚洲：日本的 ALOS-1 搭载了多传感器（包括雷达和光学），而 ALOS-2 和 ALOS-3 则分别只搭载了雷达和光学传感器，降低了系统风险，提高了系统可靠性，降低了开发成本和卫星运行效率。

中国：北京一号卫星全星质量为 166.4 kg，外形尺寸为 900 mm×770 mm×912 mm，该卫星系统的研制周期不到两年，体现了小卫星"快、好、省"的优势。中国还发射了像天拓一号、天拓二号等优秀的微卫星，重量均在 100 kg 以内，此外，吉林一号卫星也成功发射，其后续卫星也正在研制中。

第3章 资源三号卫星需求分析和指标要求

3.1 卫星需求分析[*]

3.1.1 背景和意义

地理信息资源是国家重要的战略信息资源，是国民经济和社会发展的基础保障，也是维护国家安全、拓展国家利益的重要基石。近年来，地球空间信息产业迅猛发展，已经成为国民经济新的增长点。测绘作为地球空间信息产业的主力军，肩负着基础地理空间数据的生产、加工和相关产品的技术服务等任务，将带动我国地球空间信息产业的发展。以航空摄影和购买国外卫星遥感影像为主的基础地理信息获取手段，无法满足当前发展对信息覆盖面、现势性和产品种类的要求，为完善我国地理空间信息获取体系，我国迫切需要发展自主的测绘卫星体系，采用航天对地观测技术，实时有效地获取地理空间信息，为经济社会可持续发展、国家安全、民族利益等提供有效支撑。

1. 地理信息资源是国家重要的战略信息资源

测绘是国民经济和社会发展的基础，为一个国家提供现势性强的、高精度的空间基准、影像地图、地形图和专题地图产品等基础地理信息及技术服务。我国经济社会的高速发展，对测绘及地理信息产品的需求越来越强烈。

1) 地理信息资源是国家信息资源的重要组成部分

地理信息资源是数据量最大、覆盖面最宽、应用面最广的信息资源之一。在信息化时代，数字化地理信息资源的规模、品种和服务水平已经成为国家信息化水平的一个重要标志。地理信息不仅可以作为基础设施用于各种地理信息系统、决策支持系统建设，且最终产品可以为广泛的社会大众所共享与利用。地理信息资源不仅是一种基础性资源，而且是一种可以服务大众的社会信息。地理信息作为战略性信息资源，还表现在地理信息是国防建设和现代战争十分重要的信息资源，是各级作战指挥系统和精确制导武器的基础信息。地理信息已成为国民经济和社会信息资源的重要组成部分。

2) 地理信息是国民经济和社会信息集成的载体

地理信息是国民经济和社会信息集成的载体，是国家的一种信息资源基础设施。基于空间位置，可以集成、检索和展示所关心的自然、社会、经济、环境信息，并对其空

---

[*] 本需求分析针对资源三号卫星，资料截至"十一五"末。

间分布特征、运行状态、变化态势等进行分析模拟。与公路、通信及其他类型的基础设施一样，国家基础地理信息系统已经成为许多国家提高国家竞争力与生产力的基础设施之一。地理信息也是国家研究战略、形成决策、制定规划、应急响应及实施一切重大战略举措所必需的基础信息平台。无论是行政管理、科学研究、电子商务、智能交通建设，还是经济社会可持续发展、海洋战略等重大战略的实施都离不开地理信息的分析支持。

经过"八五""九五""十五"等几个五年计划的建设，全国1∶100万基础地理信息系统和1∶25万、1∶5万基础地理信息系统已经建成，1∶25万基础地理信息已经实现3次更新，1∶5万基础地理信息已经实现两次更新，并广泛地应用于国民经济、社会发展和国家安全的诸多领域。由于数据库的基础性和公益性，测绘地理信息部门已经免费为全国20多部委等单位提供了1∶100万和1∶25万及1∶5万基础地理信息数据。据国家基础地理信息中心统计，全国1∶100万和1∶25万数据库已经在全国数百个单位得到使用，并发挥了巨大的经济效益。但从用户的需求来看，国民经济和社会信息化建设的各行业部门需求量最大的基础地理信息是1∶5万和1∶1万甚至更高比例尺的空间数据。表3.1给出了2002年测绘部门向各领域提供地形图的统计情况，可以看出基础测绘产品的需求量很大。

表 3.1　2002 年测绘部门向各领域提供地形图情况统计　　　　　　（单位：张）

领域	交通	林业	国土	水利
1∶1 万地形图	19 219 (550 663)	16 803 (481 440)	16 240 (465 308)	15 079 (432 044)
1∶5 万地形图	14 676 (6 736 865)	11 883 (5 454 767)	8 188 (3 758 616)	7 758 (3 561 229)
1∶1 万地形图	3 150 (90 254)	3 123 (89 480)	2 993 (85 755)	2 652 (75 985)
领域	科教	军事	通信	建筑
1∶5 万地形图	2 764 (1 268 785)	2 301 (1 056 250)	2 297 (1 054 414)	2 242 (1 029 167)
领域	民政	电力	规划	地矿
1∶1 万地形图	1 3697 (392 446)	9 887 (283 282)	8 102 (232 139)	8 030 (230 076)
1∶5 万地形图	6 679 (3 065 925)	6 920 (3 176 554)	6 306 (2 894 704)	5 458 (2 505 438)
1∶1 万地形图	2 325 (66 616)	2 258 (64 696)	1 563 (44 783)	1 502 (43 035)
1∶5 万地形图	2 217 (1 017 691)	1 738 (797 811)	1 427 (655 049)	1 216 (558 192)

注：括号内的数据表示地形图的面积，单位为 km²。

3)地理空间信息事关国家安全、国家主权和民族利益

当前国际形势复杂多变，为了提升国际事务话语权、实施"走出去"战略、海洋权益维护、开展极地科学考察、应对突发事件等，我国迫切需要及时获取陆地国土、海洋

国土乃至全球的地理信息资源。

(1)地理信息产品是战争的必备工具。无论是传统战争还是现代战争都离不开测绘。传统战争的排兵布阵和作战方案的制订离不开军用地图，现代战争的信息化指挥系统和精确制导武器都必须以地理信息为基础。现代战争越来越依赖于精确可靠的地理信息，卫星制导武器和巡航导弹等都需要精确的地理位置和地形模型。

(2)地图体现国家主权、民族尊严和版图完整。地图是国家主权和民族利益的体现，是国家表达其政治主张和民族利益的重要工具和途径。地图是真实世界的抽象反映，是为广泛的社会大众所普遍接受的信息载体，地图中许多内容体现了国家主权、尊严和利益，不可失其严肃性和严密性，任何差错都将损害国家主权和民族利益。

(3)测绘地理信息成果是国家边界谈判和管理的重要依据。我国与世界 15 个国家以陆地边界分隔，陆地边界线长达 8.2 万 km，此外我国还与多个国家有海洋界线。在与这些国家进行边界谈判和边界划分时，测绘是基本的技术手段，地图是基本依据，充分利用测绘技术和地理信息将更好地掌握边界谈判的主动权，维护国家利益。

2. 地球空间信息产业已成为国民经济新的增长点

20 世纪 90 年代以后，以地理信息系统(GIS)、遥感(RS)、全球定位系统(GPS)为代表的"3S"技术得到了空前发展，并已经渗透到国民经济和社会发展的各个方面，从而推动了地球空间信息产业的迅速发展。著名杂志《自然》(Nature)于 2004 年 1 月指出，美国劳动部已将地球空间信息技术、纳米技术和生物技术并列为当今最具发展前途和最有潜力的三大高新技术，地理空间信息产业具有广阔的发展前景。

从全球范围看，近年来，地球空间信息产业发展速度较快、势头良好。据美国 HAL 公司估计，2001 年全球地球空间信息产业市场约为 240 亿美元，并预计以每年 12%的速度增长；而据美国市场分析公司 Daratech 统计，2005 年已形成约 500 亿美元的市场规模，年均增长率达 35%。受经济危机等因素的影响，2009 年 GIS 市场规模增长率为 1%，虽然远远低于 2008 年 11%和 2007 年 17.4%的增长幅度，但是 2010 年全球 GIS 市场重新达到了过去 6 年以来的年复合增长率——11%。近年来，美国 GIS 市场规模的年增长率接近 35%，纯商业化应用的年增长率高达 100%。亚洲、拉丁美洲和中东地区随着经济的快速发展，其对 GIS 的需求加速。2005~2007 年，韩国 GIS 市场的年均增长率为 44%，2007 年市场总规模为 17 亿美元。2008~2009 年，印度地理信息产业规模达到 83.89 亿卢比，较上一年度增加了 15.59 亿卢比，增长率达 23%。2007 年，澳大利亚 GIS 市场产值为 11 亿美元。2003 年以来，全球卫星导航定位市场规模逐渐增大，2009 年全球应用市场规模达 660 亿美元，保持 15%的增长率，近几年更是呈快速增长态势。此外，国际卫星遥感数据应用市场发展迅猛，2004 年，全球卫星遥感市场(除空间系统外)规模就达到了 14 亿美元，100 多个国家数千个机构或企业在从事或参与卫星遥感及其应用活动。

我国地球空间信息产业发展也很快。"十一五"末期，地理信息产业总值突破 1000 亿元人民币。

3. 地理信息资源的覆盖面、现势性和产品种类亟须完善

"十三五"期间,我国地理信息资源建设已经初具规模,全行业已经建成了全数字化的测绘生产技术体系,测绘服务正拓展到国民经济和社会发展的各个方面。以测绘为主的地理信息服务业蓬勃发展,地球空间信息产业已成为国民经济新的增长点。作为我国整个国家空间数据基础设施的框架和重要组成部分,数字中国地理空间框架的建设工作已取得重大进展,但是在基础地理信息数据的覆盖面、现势性和产品种类等方面仍然有所欠缺,与经济和社会发展的要求相比还存在较大差距,主要体现在以下几个方面。

1) 基础地理信息数据的覆盖面不足

全国 1∶5 万地形图是国家级基础图件,1∶1 万地形图是省级基础图件,1∶500、1∶1000、1∶2000、1∶5000 地形图是城镇基础图。我国已全面建成了 1∶5 万国家基础地理信息数据库,建成和更新了一批省级 1∶1 万和市县级大比例尺基础地理信息数据库,测制了大量国家基本比例尺地形图。但是,我国陆地国土 1∶5 万、1∶1 万基础地理信息数据距离周期性的全覆盖还有一定差距;同时,大比例尺地形图及相应的基础地理信息数据只覆盖经济发达或重点地区,不能完全满足城镇化发展、新农村建设等方面的需要。据统计,"十二五"末期,1∶1 万、1∶5000 地形图对必要覆盖范围的覆盖率仅仅达到 75.9%,离《全国基础测绘中长期规划纲要》提出的全面覆盖的目标还存在较大差距,1∶2000 及更大比例尺地形图对县级以上城镇建成区覆盖率为 81.6%,也没有达到《全国基础测绘中长期规划纲要》提出的 90%以上的目标,实现中、大比例尺地形图对陆地国土的必要覆盖仍然是今后基础测绘工作的重要内容。此外,我国海洋基础地理信息数据不足,海岛(礁)及覆盖全球的基础地理信息资源缺乏,西部欠发达地区基础地理信息资源建设相对薄弱,尚难以满足经济社会发展的需要。

2) 基础地理信息数据的现势性较差

长期以来,我国基础地理信息数据的更新周期较长,空间信息资源的现势性远不能满足经济社会飞速发展的需求。"十五"期间建成的 1∶5 万基础地理信息数据库,主要采用的数据源是国家基本比例尺地形图,其中 1∶5 万地形图约占 80%,西部 1∶10 万地形图,约占 20%。1∶5 万和 1∶10 万地形图大部分是 20 世纪 70~80 年代测绘的,占到全国总面积 56%以上,90 年代以后测绘的仅占 36%,2000 年以后测绘的只有 1%,还有7%为 50~60 年代测绘的地形图。地形图更新缓慢,严重地影响了测绘信息公益性服务作用的发挥。从"十一五"开始,我国开展了 1∶5 万基础地理信息的更新工作,到 2005年,已经完成了两版更新。由于国民经济建设的飞速发展,以及受到各种自然灾害的影响,人文要素和自然地形要素产生了巨大变化,已有的 1∶5 万地形图的地形要素需要及时更新。例如,对一些重点经济发展地区和沿海地区,要求每 2~5 年更新一次;一般地区平均更新周期应为每 5~8 年更新一次。"十二五"期间,全国各省、区、市测绘部门的 1∶1 万基础地理信息数据库建设发展迅速,覆盖范围不断扩大,半数以上的省份已全面开展 1∶1 万基础地理信息数据库更新，力争逐步实现持续更新和动态更新，部分省份要求实现每 2~3 年全面更新 1 次、重点区域 1 年至半年更新 1 次。近年来，随着我国城市发展步入快速发展期，城市信息化建设对基础地理信息的需求越来越迫切，城市规划、乡镇建设、交通管理等一系列工作也都离不开高精度、现势性强的地理信息数据的支撑。尽管我国数字城市地理空间框架建设工作已开展近 10 年，并取得了令人瞩目的成绩，但随着建设与应用的不断深入，有些城市存在数据更新不够及时、应用不够广泛、机制不够落实等问题。在经济社会快速发展、地物景观变化频繁的情况下，地形图的现势性差，一些地区的地图与实际地形地物变化相差 30% 以上。总之，提高基础地理信息数据的现势性是当务之急。

3) 满足国民经济建设和人民生活需要的地理信息产品很少

从总体上看，我国地理信息数据产品种类仍然较少，数据库中要素的属性信息简单，数据完整性不强，信息量不够丰富。基础地理信息资源和专题地理信息资源的整合不够，数据的一致性较差。基础地理信息产品的不足，已经严重影响了我国国民经济与社会信息化的建设。同时，随着人们的物质和文化生活的日益丰富，社会对地理信息产品的需求迅速扩大，仅仅依靠旅游地图和地图册已满足不了人民生活的需要。人们需要车载导航电子地图、三维景观地图、基于位置的服务等大众化应用的地理信息产品，这种地理信息产品不仅要求内容丰富，而且要求现势性好。随着国民经济的持续快速增长，人民群众生活水平迅速提高，消费结构不断升级，长期以来困扰人们的物质产品"短缺"，正在向服务类产品"短缺"转移，地理信息产品就是其中之一，其已经远不能满足大众民生、国民经济和社会发展日益增长的需求，成为制约信息化测绘体系建设及行业应用的瓶颈。

4. 发展我国自主民用测绘卫星已刻不容缓

为满足国民经济和社会发展对地理信息资源覆盖面、现势性和产品种类的要求，打破自主卫星数据源匮乏和过分依赖国外卫星数据的瓶颈，我国迫切需要发展长期、稳定、连续的自主民用测绘卫星体系。

1) 国民经济和社会的高速发展对测绘信息服务提出了严峻挑战

我国国民经济和社会发展迅速，基础设施日益增加，交通、城市建设等地理要素变化很快，几个月可能新修一条路，一两年可能建成一个新城镇或开发区。据北京市统计，每年新建建筑面积达到 8 000 万 m²，相当于整个欧洲在建面积的总和。据广东省国土资源厅统计，许多城市地区的地理要素一年之内发生了 70% 的变化。这种变化对测绘信息服务提出了严峻挑战。如果这些变化信息未能及时在地理信息中反映，就大大降低了它的使用价值，并将使国家宏观决策、工程规划设计和社会各方面的活动因地理信息不准确而造成重大损失。

许多城市管理部门提出城市地理信息每 3 个月更新一次。交通、水利、电力、电信、农业等部门也提出了每年进行全国地理信息更新的要求。要满足这些需求，已有的测绘技术手段和能力根本无法实现。影响地理信息更新的主要因素是数据获取速度太慢，尤其是航空航天遥感数据的获取能力比较薄弱，使得我国基础地理信息更新速度太慢，已经滞后于经济建设与社会发展的需求。

2) 原始影像资源贫乏已经成为制约测绘发展的瓶颈

航空航天遥感影像资料的获取是基本地形图生产和基础地理信息数据库建设的第一步，是基础测绘工作的一个重要组成部分。航空摄影或卫星遥感能够获取目标区域的遥感影像，为基本比例尺地形图测制与更新、基础地理信息数据库建设与更新等提供可靠的基础数据源。地形图的测制是指采用各种测绘手段制作一幅新的地形图；地形图的更新则是对已有的地形图进行更新，或者称为地形图修测。一般来说，地形图的测制比地形图的更新对影像的分辨率和几何精度要求要高。

测绘行业一直是航空航天遥感影像资料最主要的用户之一。没有卫星和航摄遥感资料，测绘便是无米之炊。一个世纪以来，地图生产主要以航空摄影为数据源。随着卫星遥感技术的发展，测绘已越来越依赖于卫星遥感资料。美国宇航局在 1991 年曾做过遥感影像需求市场分析预测，他们认为，测绘部门将是遥感产品的主要使用者，其市场份额会超过 20%。SPOT 卫星影像数据的销售实际证实了这一点，测绘和 GIS 领域的销售份额已超过 40%。我国测绘行业已成为高分辨率卫星遥感数据的最大用户之一。测绘地理信息部门已购买了不同时相、不同分辨率、覆盖全国的 TM、SPOT 和中巴地球资源卫星的遥感影像数据，并购买了部分城市地区高分辨率的卫星影像等。这些影像资料是国家基础地理信息系统 1∶25 万数据库更新、全国土地利用/土地覆盖数据库建设、国家和省级基础地理信息系统 1∶5 万和 1∶1 万数据库建设、西部省区生态环境监测、重大工程建设、城市规划和管理等重要的基础数据。据统计，近年来，仅国家测绘地理信息局就购买了 5000 多万元的卫星影像资料，各行业和地方测绘部门购买的卫星遥感资料超过了上亿元。但由于国内外用于测绘的遥感卫星较少，"十一五"期间，遥感资料供应不足且供应渠道不稳定，使得我国用于测绘的遥感资料十分零散，且分辨率不统一，造成基础数据精度不一致。

"十二五"期间，为了解决我国测绘行业原始影像资料不足的问题，测绘地理信息部门一直在组织实施国家航空摄影工作。每年投资上亿元开展航空摄影，以获取高分辨率影像资料。但由于航空摄影受天气及飞机调度与空管的影响巨大，获取资料的周期较长、成本较高，无法满足测绘基础数据生产的需要。目前，每年航空摄影的覆盖率不足国土面积的 10%。原始影像数据源的缺乏已成为地图和基础地理信息生产的主要制约因素之一。

3) 国内外此前发射的遥感卫星难以满足我国测绘快速发展的要求

从 20 世纪末到 21 世纪初，国内发射了一系列对地观测卫星，这些卫星主要用于气象、海洋、资源与环境的监测，大部分不能用于测绘。与此同时，国外已有多颗典型的高分辨率测绘卫星，包括 SPOT 5、IKONOS-2、QuickBird-2、CartoSat-1 等，这些卫星的几何精度基本达到 1∶5 万或 1∶1 万制图的要求。其中，SPOT 5 卫星影像是当时测绘和国土部门的主要数据源之一,用于 1∶5 万基础地理信息系统的建设和国土资源调查等方面。在立体测图方面,SPOT 5 能进行立体测量,但法国 SPOT Image 公司推销的是 Reference 3D 产品,即生成 1°×1° 的 DEM 和正射影像,价格较贵,为 70 元/km^2,一幅 1∶5 万地形图面积需 2.85 万元,143 万 km^2 需 1 亿元。

我国和巴西联合发射了资源一号 01/02 星,其中分辨率为 19.5 m 的影像原则上可以用于 1∶25 万基础地理信息数据库的更新,但无法用于 1∶5 万地形图的测制和更新。2007 年发射的资源一号 02B 星上搭载了分辨率为 2.36 m 的全色相机,可用于 1∶5 万地形图部分要素的更新,但该卫星难以形成立体像对,无法满足立体测图要求。其他民用遥感卫星,包括气象卫星、海洋卫星和环境减灾卫星等由于分辨率较低,都无法满足高精度立体测图的要求。我国某系列卫星,有的虽能满足 1∶5 万测图平面精度的要求,但由于主要任务为军事侦察,难以保障民用的要求,特别对于大面积卫星影像的需求更为困难。也就是说,2012 年之前,国内还没有一颗真正意义上的民用高分辨率测绘卫星,难以满足我国测绘快速发展的要求。

4) 建设我国长期、稳定、连续自主数据源已迫在眉睫

测绘卫星是国家重要的空间基础设施,是地理信息最重要的数据来源。目前,我国已经独立自主地建立了一套航空摄影测量的数字化测绘技术体系。由于测绘技术的迅速发展,测绘已经越来越依赖于卫星影像资料。据统计,直到"十一五"末,测绘部门使用的卫星遥感数据 90% 以上来自于美、法、加等国的遥感卫星,卫星的数据源基本由国外所控制。一旦外部环境发生变化,我国在地理信息建设方面将极为被动。由于尚没有民用的高分辨率测绘卫星,我国自主的卫星测绘应用技术水平受到了严重制约。同时,如果不发展我国自己的高分辨率卫星,将对军事、空间科学技术和社会信息化等方面都不利。只有建立了我国长期、稳定、连续运行、具有自主产权的高分辨率立体测图卫星,才能自主地、不依赖任何外国数据源进行空间数据基础设施建设,大幅提升我国自主信息保障能力和独立获取全球空间信息的能力,全面提高我国信息安全和国防安全水平,为国民经济和国防建设服务。

研制和发射我国自主的高分辨率立体测图卫星,是推动我国测绘事业进步、增强测绘保障服务能力的必然要求,是满足经济社会发展对测绘的需求、提高应对突发公共事件测绘服务水平的迫切需要。2006 年 8 月,国务院发布的《全国基础测绘中长期规划纲要》中有 26 处提到了卫星测绘,在谈到目前存在的问题时指出,高精度空间定位卫星和高分辨率遥感卫星几乎完全依赖于国外,国家安全和信息安全难以得到保障。为了缩小目前应用情况与需求之间的巨大差距,要求必须加快我国空间信息基础设施建设和测绘信息产品的生产更新速度,加快发展满足 1∶5 万甚至更大比例尺立体成像的高分辨率、高精度测绘用途的卫星,并建立我国自主的民用测绘卫星体系和自主的大规模卫星测绘应用系统,建设一个业务化运行的卫星应用系统,长期、稳定、高效地将高分辨率卫星影像转化为高质量的基础地理信息产品,形成基于国产测绘卫星的基础地理信息生产与更新的技术应用体系,为基础测绘、应急测绘保障、地理国情监测、地理信息公共服务、信息化测绘体系建设、地理空间信息产业的壮大、国土资源调查以及其他行业应用提供强有力的保障。[1)]

3.1.2　需 求 分 析

1. 基础测绘对高分辨率立体测图卫星的需求

基础测绘是为经济建设、国防建设和社会发展提供基础地理信息的基础性、公益性事业，其关系国家主权、国防安全和国家秘密，是实现经济社会可持续发展的基础条件和重要保障。2006 年 8 月，国务院发布了《全国基础测绘中长期规划纲要》，提出了阶段目标：基本建成现代化国家测绘基准体系，基本实现陆地国土 1∶5 万比例尺基础地理信息的全覆盖，年更新率争取达到 20%；1∶1 万比例尺基础地理信息的必要覆盖，年更新率争取超过 20%；1∶2000 或更大比例尺基础地理信息对城镇建成区的全覆盖，年更新率超过 30%，有条件的地区争取实现按需更新；以及多分辨率和多类型正射影像对全部国土的必要覆盖；基本建立基础地理信息更新和共建共享机制；形成一批具有影响力的基础测绘公共产品；基本满足经济社会发展对基础测绘的需求。2015 年 6 月，国务院批复同意《全国基础测绘中长期规划纲要(2015~2030 年)》，要求面向国家重大工程需求，做好基础地理信息资源建设与更新，包括数字地理空间框架、重点地区基础测绘、全球地理信息资源建设等，加强边疆地区、自然灾害频发地区基础测绘工作，获取我国主张管辖海域范围内海岛(礁)高精度基础地理信息，加强全球基础地理信息资源建设，继续做好南北极地区及其他重点关注地区的基础测绘工作。

1)地形图测制和更新对高分辨率立体测图卫星的需求

1∶5 万地形图是我国经济建设和社会发展中最常使用的基本图件。在 2005 年之前，我国使用的大多数 1∶5 万地形图均为 20 世纪 60~70 年代由国家测绘地理信息局和总参测绘局施测或编绘的，虽然后来在 80 年代一些经济发达地区做了更新，90 年代一些经济发展热点地区又做了小区域的更新，暂时满足了一些地区的用图急需，然而自 1∶5 万地形图出版以来，近几十年的时间是我国国民经济高速发展的时期，国家基本建设发生了巨大变化，特别是一些国家基础性的项目，如交通、水电、城市旧区改造等变化翻天覆地，同时，我国的行政界线划分、行政名称和自然地理名称也做过较大的调整，各地区

---

1) 后续的地理信息发展规划将继续加强测绘卫星和卫星测绘能力建设，也说明了发展资源三号卫星的必要性。2014 年 7 月，国家发展改革委和国家测绘地理信息局联合印发了《国家地理信息产业发展规划（2013~2020）》，指出："要加快产业发展基础设施建设，加快我国卫星遥感基础设施建设，尤其是光学立体测图卫星、干涉雷达卫星、激光测高卫星等的建设"，构建和完善卫星测绘应用技术体系，提高卫星测绘综合应用服务能力，在服务好国内各行业、各部门的同时，积极开拓国际市场，大幅度提升我国地理信息产业的国际竞争力，促进地理信息新兴产业蓬勃发展。国务院近期批复同意的《全国基础测绘中长期规划纲要（2015~2030 年）》也多处提到卫星测绘，要求面向新型基础测绘体系建设，形成卫星、地面应用系统和测绘地理信息生产服务体系相互衔接的卫星测绘应用链条，提高卫星测绘应用能力，为全面建成小康社会提供测绘地理信息服务保障。到 2020 年，以国产测绘卫星为主体，以国家其他高分卫星资源为辅助，以国内商业遥感小卫星资源为补充，发展全天时、全天候测绘卫星观测能力，构建种类齐全、功能互补、尺度完整的对地观测体系，全力满足新型基础测绘对天基数据获取能力的需求，使高分辨率遥感影像自给率达到 80%以上，增强我国自主信息保障和独立获取地球空间信息的能力。

原有的 1∶5 万地形图已失去了现势性，不能很好地为国民经济建设提供服务。1∶5 万地形图的陈旧与经济高速发展已出现了巨大反差，若按传统方法更新，则投入较大，使得一些经济困难的地区望而却步，若完全靠国家投资，则更新周期较长。为了使测绘工作更好地为经济建设服务，就必须寻找一种新的技术方法来降低投入费用，缩短更新成图周期。

全国 1∶100 万和 1∶25 万是小比例尺数据库，数据库的更新主要依赖采用 30 m 分辨率的 TM 影像。测绘地理信息部门已经购买了覆盖全国的 TM 影像资料，并已全面用于 1∶25 万和 1∶100 万数据库的更新，同时，国家测绘地理信息局也开展了采用我国研制的资源卫星进行小比例尺基础地理信息系统更新的试验。在小比例尺数据更新方面，国家测绘地理信息局对 30 m 左右分辨率的资源卫星有长期的应用需求。但是，在全国范围地形图的需求量中，小于 1∶5 万比例尺的用户仅占不到 20%，而大于 1∶5 万比例尺的用户则占 80%以上。

《全国基础测绘"十二五"规划》要求按要素对 1∶100 万、1∶25 万、1∶5 万基础地理信息数据库实现快速更新，每年提供一个更新版本。假设我国基础航空摄影面积每年约为 70 万 km^2，可以覆盖整个国土的约 7%，每年购买的高分辨率卫星影像为 30 万 km^2，可以覆盖国土面积的 3%。以 1∶5 万为例，全国 1∶5 万地形图在东部地区全面更新的周期为 1~2 年，中西部地区为 3~8 年。若按更新周期 2 年计算，需要 600 万 km^2 的影像数据，其缺口高达 80%（表 3.2）。

表 3.2　1∶5 万地形图更新的影像数据需求

1∶5 万地形图更新和测图	2010 年现状	获取面积/万 km^2	数据缺口/万 km^2
每年 500 万 km^2	航空摄影	70	400（缺口 80%）
	卫星影像	30	

为了使测绘工作更好地为经济建设服务，就必须寻找一种新的技术方法来降低投入费用，缩短更新成图周期。高分辨率光学立体测图卫星是基础测绘最重要的数据源，能够提供第一手的卫星遥感影像资料及系列影像产品，极大程度地满足 1∶5 万等基本比例尺地图快速生产、更新和数据库建设的需要，并兼顾更大比例尺地图的修测工作。目前，高分辨率光学卫星影像已经全面应用于数字正射影像图生产、地形图测绘和地理信息更新等方面。以利用自主的卫星资源为主，结合航空摄影测量手段，是解决我国 1∶5 万、1∶1 万及更大比例尺测图与更新的必要条件。《全国基础测绘中长期规划纲要(2015~2030 年)》也明确指出，将以卫星测绘作为基础测绘从陆地国土向海洋和全球拓展业务、从静态几何位置向地理乃至地球物理动态监测转型的主要技术手段，加快获取覆盖我国海洋国土乃至全球的基础地理信息资源，提高地理信息在全球治理中的作用。

2) 困难地区测图对高分辨率立体测图卫星的需求

a. 西部测图

西部大开发是我国国家经济和社会发展的重大战略，关系到民族团结和边疆稳定。

然而直到 2005 年，我国西部西藏、新疆、四川、青海、云南、甘肃等省区还有 200 多万平方千米的国土，由于气候环境、地理条件和过去年代测绘技术装备水平的限制，仍然没有 1∶5 万地形图，严重制约了西部大开发的进程，也严重影响着国家可持续发展和以信息化带动工业化战略的实施。

1∶5 万地形图是国家经济建设和国防安全不可缺少的基础地理信息资料。它的空缺曾经使交通水利建设、土地资源调查、矿产资源勘查、地质调查、环境监测、地震预报、西部地方经济建设等多项工作受阻，为临时应急曾付出数倍投入，甚至生命代价。因此，国家有关部门和西部 6 个省区普遍认为，实施 1∶5 万地形图无图区的测绘工程十分必要和迫切。为了尽快开展西部空白区制图，必须用航天遥感技术，采用高分辨率卫星影像进行西部 200 万 km² 1∶5 万地形图测绘，从而为国土资源和环境保护提供基础保障。

b. 海岸带与海岛测绘

海岸带是海陆交替的特殊地理单元，在自然资源上兼备陆地和海洋双重性质，海岸带空间范围内基本包括了全部的海洋资源种类。海岛是我国海洋国土的重要组成部分，是开发海洋的基地和以大陆为依托向海洋进军的支撑点，是我国对外交流的窗口，也是我国国防的屏障和前哨。海洋资源开发担负着支持全国经济发展的重任。据统计，全国沿海经济已经占到了整个国民经济总量的 75%，沿海地区的经济状况直接影响国家的经济实力。及时查明和掌握海岸带国土资源的现状和分布，加强海岸带海岛资源的综合利用和管理，对保证国民经济的发展具有重大的政治和经济意义。

由于历史、技术、资金与管理上的原因，到 2005 年，同一比例尺的海图与地形图上的空间坐标最大相差 7 km，全国约 6500 个海岛，只有少数海岛测绘了概略坐标，大约 2880 个海岛是无名岛，无法给出一套完整的、陆海统一的海岸带海岛地理空间信息框架。由于没有有效的数据源，导致地理信息更新周期很长、信息的时效性差，这已严重影响到海岸带海岛资源的合理开发与管理，远不能满足我国海洋权益保护和海洋军事战略的需求。

高分辨率卫星影像将用于构建适合我国海岸带和海岛地理信息测绘，以及地理环境监测的现代测绘技术体系和信息更新机制，建立陆海统一的海洋大地基准框架，完成我国海岸带海岛高精度、全覆盖的地理信息测绘，实现对国家海岸带海岛地理环境的全覆盖监测与更新，建成国家海岸带和海岛数字地理空间框架，实现国家海岸带地理环境的信息化。

3) 数字城市建设对高分辨率卫星影像的需求

测绘是经济社会发展的一项重要的基础性、先行性工作。随着时代的发展和科技的进步，测绘的功能不断拓展，作用不断延伸，在经济社会发展、人民生活乃至城市建设中发挥着越来越重要的作用。城市是经济社会发展最活跃、发展最快速、信息最丰富、资本最集中的区域，也是对地理信息需求最旺盛、更新速度要求最快、影像分辨率要求最高的区域。我国正处于城市化进程中，城市发展日新月异，城市规划、应急反应、违规建筑监测、数字城市、乡镇建设、交通管理等一系列工作都需要现势性强的地理信息数据、城市高分辨率正射影像、三维城市景观影像、智能交通系统和城市地理信息系统等的支持。目前，一些大城市已经提出准实时的更新计划，每三个月就需要对城市地图进行更新。要达到这样的要求，仅靠航空摄影是无法满足的，必须发射我国高分辨率测绘卫星，为城市测绘和其他方面的应用提供稳定的卫星遥感资料。

为使测绘更好地服务于城市建设与发展，为城市信息化建设打好基础，推进城市地理信息资源的共建共享，2006 年国家测绘地理信息局启动了数字区域地理空间框架建设示范项目。在试点工作取得阶段性成果、积累宝贵经验的基础上，国家测绘地理信息局又于 2009 年开始了数字城市地理空间框架建设推广工作，计划用 5 年时间分批在全国 29 个省(区、市)遴选了 112 个城市开展数字城市地理空间框架建设。"十一五"末，测绘部门完成 120 个左右城市的数字地理空间框架建设，建立了城市权威统一的地理信息公共平台，并逐步实现与省、国家的上下贯通，以及相邻区域的横向互联，最终实现全国"一张图(国家基本比例尺地形图)、一个网(全球卫星定位综合服务网)、一个平台(国家地理信息公共服务平台)"。

据不完全统计，目前，各个城市用于购买高分辨率卫星影像和航空摄影的费用已达到亿元，如果有了我国的高分辨率立体测绘卫星，数字城市建设对卫星影像的需求量将更大。城市测绘与重大工程测绘将是高分辨率立体测图卫星的主要应用方向之一。

2. 国土资源调查与监测对高分辨率立体测图卫星的需求

自 20 世纪 70 年代美国发射第一颗地球资源卫星以来，卫星影像数据已在土地利用动态遥感监测、土地利用基础图件与数据更新等方面发挥了重要作用，尤其是高分辨率的卫星影像显著提高了国土资源调查与监测的效率和能力，已成为国土资源调查与监测的重要支撑条件。国家开展国土资源大调查，查清全国的土地资源面积、质量和分布，需要分辨率高的卫星遥感影像资料作为基础。

1) 土地利用动态遥感监测的需求

土地利用动态遥感监测是利用遥感手段，监测特定时间段内的土地利用变化情况，包括变化前后的地类、范围、位置及面积等。多年的监测结果表明，在土地利用动态遥感监测工作中，对变化地块的提取和类型的识别至少需要空间分辨率优于 5 m 的遥感影像数据，我国南方地形复杂、地块破碎，中低分辨率的卫星数据根本无法满足监测要求。土地利用动态遥感监测对卫星数据的需求量一直呈上升趋势。1999~2005 年，就应用了 4 000余景高分辨率 SPOT 数据，全面实现了 84 个人口在 50 万人以上城市的土地利用动态遥感监测的全覆盖，并对部分地区实现了两次及两次以上的动态遥感监测，对全国 222 个国家级开发区也基本实现了全覆盖。

根据管理需要，"十一五"期间，我国需要每年对全国 84 个 50 万人以上城市和 222个国家级开发区进行监测，直接掌握其土地利用的变化情况，因此迫切需要高分辨率立体测图卫星数据实现全国大中城市和全国国家级开发区的全覆盖监测。

2）土地利用基础图件与数据更新的需求

根据国土资源大调查纲要，"十一五"期间，一般省会城市近郊区及经济发达地区应达到每年更新一次，农区及重点林区 2 年更新一次，一般牧区、林区 3 年更新一次，西部荒漠区 5 年更新一次。这就需要实现在经济发达地区 1 年一次全覆盖、5 年至少覆盖我国全境的卫星遥感数据。我国已经开展土地利用基础图件与数据更新工作，到 2005年，已选定 96 个地级、县级试点，约 10 万 km² 的区域，每年对 20 个左右的地区进行土地利用基础图件与数据更新工作。除了国家开展的数据更新工作，地方也在开展基础图件的更新工作，如浙江、河北、辽宁、天津等地区开展全省（市）土地利用更新调查工作时，均离不开立体测图卫星数据的支撑。

3）土地调查的需求

土地调查是以现势性的正射影像图为底图，采用统一的土地分类，对土地利用现状进行实地调查，查清土地利用现状的分类、面积、分布状况和权属状况。随着航天遥感技术的发展，尤其是高分辨率航天遥感数据的规模化应用，航天遥感在土地调查中的应用也日益广泛。土地调查对高分辨率卫星数据的需求巨大。

据国发[2006]38 号文，国务院决定自 2007 年 7 月 1 日起开展第二次全国土地调查，拟采用 1∶1 万和 1∶5 万两种调查比例尺，其中 1∶5 万主要覆盖内蒙古西部、青藏高原、新疆、甘肃山地、沙漠地区等，面积约为 376.1 万 km²。1∶5 万比例尺航天遥感土地调查需采用空间分辨率优于 5 m 的卫星影像。

第二次全国土地调查结束后，全国每年还将进行一次土地变更调查，以保持调查成果的现势性。随着土地参与宏观调控，对土地管理方式和管理手段提出了更高的要求。真实、准确的数据是土地调控及土地管理各项工作的基础和依据。只有客观、准确地掌握各行各业各类土地利用情况，及时地调整土地供应总量、方向和用途，才能把土地调控政策真正落到实处。为此，国土资源部对重点地区组织开展了季度土地变更调查，一些经济发达地区也自发开展了半年、季度土地变更调查。年度、半年、季度土地变更调查对高分辨率卫星遥感数据的时效性要求更高。

4）地质矿产资源调查与监测的需求

根据《国土资源"十一五"规划纲要》，1∶5 万及更大比例尺的调查与监测将逐步成为地质资源调查和环境监测的主要业务。随着大比例尺调查与监测工作的开展，基础地质调查、矿产资源调查、水文与环境地质调查等应用领域需要 1∶5 万及更大比例尺的高分辨遥感影像。

（1）基础地质遥感调查。基础地质遥感调查是地矿行业的基础性工作。到 2007 年，全国 1∶5 万区域地质调查已累计完成 180.3 万 km²，占我国国土面积的 18.8%，"十一五"规划实现后，其覆盖面积达到 40%。由于高空间分辨率数据的缺乏，在这些 1∶5 万填图工作中，部分利用 ETM、TM 数据等进行放大处理，严重影响到区调解译的准确性与精度。到"十一五"末，我国仍将有60%的陆域面积未覆盖，加上我国300万km²的海域也急需进行大比例尺的基础地质调查，对高分辨率卫星数据的需求量巨大。

（2）矿产资源遥感调查与评价。矿产资源遥感调查与评价需要采用大量的卫星遥感影像。"十一五"期间，我国开展1:5万全国重要战略性矿产资源的调查工作(简称"矿调")，以查明我国主要矿种的分布情况及保有量。遥感技术已经作为一种重要的勘查技术支撑矿调工作。我国地矿部门已经开展了利用SPOT 5数据进行遥感调查的试验工作。2004~2005年，我国已在全国21个成矿区带部署1:5万矿调514个图幅，覆盖面积约为20万km²。"十一五"期间完成1030个图幅，覆盖面积约为41万km²，到2010年1:5万矿调已完成面积61万km²，仅占陆域国土面积的6%左右。随着国民经济的高速发展，我国对矿产资源的需求量将越来越大。

（3）水文与环境地质遥感调查。水文与环境地质调查中的大量信息均需要高空间分辨率遥感影像的支持，如微地貌特征解译，新构造断裂信息中色线、色带、断层三角面、断层陡坎、错断河流、阻塞脊、断头河、错动阶地和山麓线、地裂缝等影像标志提取，河流、湖泊、湿地、冰川雪线、海岸线等演变信息提取等。同时，应用高分辨率遥感影像可以提高土地沙漠化监测、土地盐碱化监测、土地石漠化监测、水土流失监测和地面沉降监测的精度和准确度。此类遥感数据的获取一般采用航空像片，费用高昂，如果采用高分辨率遥感影像则可以节省大量经费。"十一五"期间，我国已完成面积为10万km²的地下水污染调查、面积为15万km²的环境水文地质调查、面积为15万km²的城市环境地质问题调查、面积为10万km²的海岸带环境地质调查，城市环境地质、海岸带环境地质等研究区域均为经济发达区域，高分辨率的立体测图卫星数据在该领域的应用发展前景广阔。

5)国土资源调查与监测的需求

过去较长一段时间，国土资源调查、监测、规划与管理主要依赖于国外的高空间分辨率卫星数据。在实际应用中，尽管这些国外高空间分辨率卫星数据有较高的影像质量及优质的服务，但仍存在下列问题：受成像效率的影响，难以满足我国大面积区域性的国土资源调查、监测、规划与管理等需求；由于数据昂贵，这样大大增加了我国国土资源调查与监测的成本。

根据国土资源部2010年以前新一轮国土资源大调查的工作部署，对资源卫星数据的基本需求主要表现在1:25万和1:5万区域地质调查，1:5万至1:25万重要经济区生态环境综合调查，全国省级国土资源遥感综合调查；西部重要成矿区带矿产资源评价、典型矿山开发环境监测，西北缺水地区及西南岩溶石山区地下水资源评价，初步建立全国重大地质灾害监测预警体系等方面。新一轮国土资源大调查需要应用卫星遥感数据完成，其中1:5万调查需要覆盖全国多次的优于5 m空间分辨率的卫星影像数据。在地质灾害的监测与预警方面，要完成覆盖700个县市与区划的灾害地质调查，约需要覆盖400万km²区域的优于5 m空间分辨率的卫星影像数据。

6) 土地资源管理的需求

土地资源管理对卫星遥感数据的需求主要集中在土地利用动态监测与数据更新方面，这是一项经常性的工作，为保证与土地管理各项统计时段的一致性，我国土地利用动态监测以年为周期，需要长期稳定的数据源保障；在土地利用动态监测中，对变化地块的提取和类型的识别至少需要 5 m 空间分辨率的遥感影像数据；为了区分土地利用类型，还需要多光谱数据，特别是对植被覆盖敏感的近红外谱段，在土地利用状况调查及变化监测中具有重要作用。

3. 地球空间信息产业发展对高分辨率立体测图卫星的需求

目前，制约我国地球空间信息产业发展的瓶颈是基础地理数据，我国数据产品的生产和需求之间存在着较大矛盾。尽管我国地理数据的生产已经取得了极为丰硕的成果，但数据产品从可获得性、数据质量和数据更新方面与实际应用有较大差距。为发展我国地理信息产业，必须发展我国自主的高空间分辨率、高时间分辨率卫星系统，解决数据源问题。

随着地理信息系统软件技术的发展，尤其是组件式地理信息系统、网络地理信息系统及嵌入式地理信息系统产品的出现，地理信息系统的应用开发已经不再是地理信息系统应用的难点，而数据越来越成为决定应用系统成败的一个关键问题。地理信息应用越来越需要"多层次、深加工、多时态、快速度、多形式、多精度"的信息及服务，需要更快捷的更新和维护、更完善的服务和更高效的管理。

除地理信息系统广泛应用、推动地球空间信息产业高速发展以外，卫星导航定位也是一个极具发展前景的产业。美国、欧洲等发达国家或地区都把卫星导航作为一个战略发展的重点领域并投入巨资发展卫星导航系统。我国已将卫星导航作为重要研究开发领域，已投入巨资建立北斗卫星导航定位系统，可以预测，卫星导航应用将成为我国一个重要的产业。卫星导航应用的一个前提是必须具有可靠、精确、现势性强的导航电子地图，按照我国过去电子地图的现状和生产工艺，无法满足导航电子地图的需要，必须依靠高分辨率卫星提供稳定可靠的测绘资料，否则将严重影响我国卫星导航产业的发展。与此相似的个人移动服务市场也是一个新型的空间信息服务产业。普通民众携带的装有卫星导航装置的掌上电脑、手机等移动终端，要求提供实时位置服务，也需要准确可靠的导航电子地图。

遥感是地理信息产业的重要组成部分，关乎国家安全和经济利益的重要事业，已产生相当可观的经济效益，将来更是一个高投资、高回报的重要产业。美国政府的商业化遥感政策中就明确提出，全力支持美国的商业化遥感发展，使企业在技术能力、市场占有率上保持优势。我国作为一个发展中国家，更需要把遥感建设成高投资、高回报、良性循环的重要产业，抢占国际市场份额，使遥感成为国民经济新的增长点。

4. 信息化测绘体系和数字地理空间框架建设对高分辨率立体测图卫星的需求

测绘事业是国民经济和社会发展的一个重要组成部分。走信息化测绘之路，推进测绘信息化发展，为全面建设小康社会提供先进的生产工具，是信息社会对测绘发展的基本要求。

信息化测绘体系是由地理信息获取、处理、管理、应用等活动信息化的测绘技术、装备、基础设施等构成的有机整体。实时、准确、实用的现代化测绘手段支撑，标志着我国测绘在实现了由传统测绘向数字化测绘转化后又迈进了一个新的发展阶段。信息化测绘体系的基本特征是地理信息获取实时化、处理自动化、服务网络化。信息获取实时化是指地理信息数据获取主要依赖于对地观测技术手段，可以动态、快速甚至实时地获取测绘需要的各类数据；信息处理自动化是指在地理信息数据的处理、管理、更新等过程中广泛采用自动化、智能化技术，实现地理信息数据的快速或实时处理；信息服务网络化是指地理信息传输、交换和服务依托网络中心，通过网络对分布的地理信息进行"一站式"查询、检索、浏览和下载，任何人在任何时候、任何地方都可以得到权限范围内的地理信息服务。

进入数字化测绘阶段以来，我国测绘科技工作取得了显著成效，在生产力水平、装备设施、自主创新能力等方面取得了很大进展。但就总体而言，与世界发达国家仍然存在着较大差距，核心技术缺乏竞争力，高、精、尖测绘技术装备严重缺乏。世界发达国家在遥感技术与地理信息技术等方面继续处于领先地位，特别是在对地观测系统、海量数据处理装备、信息服务设施等方面具有明显优势，对我国信息化测绘事业的自主发展造成很大压力。我国地理信息产品的生产自动化程度还不高，地表覆盖等属性要素的信息提取和识别，基本依靠人工目视解译，生产作业效率低、成本高，制约了地理信息资源的建设和信息更新的速度。地理信息网络化分发服务技术还处于起步阶段。

数字地理空间框架是基础地理信息数据资源的集成体现，是地理国情的重要载体，是国家空间信息基础设施的重要组成部分，对于推进国家信息化、国防现代化和经济社会发展具有广泛和深刻的意义。我国数字地理空间框架建设已经取得较大成绩，但必须看到，与经济社会发展和人民生活水平提高的巨大需求相比，数字地理空间框架还存在覆盖不足、要素内容不够丰富及现势性不强等问题，需要自主的高分辨率立体测图卫星影像的支撑。

5. 国家重大工程对高分辨率立体测图卫星的需求

"十一五"期间，我国已开展的和将要开展的许多国民经济重大工程需要应用高分辨率卫星影像进行工程的前期设计、进展调查和决策管理，需要面向三峡大坝、西气东输、南水北调、青藏铁路、塔里木河流域生态治理等国家重大工程建设，开展多期地理环境变化监测和测绘应用保障，为重大工程实施效果评估和政策调整等提供信息服务和技术支撑。

6. 国家对地观测系统建设对高分辨率立体测图卫星的需求

从"十二五"开始，我国正在实施国家对地观测重大工程，发射气象、海洋、资源与环境等各种对地观测卫星，建立国家对地观测系统。在各种对地观测卫星的应用过程中，都需要地面控制点作参考，进行几何定位，高精度、高分辨率地球空间信息是各种对地观测应用系统的几何基础和参考基准。利用高分辨率立体测图卫星影像数据，可以获取几何精度高、现势性好的地球空间信息。高精度的地球空间信息与其他对地观测卫星信息融合，不仅可以大大提高其他对地观测卫星信息的几何精度和应用效率，而且利用高分辨率的遥感信息可以提高对地观测卫星信息的物理解译能力，特别是提高资源、环境与灾害监测卫星的应用水平。

7. 境外数据获取对高分辨率立体测图卫星的需求

我国已经加入世界贸易组织(WTO)，在全球经济贸易一体化迅猛发展的今天，中国越来越多地参与国际事务，对全球数据的需求也越来越多。同时，全球气候变化、环境变迁、资源开发利用及地区变化等都对全球的影像数据提出了需求。高分辨率立体测图卫星发射之后，除了为国内提供境外数据服务外，还可以向国外提供境外相关地区现势性强、高质量的卫星影像产品，甚至还可以通过在国外建设地面接收站、为国外技术人员提供业务培训等方式，促进国外应用我国卫星影像服务其本国经济建设。这些措施对于开拓国际市场、提升我国国际影响力将起到积极作用。

因此，必须组织国内的遥感测绘技术力量进行全球观测，按照数据获取从低分辨率到高分辨率、从局部到全球、从少量信息到丰富信息、从低精度到高精度的发展方向，逐步建立起能满足我国对外经济合作使用的"数字地球"基础信息系统。此外，从实现全球测图的角度出发，我国需要发射多种技术类型的测绘卫星，具备获取全球任意地区1∶5万数字高程模型数据的能力。

在当前国际军事和经济竞争的环境下，我国不能轻易取得这些境外地理空间信息，高分辨率立体测图卫星既是民用测绘进行基础地理空间数据生产的重要资源，也是军事测绘和军事侦察的重要航天信息资源。国外对高分辨率立体测图卫星一般采用寓军于民的模式运行，例如美国军方一般采用采购的方式使用 GeoEye、WorldView 等商业卫星数据资源。在和平时期，高分辨率立体测绘卫星既可以为国土测绘和地理空间信息的生产与更新服务，也可以为军事测绘和军事侦察服务。此外，能够与军事测绘卫星或侦察卫星组成星座，缩短重访周期，提高我国军事测绘和军事侦察能力做到寓军于民、军民结合，最大限度地发挥高分辨率立体测图卫星的效能。

8. 应急测绘保障对高分辨率立体测图卫星的需求

我国是世界上自然灾害最为频繁和严重的国家之一，灾害种类多，分布地域广，发生频率高，造成损失重，特别是 2008 年发生的南方低温雨雪冰冻灾害、四川汶川特大地震，2010 年发生的玉树地震、甘肃舟曲特大山洪泥石流灾害，给人民生命财产安全和经济社会发展造成巨大损失。我国各类公共突发事件也时有发生，全球性的公共卫生事件也频频发生。

测绘地理信息在突发事件应急处置和防灾减灾中具有不可或缺的作用，成为了解灾情、指挥决策、抢险救灾、应对突发事件的科学工具和基础数据。2006 年 5 月，黑龙江省发生森林大火，国家测绘地理信息局应救火指挥部的要求，利用北京一号小卫星影像数据非常准确地确定了起火点和起火范围，并为该地区提供了 1∶5 万数字高程地面模型和正射影像图。2008 年年初，一场罕见的雨雪冰冻灾害袭击中国部分地区，在抗御特大冰雪灾害的过程中，测绘部门紧急响应，及时主动地为相关部门提供 1∶1 万和 1∶5 万灾情地理信息，以实际行动支援抗灾救灾。2008 年 5 月，四川汶川发生特大地震，测绘部门共提供卫星影像产品在内的各类地图 3.8 万张，累计提供遥感影像等基础地理信息数据2600 GB。2010 年 4 月，青海玉树藏族自治州玉树县发生 7.1 级地震，国家测绘地理信息局第一时间派出航摄飞机对玉树地震灾区 4600 km^2 的区域进行航拍工作，及时准确地为抗震救灾决策及灾后重建提供第一手影像资料，随后又启动青海玉树地震灾后重建测绘保障工程，并已取得阶段性成果，现已建成 15 个应急卫星导航连续运行基准站，测制出灾区 1 万多平方千米的 1∶1 万影像地图，初步建成了灾后重建地理信息服务平台。2010年 8 月，甘肃舟曲特大泥石流灾害发生后，测绘地理信息部门以紧急供图为第一要务，启动测绘应急保障预案，开通测绘成果提供绿色通道，快速测图、出图、供图，截至 2010年 8 月，已向 10 多个部门和单位提供灾区地形图、行政区划图、高分辨率灾前灾后影像地图等测绘成果 845 套(幅)、基础地理信息数据 251 GB。同时，测绘地理信息部门迅速调遣无人飞机赴灾区实施航摄，获取到重灾区 15 km^2 的 0.15 m 分辨率灾后航空影像，紧急赶制出 1∶1000 比例尺灾后高分辨率航空影像地图，并研建了灾区三维地理信息系统，为科学救灾、灾情评估提供了科学依据。

自 2009 年国家测绘地理信息局印发《国家测绘应急保障预案》以来，各级测绘行政主管部门切实加强测绘应急保障工作，积极为突发公共事件和防灾减灾提供测绘应急保障服务，有力地发挥了测绘的保障服务作用。通过及时启动测绘应急保障预案，开展地理信息的已有资料提供、测制更新、统计分析和分发服务工作，达到及时了解地表覆盖、生态环境等方面的变化情况和预测预警信息的目的，已经成为国内外应急测绘保障的实践共识。然而，测绘系统建立测绘应急保障工作机制时间仍然较短，经验有所不足。尤其是用于抢险救灾和灾后重建的影像数据多是基于航空影像和国外卫星影像所制作的。例如，《国家汶川地震灾后恢复重建总体规划》中规定，国家将在 2009~2010 年两年时间里，共计投入 2.55 亿元，以全面恢复和重建灾区的测绘基础设施。其中，航空摄影面积约为 10 万 km^2，卫星影像数据订购面积为 23 万 km^2。单纯依靠购买国外影像，投入相当巨大，且很难保证数据的时效性。

加强航天测绘技术装备建设是提升应急测绘保障能力的一种有效途径。只有对自然灾害与突发公共事件所处地区提供及时可靠的卫星测绘保障，才能够进行各种综合分析，制定符合实际的应对策略。因此，迫切需要结合我国航天科技发展水平和应急测绘保障服务的现状，发射具有机动能力、高几何精度的测绘遥感卫星，全面满足应急测绘对高精度卫星影像资料快速、及时获取的需求。

9. 地理国情监测对高分辨率立体测图卫星的需求

地理国情是重要的基本国情,是加强国土空间管理、协调人与自然关系等最重要的决策依据。地理国情信息是国土疆域面积、地理区域划分、地形地貌特征、道路交通网络、江河湖海分布、土地利用与土地覆盖、城市布局和城镇化扩张、生产力空间布局等自然和人文地理要素宏观性、整体性、综合性的体现。监测地理国情,就是要对地理国情进行动态的测绘、统计和分析研究,并及时发布地理国情监测报告。要充分利用测绘先进技术、数据资源和人才优势,加强监测能力建设,积极开展地理国情监测,全面获取真实可靠和准确权威的地理国情信息,充分揭示社会发展和自然资源环境等在地理空间上的分布特征、内在联系、变化规律和演进趋势,为各级领导机关、企事业单位及社会大众提供科学管理和决策的参考依据。加强地理国情监测,强化和发挥测绘工作的监督功能,是提高测绘保障服务水平的重要举措,也是测绘事业科学发展的战略选择和重要使命。

根据地理国情监测的要求,一是要在现有基础地理信息数据资源的基础上,实施地理国情信息的全国性普查,加快构建地理国情信息本地数据库,完善各级基础地理信息数据库,进一步拓展基础地理信息要素类型,丰富信息内容;二是充分利用现代测绘技术和卫星数据快速获取手段,加快建立基础地理信息动态更新机制,不断提高基础地理信息的现势性,全面获取地形地貌变化、交通路网发展、地表覆盖演变(如耕地、林地、草地等变化)、城市扩张、水系变迁、环境污染、地壳升降、海岸进退、冰川消融,以及生产力空间布局、生物多样性、自然灾害影响等地理要素变化信息,要统筹协调全国基础地理信息资源建设,加快推进涵盖主要地理国情要素的基础地理信息数据库建设与更新;三是加强地理国情信息的集成整合与统计分析,充分揭示地理国情信息的分布特征、内在联系及发展演化规律,揭示经济社会发展和自然资源环境在地空间上的变化和演进;四是推进国民的地理国情教育,充分利用地理国情监测成果,进一步丰富反映地理国情的图书和资料,为国民素质提高做出应有的贡献。

由此可见,地理国情监测需要对地表实施持续的动态测绘,加快发展我国自主的测绘卫星体系是成功的关键,基于国产立体测图卫星影像的快速、短周期获取能力,能保障地理国情变化信息的有效获取。卫星测绘将有利于实现我国地表国情要素的快速获取,以及精细化、定量化、空间化的监测,满足生态文明制度建设、健全自然资源资产产权制度和用途管制制度、实施不动产登记基础信息平台试点等社会治理创新需求,提升为国家重大战略实施和重大工程建设服务的能力。

10. 地理信息公共服务对高分辨率立体测图卫星的需求

地理信息公共服务是指以满足经济社会发展和人民群众生产生活对地理信息及测绘政务信息的公共需求为目的,由测绘行政主管部门向全社会直接或间接地提供测绘公共产品和相应服务的活动。地理信息公共服务是国家公共服务体系的必要组成部分,也是新时期党和政府赋予测绘行政主管部门的重要职能。《国务院关于加强测绘工作意见》中也明确提出,要大力提高测绘公共服务水平,构建测绘公共服务体系、加强测绘公共服务已成为今后一个时期测绘工作的主要任务。

进入 21 世纪以来，网络化地理信息应用日益高涨。谷歌虚拟地球的推出，引发了地理信息网络化应用的一场革命。各国政府和企业注意到这一发展趋势，纷纷采取措施，以期在网络化地理信息应用中抢占先机。微软公司先后推出虚拟 3D 地球、Bing 地图等产品，向谷歌发起挑战。法国政府斥资 600 万欧元，于 2009 年 12 月推出了 GeoPortal 服务，提供的高清影像覆盖整个法国版图，比 GoogleEarth 提供的信息更为详细。印度政府于 2008 年宣布，将利用自己的卫星系统打造印度的地图系统——Bhuvan，卫星影像空间分辨率达到 10 m，系统还加入全球定位功能，为汽车等交通工具提供定位服务。

2008 年年底，国家测绘地理信息局作出了建设国家地理信息公共服务平台的决策。平台是针对政府、专业部门和企业对地理信息资源综合利用、高效服务的需求，依托测绘部门既有的地理信息生产、更新与服务架构，以及国家投入运行的涉密与非涉密广域网物理链路，联通分布在全国各地的国家级、省级、市级地理信息资源，实现全国不同地区宏观、中观到微观地理信息资源的开发开放与 7×24 小时不间断的"一站式"服务，在此基础上形成有效的分建共享、联动更新、协同服务的高效运维机制，全面提升信息化条件下地理信息公共服务的能力和水平，最终实现全国"一张图、一个网、一个平台"的目标，实现从离线提供地图和数据到在线提供信息服务的根本性改变。

影像数据是地理信息公共服务体系的重要组成部分，然而此前除了部分高分辨率航空影像之外，大部分影像数据采用的是国外商业遥感卫星数据，不仅要花费巨额的采购费，而且数据源也受到限制，导致影像现势性不高，与我国"测绘大国"的国际地位不符。为此，需要加快发展我国自主的测绘遥感卫星，为打造"天地图"民族优秀品牌提供有力支撑，保证影像具有较高的现势性。

11. 其他行业应用对高分辨率立体测图卫星的需求

高分辨率立体测图卫星在林业、水利、农业、城市、生态、海洋、环境等领域有着广泛的应用，森林资源调查与监测、农业普查与监测、精准农业、海域环境监测、重大工程的监测等工作，此外，在数字城市建设、城市规划、粮食安全、农情监测等多种应用中，都可发挥高分辨率立体测图卫星的作用。

1) 林业部门对高分辨率卫星影像的需求

林业部门主要采用卫星遥感技术进行森林资源一、二类清查，荒漠化、湿地调查和监测，森林病虫害、林火等灾害调查和监测，以及各种生态环境质量调查。国家林业局每 5 年要组织开展一次全国森林资源清查，各省(区、市)每年要安排大量的县、局、场进行二类调查、评价和规划。国家林业监测体系包括 3 个层次，即国家级宏观监测、省级宏观监测、县(局)级监测。监测内容包括本底调查、年度监测、工程生态效益的长期监测评价。

国家和省级森林资源和生态环境的宏观经营规划设计调查、林业生态建设工程监理和实施效果评价、重点区域生态建设监测需要 5~30 m 空间分辨率的卫星影像数据；县级监测需要 5 m 空间分辨率的卫星影像数据；局部具体、技术要求较高的工作或研究示范项目需要空间分辨率优于 5 m 的卫星影像数据。

2) 水利部门对高分辨率卫星影像的需求

卫星遥感在防洪规划、洪涝灾害监测评估、水资源调查、节水灌溉工程实施的监测、有效灌溉面积调查、土壤侵蚀调查、水土保持措施的后效调查、生态环境监测、行蓄洪区调查等方面发挥着重要作用。

在全国水利发展"十五"计划中，明确应用卫星遥感技术保障大江大河大湖重要河段、大中城市及重点地区的防洪安全。分辨率优于 5 m 的卫星影像用于水土保持治理、水利工程管理和城市防洪；10~30 m 空间分辨率的卫星影像用于洪涝灾害监测评估、小水电选址、牧区水利、淤堤坝的管理。

3) 农业部门对高分辨率卫星影像的需求

农业资源调查、农作物产量估产与长势监测、农业结构调整、精准农业等方面对高分辨率卫星影像数据有着重大需求；作物面积与种类监测、农业工程规划等需要 10 m 量级空间分辨率卫星影像；精准农业、小规模农作物监测需要几米到亚米量级高空间分辨率和超高空间分辨率卫星影像。

4) 环境监测部门对高分辨率卫星影像的需求

卫星遥感技术可实现大范围、全天候、全天时的动态环境监测。环境遥感应用的主要需求包括流域水污染监测，大江、大河水环境质量监测，重大污染物泄漏、企业污水偷排活动和污染事故监测，大气污染监测，自然生态环境监测，湿地资源状况及变化监测，生物多样性状况及变化监测，农村生态变化、矿产资源开发的生态破坏监测，城市生态监测，近岸海域环境监测等方面的连续监测。

在观测能力方面，需要发展全天时、全天候的卫星观测能力；在空间分辨率方面，环境监测要求能够提供较高空间分辨率卫星影像，一般需要 5~10 m 的空间分辨率卫星影像。

5) 交通部门对高分辨率卫星影像的需求

我国正在大规模开展交通基础设施建设，公路和铁路的规划、设计、交通沿线的资源调查等都需要使用高分辨率遥感影像。1~5 m 分辨率的卫星影像可以用于公路和铁路的初步设计、沿线资源调查、工程遥感技术等，主要包括交通沿线与当地自然景观协调、耕地和经济作物用地的少量占用、交通景观的监测和交通绿化设计等。

6) 防灾减灾部门对高分辨率卫星影像的需求

我国国土辽阔，自然灾害频发、分布广泛，几乎所有自然灾害的救援都需要准确的地理位置。灾害管理，特别是灾害预警及灾害紧急救援对卫星数据实时性要求很高，既有的遥感数据以中、低分辨率为主，可满足某些较大尺度的灾害监测和评估需求；而高分辨率卫星遥感数据可有效应用于灾害管理和灾情详查，提高灾害预警、监测、评估的精度，为紧急救援提供更准确的信息及辅助决策依据。国家需要基于高分辨率卫星影像，对地震、洪涝灾害、森林草原火灾、旱灾、沙尘暴等自然灾害进行监测和灾后评估，提高灾害遥感监测能力，丰富天地一体化灾害监测体系。

（1）地震灾害应急服务。高分辨率遥感影像能进一步加强地震灾害信息整合集成和解译判读，制作灾区范围的遥感影像图、灾区各县地质灾害详图及地质灾害监测分析系统，服务于党中央、国务院领导指挥决策，满足国土资源部、水利部、灾区政府实施泥石流、滑坡、堰塞湖等地质灾害监测和防控的急需。高分辨率卫星影像在灾情及时侦察反馈、前线指挥调度、交通状况监测、堰塞湖监控、环境评估、灾后重建等方面可发挥重要作用。

（2）洪涝灾害遥感。利用高分辨率卫星遥感影像及其测绘产品，可及时了解洪水的发生过程，评估灾害损失提供可能出现的灾害预警信息和灾害后发展过程预警信息，可开展受灾面积和村镇人口数目估算、防灾工程和生命线工程损失评价以及灾后重建家园分区功能规划。

（3）森林草原火灾监测。我国的森林火灾以每年近 5000 次、毁林约 7 万 km² 的速度吞噬着有限的森林资源，森林受害率远高于发达国家的水平。森林火灾不仅造成大量的人员伤亡和财产损失，而且对当地生物资源和生态环境造成重大破坏。卫星高分辨率数据能辨别森林林火、准确发现火情和估计过火面积。

（4）旱灾定量监测。旱灾是影响农作物生长的重要灾害之一。遥感可用于农作物旱情的定量化监测，高分辨率卫星数据能开展旱情遥感监测结果的区域统计和定量分级，通过与气象、农业等信息的集成，估算各类干旱指数及其综合指数，形成标准化的旱情监测预测业务流程，反映旱情实况和未来短期旱情发展变化的信息，实现全国及地方的旱情监测预测。

（5）沙尘暴监测。利用高分辨率卫星遥感数据在地理信息系统支持下，建立我国北方戈壁、沙漠、沙漠化土地和潜在沙漠化土地的空间数据库，结合与沙尘暴形成有关的气象要素和地形条件，建立沙尘天气与下垫面的相关模型，定量分析有关下垫面因子与沙尘暴强度变化的关系，并建立起利用对地观测数据监测和短期预警沙尘暴的技术系统，从而提高灾情评估的精度和可靠性，实现灾后重建目标精确识别与信息获取，扩大对地观测技术在防灾减灾领域应用的深度和广度，满足对灾害预警、监测、评估及快速应急响应能力的应用需求。

12. 需求分析小结

由于测绘的基本任务是高精度的几何定位和基础信息采集，一般来说，如果高分辨率卫星能满足测绘的要求，它也可以用于其他部门，如资源调查、城市规划等。因此，发射高分辨率测绘卫星，一方面可以解决基础地形图的测制与更新问题；另一方面也为其他部门提供高质量的遥感影像。

2006 年 8 月，国务院发布的《全国基础测绘中长期规划纲要》中有 26 处提到了卫星测绘，在谈到存在的问题时指出高精度空间定位卫星和高分辨率遥感卫星几乎完全依赖于国外，国家安全和信息安全难以得到保障。为了缩小应用情况与需求之间的巨大差距，要求加快我国空间信息基础设施建设和测绘信息产品的生产更新速度，加快发展满足 1：5 万甚至更大比例尺立体测图的高分辨率、高精度测绘用途的卫星，并建立我国自主的民用测绘卫星体系和自主的大规模卫星测绘应用系统，建设一个业务化运行的卫星应用系统，长期、稳定、高效地将高分辨率卫星影像转化为高质量的基础地理信息产品，形成基于国产测绘卫星的基础地理信息生产与更新的技术应用体系，为基础测绘、应急测绘保障、地理国情监测、地理信息公共服务、信息化测绘体系建设、地理信息产业发展、国土资源调查，以及其他行业应用提供强有力的保障。2014 年 7 月，国家发展和改革委员会与国家测绘地理信息局联合印发了《国家地理信息产业发展规划(2013~2020年)》，指出"要加快产业发展基础设施建设，加快我国卫星遥感基础设施建设，尤其是光学立体测图卫星、干涉雷达卫星、激光测高卫星等的建设"，构建和完善卫星测绘应用技术体系，提高卫星测绘综合应用服务能力，在服务好国内各行业、各部门的同时，积极开拓国际市场，大幅度提升我国地理信息产业的国际竞争力，促进地理信息新兴产业蓬勃发展。国务院近期批复同意的《全国基础测绘中长期规划纲要(2015~2030 年)》要求面向新型基础测绘体系建设，形成卫星、地面应用系统和测绘地理信息生产服务体系相互衔接的卫星测绘应用链条，提高卫星测绘应用能力，为全面建成小康社会提供测绘地理信息服务保障。到 2020 年，以国产测绘卫星为主体，以国家其他高分辨率卫星资源为辅助，以国内商业遥感小卫星资源为补充，发展全天时、全天候测绘卫星观测能力，构建种类齐全、功能互补、尺度完整的对地观测体系，全力满足新型基础测绘对天基数据获取能力的需求，使高分辨率遥感影像自给率达到 80% 以上，增强我国自主信息保障和独立获取地球空间信息的能力。总之，研制和发射我国自主的高分辨率立体测图卫星，是推动我国测绘事业进步、增强测绘保障服务能力的必然要求，是满足经济社会发展对测绘的需求和提高应对突发公共事件测绘服务水平的迫切需要。

3.2　指标要求

3.2.1　卫星主要任务和使用要求

资源三号卫星是我国第一代民用传输型立体测绘卫星，是我国空间基础设施的重要组成部分，其主要任务是快速获取全国及周边地区的地理空间信息，建立和维护我国高精度时空基准，及时更新 1：5 万比例尺的基础地理信息；同时，为国土资源、农业、林业、水利、环境、防灾减灾等领域提供高分辨率卫星遥感影像，为国民经济建设和社会发展提供信息保障。卫星的主要任务是：

(1)满足我国基础地理信息 1：5 万数字高程模型、正射影像图、数字线划图等地形要素生产与更新的业务化需求；

(2)满足我国基础地理信息 1：2.5 万和 1：1 万地形图部分要素更新的要求；

(3)作为我国资源卫星 02B 的接续，满足国土资源、城市建设、环境保护及防灾减灾等方面的需求，进行 1：5 万和 1：1 万专题图的生产；

(4)向国外用户提供高分辨率卫星影像，开拓国际市场。

高分辨率立体测图卫星的使用要求为长期、在轨、稳定运行，以保持卫星测绘的可持续发展和满足长期的测绘业务需求，保障地理要素的现势性。主要包括以下内容：

(1)根据用户的要求，卫星按指令获取指定地区的高分辨率立体影像、多光谱影像，以及相应的轨道和姿态参数；

(2)在地面接收站接收范围之内，卫星可实时对地传输数据，在接收范围之外，卫星数据可存储在星上，再适时发回地面；

(3)卫星具有程控和遥控工作方式，在卫星地面站作用范围之内，可实施遥控改变卫星状态，且下传工程数据；

(4)卫星可按照指令进行姿态机动，以完成大角度侧摆。

如图 3.1 所示，在卫星总体设计方面，需要根据卫星测图主业务及其他应用部门的需求，结合当前我国遥感卫星传感器设计研制与应用水平，合理设计卫星系统的各项技术指标和系统功能，确保满足卫星在轨运行及地面应用需求，最大可能地使用成熟卫星技术，把技术风险降低到最低限度，最大限度地延长卫星寿命，并提高可靠程度，最大限度地为用户提供全面服务。

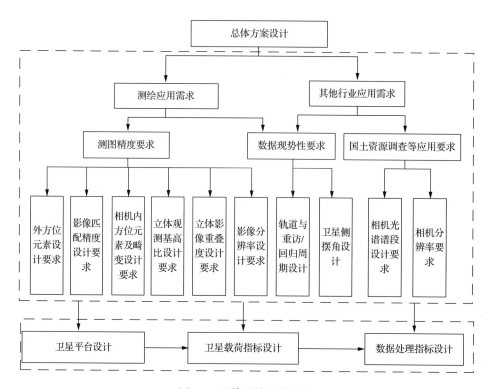

图 3.1　总体设计方案框架

3.2.2　平台指标要求

1. 对卫星轨道的要求

卫星采用太阳同步圆轨道，轨道高度不低于 500 km，降交点地方时为 10:30 am.，可对地球南北纬 84 以内的地区实现无缝覆盖，地面轨迹保持精度优于 5 km，轨控周期大于 10 天，回归周期小于 60 天，目标重访周期为 3~5 天。

2. 对数据传输的要求

卫星采用正交极化双通道频率复用的方式传输数据，频段为 X 波段，传输模式为明传模式，通道码速率为 450 Mbps×2 或 450 Mbps。同时，在星上对影像进行压缩处理，全色影像为 2∶1 和 4∶1 两种模式可选，多光谱为无损压缩。

3. 对卫星寿命的要求

为了满足卫星能够长期、稳定地在轨运行的任务要求，卫星的设计寿命为(4+1)年，其中 4 年是设计寿命，1 年为试验考核。

4. 对姿态控制精度的要求

卫星三轴指向精度优于 0.1° (3σ)，偏流角修正精度优于 0.06° (3σ)，整星侧摆范围为–32°~ +32°。对于无控制点测图来说，姿态测量精度和事后姿态处理精度是最重要的技术指标。影响姿态测量精度的因素为星敏感器和陀螺，以及相应的控制系统；对于设计 500 km 轨道高度的卫星，要满足 100 m 的平面定位精度，一般来说，需要三轴姿态测量精度至少达到 0.01° (3σ)，事后姿态处理相对精度优于 1″(1σ)，星敏感器精度至少达到 3″(1σ)。对于有控制点测图来说，卫星的姿态稳定度是最重要的技术指标。影响姿态稳定度的因素主要为卫星上的活动部件，以及相应的姿态控制系统。一般来说，要达到 5m 的平面精度和高程精度，需要三轴姿态稳定度达到 $5×10^{-4}$ (°)/s (3σ)。

5. 对卫星轨道测量精度的要求

轨道误差是一个线性误差，对无控制点测图精度影响较大，在有控制点时可以基本消除。目前，卫星轨道 GPS 测量精度可达到 10 m(1σ)。针对高分辨率立体测图卫星对定位精度的要求，可对 GPS 定位算法进行事后优化处理，最终卫星轨道精度要求提高至 20 cm(1σ)。GPS 与星敏感器时间同步精度优于 0.1 ms。

3.2.3　传感器指标要求

在测绘应用需求方面，首要是满足卫星立体测图精度，影响卫星测图精度的因素主要包括以下几个方面：相机分辨率和畸变、成像质量和压缩比、CCD 拼接精度、姿态角误差、成像基高比、像点量测误差、轨道误差、时统误差等，涉及卫星传感器系统、GPS 定位系统、姿态测量与控制系统、星上校时系统等。在其他遥感行业应用需求方面，主要是对卫星相机性能指标，如相机幅宽、空间/时间分辨率、多光谱谱段等有较高的要求。相比而言，测绘应用需求对卫星整体要求更高，往往可以兼顾其他行业的需求。下面在充分综合两者需求的基础上，简要分析卫星各有效载荷指标的设计要求。

1. 对传感器类型的要求

为了满足立体测图的需求，卫星传感器至少包括三线阵全色相机和一台多光谱相机，其中，前后视相机主要用于 1∶5 万地形图的立体测图；正视相机用于 1∶2.5 万及更大比例尺的地图修测和 1∶5 万比例尺的全色正射影像图制作，以及国土资源调查等其他应用；多光谱相机用于解决地图测绘中的地貌要素判读，还可以进行影像融合，制作高分辨率彩色正射影像。

星上传感器要求如下：

(1) 正视 2~5 m 分辨率全色相机，与前后视相机进行三线阵立体测绘，制作 1∶5 万比例尺全色正射影像图，并用于用于 1∶2.5 万及更大比例尺地图的修测，还可以实现对资源一号 02B 的接续，以及和其他资源卫星的兼容。

(2) 前后视 2~5 m 分辨率全色相机，用于 1∶5 万比例尺立体测图。

(3) 正视 5~10 m 分辨率多光谱相机，用于地图测绘中的地貌要素判读，还可以进行影像融合，制作高分辨率彩色正射影像；并实现对资源一号 02B 的接续，以及和其他资源卫星的兼容。

2. 对传感器空间分辨率的要求

影像地面分辨率是遥感影像最重要的技术指标，它直接影响地物目标的识别及精度。涉及影像分辨率的表述有多种，包括影像空间分辨率(spatial resolution)、地面分辨率(ground resolution)、地面采样距离(ground sampling distance，GSD)等，这些概念有一些细微的区别。如影像的空间分辨率是指平台所能记录下来的传感器瞬时视场所对应物体的大小。地面分辨率是指在影像数据中一个像素代表地面的大小，通常也是人眼能识别的最小地物大小。而地面采样间隔是相邻像素中心的距离。如果仅考虑一般情况，对于影像像素的地面实际大小来说，这几个概念可以视为等价的，可以简化为影像分辨率。

由于地物大小及特征不同，不同地物对影像分辨率的要求也不相同。从地图本身的分辨率而言，一般人眼对线性目标的分辨率为 0.1 mm。所以，通常取图上 0.1 mm 推算不同比例尺成图所要求的数字影像地面分辨率。考虑到立体测图的量测误差、畸变差等因素，按照使用国内外卫星影像的经验，1∶5 万比例尺地形图测图所要求的遥感影像的理想地面分辨率为 2.5 m，下限为 5 m(表 3.3，表 3.4)。

表 3.3 1∶5 万、1∶1 万地形要素对遥感影像分辨率的需求

应用	门限值/m	较佳值/m	传感器类型
道路	4~5	1	全色
水系	2~3	≤0.5	多光谱
居民地	2~3	1	全色
土地覆盖	5~10	1~2	多光谱
建筑与工程设施	2~3	≤1	全色
电力与通信线	1	≤0.5	全色
独立地物	1	≤0.5	全色
数字正射影像	2~5	1	多光谱、全色
数字高程模型	2~5	≤1	全色

表 3.4 1∶5 万、1∶1 万比例尺地形图测绘对遥感影像分辨率的需求

比例尺	影像地面分辨率/m	
	基本要求	理想值
1∶5 万	5	2.5
1∶1 万	1	0.5

3. 对传感器成像基高比的要求

为满足 1∶5 万测图的要求，高分辨率卫星影像必须形成立体像对，准确量测地理空间要素，如居民地、建筑物、道路等地物的地面坐标和高程，生成数字高程模型。对于立体测量来说，摄影测量的基线(B)和轨道高度(H)的比值(基高比)对测量精度有很大的影响。当基高比等于 1 时，在计算机自动化处理的时不损失高程处理精度，因此通常将 1 作为理论基高比值。但在人工进行立体测图时，基高比过大容易造成视觉疲劳，反而造成立体测图的精度有所下降。综合国内外研究，选择基高比大于 0.8 且接近 0.9 时，自动化处理和人机交互处理可达到最优。

4. 立体测图影像重叠度的要求

测图时需要对一个测区进行平面和立体影像的覆盖。由于拍摄条件所限，对一个测区来说，可能存在影像没有覆盖的情况。若所获取的平面影像无法覆盖一个测区，则会形成绝对漏测区域。若立体影像无法覆盖一个测区，则立体影像之外的区域形成相对漏测区域。立体测图时，影像应无相对漏测和绝对漏测区域。为了建立立体影像模型，要求卫星影像航向重叠大于 90%；为了保证测量区域的覆盖，卫星影像应该有一定的旁向重叠，考虑地形起伏和卫星轨道控制误差等因素的影响，轨道设计时应保证卫星影像在每个回归周期内旁向重叠大于 1 km。

5. 对成像幅宽的要求

对 1∶5 万立体测图来说，一景影像最好能覆盖一个 1∶5 万测图区域，这样可以有效减少由于多景影像拼接带来的误差。资源三号是极轨卫星，卫星与地球自转轴有一个角度，加上地球本身的自转，从正北方向看，卫星所获得的影像是一个倾斜的四边形。而全球 1∶5 万地形图分幅是正南正北向的，为了使一景影像可以覆盖一个完整的 1∶5 万图幅，因此卫星影像单景有效覆盖宽度一般应大于 50 km，立体有效覆盖宽度也应大于 50 km。

6. 对多光谱谱段的要求

地理空间信息系统不但要量测地物、地貌要素的定位信息和几何属性，同时对植被属性、地类属性、地质和水质等主要物理属性也要进行描述。就目前技术发展的角度来讲，采用多光谱信息是解决地图测绘中地貌要素判读最为可行的方法。高分辨率立体测绘卫星需要搭载全色三线阵相机和多光谱相机。其中，全色影像主要用于目标定位和地形、地貌的测绘，多光谱影像则用于确定地形图上主要地物的物理属性。同时，通过多光谱影像与全色影像的融合处理，可以生成高分辨率彩色正射影像产品。

根据 1∶5 万比例尺地形图地物要素生产规范，地形图主要包括居民地、道路、水系、地貌和土质、植被以及一些独立地物，这些主要的地物要素及其光谱特征分析如下所示。

(1) 居民地：街区式居民地、散列式居民地、窑洞式居民地、其他类型 (蒙古包、帐篷、渔村等)。

主要特征谱段：0.63~0.69 μm、0.76~0.90 μm 等。

(2) 独立地物和方位物：露天矿、采掘场、大型工厂、陵园等。

主要特征谱段：0.45~0.52 μm、0.63~0.69 μm、0.76~0.90 μm 等。

(3) 道路：铁路、公路 (包括高速公路和普通公路) 等。

主要特征谱段：0.45~0.52 μm、0.63~0.69 μm。

(4) 水系：岸线、河底、岸、滩的土质和植被、水源水质 (淡水、非淡水包括咸、苦等)、沼泽地的通行程度 (植被密度)、季节性道路 (植被) 等。主要特征谱段：0.45~0.52 μm、0.52~0.60 μm 等。

(5) 地貌和土质：土质、大面积的沙地、戈壁、雪山、石、石块地、盐碱地等。

主要特征谱段：0.50~0.55 μm、0.65~0.70 μm 等。

(6) 植被：森林、幼林、矮林和苗圃、灌木、经济作物林 (以花、果、汁、叶为目的而栽种的林木，如桂花、苹果、柑橘、椰子、桑、茶等)、耕地 (旱地和水稻田) 等。

主要特征谱段：0.45~0.52 μm、0.52~0.60 μm、0.63~0.69 μm、0.76~0.90 μm 等。

一般来说，传感器谱段越多，对地物的判读越为有利，但将造成传感器研制难度的急剧增加。考虑到国内外同类卫星的实际情况，在当前条件上，选择 4 个波段的多光谱既可以满足 1∶5 万地物判读的基本需求，也可以用于资源环境等方面的调查和监测，同时可以降低成本，降低卫星研制难度。

7. 对数据传输压缩比的要求

立体测绘卫星的影像数据压缩比需要考虑压缩对影像视觉效果、特征点定位和同名点匹配这三方面的影响。一般要求全色影像和多光谱影像压缩前后特征点位移小于 1/20 像元，对同名点匹配影响小于 1/10 像元。因此设计全色影像压缩比为 2∶1 或 4∶1。多光谱影像可采用无损压缩，最大压缩比为 4∶1。由于影像质量的好坏是进行立体测图的前提，若获取的影像在数据压缩过程中有比较大的损失，将造成测图困难或者精度达不到要求。本部分的详细内容见第 7 章。

3.2.4　星地一体化指标要求

1. 对相机实验室标定和在轨定标的要求

卫星上天前需要在实验室进行精确标定，这样在卫星发射后，可以利用在地面实验室标定的参数进行几何检校。相机畸变实验室标定精度优于 3 μm(1σ)；主距标定精度优于 20 μm(1σ)；视主点标定精度优于 0.2 个像元(1σ)；前视相机与正视相机，以及后视相机与正视相机之间夹角的标定精度优于 3″，视轴平行性测试的精度优于 3″。

卫星发射的震动及在轨环境的变化会使相机内方位元素发生变化，需要进行高精度在轨几何标定，根据测图精度的需求，相机几何畸变校正参数的标定精度优于 0.3 个像元。

要求针对相机内方位元素、相机畸变、相机之间夹角、相机和星敏感器之间夹角、GPS 相位中心等进行高稳定性设计和精确测量，确保检校结果的长期有效性。其中，星敏感器主光轴与正视相机主光轴之间的夹角标定精度优于 5″。

2. 无地面控制点定位精度的要求

如果不下传 GPS 和星敏感器数据，卫星轨道测量精度优于 10 m，姿态测量精度优于 0.01°(3σ)。无控制时，高程中误差为 150 m，平面位置中误差为 150 m。

如果下传 GPS 和星敏感器数据，卫星姿态测量精度优于 6″。无控制时，高程中误差为 100 m，平面位置中误差为 100 m。

3. 测图精度指标要求

第一颗国产民用高分辨率立体测图卫星主要为了满足 1∶5 万地形图测图，兼顾 1∶2.5 万及更大比例尺地形图的修测。

1）1∶5 万地形图测图主要精度指标

依据《1∶25 000、1∶50 000、1∶100 000 地形图航空摄影测量数字化测图规范》(GB/T 17157—1997)，主要精度指标见表 3.5。

表 3.5　1∶5 万地形图测图主要精度指标　　　　　　　　（单位：m）

地形类别	基本等高距	高程中误差			平面位置中误差	
		内业加密点	高程注记点	等高线	内业加密点	地物点
平地	10(5)	2.0	2.5	3.0	17.5	25
丘陵地	10	3.0	4.0	5.0	17.5	25
山地	20	4.0	6.0	8.0	25	37.5
高山地	20	7.0	10.0	14.0	25	37.5

2) 1∶1 万地形图测图主要精度指标

依据《1∶5 000、1∶10 000 地形图航空摄影测量内业规范》（GB/T 13990—92），主要精度指标见表 3.6。

表 3.6　1∶10 000 地形图测图主要精度指标　　　　　　　　（单位：m）

地形类别	基本等高距	高程中误差			平面位置中误差	
		内业加密点	高程注记点	等高线	内业加密点	地物点
平地	1.0	—	0.35	0.5	3.5	5.0
丘陵地	2.5	1.0	1.2	1.5	3.5	5.0
山地	5.0	2.0	2.5	3.0	5.0	7.5
高山地	10.0	3.0	4.0	6.0	5.0	7.5

3) 数字高程模型精度指标

根据 DEM 高程精度，可将 DEM 产品划分为不同的级别。
(1) A 级产品：格网点高程中误差小于 1/2 等高距；
(2) B 级产品：格网点高程中误差小于 2/3 等高距；
(3) C 级产品：格网点高程中误差小于 1 倍等高距。
综合上述精度指标，高分辨率立体测图卫星测图精度要求见表 3.7。

表 3.7　高分辨率立体测图卫星理想的精度要求　　　　　　　　（单位：m）

测图比例尺	平面位置中误差	高程中误差
1∶5 万	25	5
1∶1 万	5	0.5

1∶5 万地形图测图要求平面精度为 25 m、高程精度为 5 m。满足高程精度比满足平面精度更为困难，一般在高程精度满足要求的情况下，平面精度也能满足要求。

3.2.5　工程化要求

1. 工程化要求

第一颗国产民用高分辨率立体测图卫星集测绘和资源调查功能于一体，用于长期、连续、稳定、快速地获取覆盖全国的高分辨率立体影像和多光谱影像及辅助数据，生产全国基础地理信息 1：5 万测绘产品，开展 1：2.5 万及更大比例尺地图的修测和更新，开展国土资源调查和监测，为防灾减灾、农林水利、生态环境、城市规划与建设、交通、国家重大工程等领域的应用提供服务。

2. 数据现势性要求

由于国民经济的发展，国家重点工程、高速公路、城市发展等不断造成地物要素变化和相应的地面高程模型变化，需要开展持续不断的测绘工作。为保障地理空间要素 2~3 年的更新周期和数字高程模型 3~8 年的更新周期，遥感卫星要能够长期在轨稳定运行，满足周期性的测绘业务需求，保障地理要素和数字高程模型等测绘成果的现势性。表 3.8 列出了测绘对遥感数据现势性的需求。

表 3.8　测绘对遥感数据现势性的需求

应用	门限值	较佳值
道路	6 个月	3 个月
水系	2 年	1 年
居民地	6 个月	3 个月
土地利用覆盖	1 年	6 个月
建筑与工程设施	3 个月	1 月
电力与通信线	1 年	6 个月
独立地物	1 年	6 个月
数字正射影像	1 年	6 个月
数字高程模型	2~3 年	1 年

由表 3.8 可以看出，测绘对遥感影像数据的现势性提出了非常高的要求，大部分要素要求一年更新一次，许多要素要求 6 个月甚至 3 个月更新一次。由于天气原因，我国大部分地区的卫星影像可能仅有 20%~30% 为有效影像。考虑我国目前的技术水平和经济能力，2010 年以前，全国的基本比例尺地形图数据库可以设计为 2~3 年更新一次，数字高程模型 3~8 年更新一次。发射我国第一颗高分辨率立体测图卫星，建议重访周期为 60 天，这样可以满足 1：5 万测图对卫星影像 20%~40% 的需求。

3. 卫星可靠性要求

高分辨率立体测图卫星在轨稳定运行后，要满足测绘行业规模化业务生产的需求，满足国土资源、环境、防灾减灾等部门大规模应用的需求，满足国外建立数据接收站、接收并销售数据及相关应用的需求，以实现高分辨率立体测图卫星的最大社会效益和经济效益。要求高分辨率立体测图卫星在既有工程条件下具备最大限度的可靠性，并最大限度地采用国内外通过验证的成熟技术，最大限度地降低技术风险。采用充分的冗余措施，将整星单点失效的概率降至最低限度，以实现卫星在寿命期内在轨可靠稳定业务化运行。卫星寿命不少于 3 年，末期可靠性指标不低于 0.7。

综合上述分析，第一颗高分辨率立体测图卫星的指标要求见表 3.9。

表 3.9 高分辨率立体测图卫星指标要求

项目	指标要求
观测区域	我国国土范围，兼顾全球
轨道	不低于 500 km 的太阳同步轨道 降交点地方时：10:30 am 地面轨迹保持精度优于 5 km 轨控周期大于 10 天 回归周期小于 60 天 目标重访周期 3～5 天
影像重叠度	航向重叠：大于 90% 旁向重叠：大于 1 km（一个回归周期内） 相对和绝对漏测：无（一个回归周期内）
地面像元分辨率	正视全色：优于 2.5 m
	前后视全色：优于 5m
	多光谱：优于 10m
幅宽	≥50 km
高分辨率立体测图卫星精度	无地面控制点：平面精度 100 m；高程精度 100 m
	有地面控制点：平面精度 25 m；高程精度 5m
基高比	0.8～0.9
相机畸变	测量精度优于 0.3 个像元
相机标定要求	相机内方位元素标定精度 主距的标定精度：≤20 μm（1σ） 主点的标定精度：≤0.2 个像元（1σ） 前视相机与正视相机，以及后视相机与正视相机之间夹角的标定精度 夹角的标定精度：≤3″ 视轴平行性要求：≤3″
星敏感器与正视相机坐标系之间关系的标定	星敏感器主光轴与正视相机主光轴之间的夹角标定精度：≤5″
谱段	全色：0.45～0.80 μm 多光谱： B1：0.45～0.52 μm B2：0.52～0.59 μm B3：0.63～0.69 μm B4：0.77～0.89 μm

项目	指标要求
静态传函	B1: $\geqslant$ 0.20 B2: $\geqslant$ 0.20 B3: $\geqslant$ 0.20 B4: $\geqslant$ 0.16
影像压缩比	$\leqslant$4:1, 保真度>99%, 峰值信噪比>42 dB
姿态控制精度	三轴姿态指向精度: $\leqslant$0.1° (3σ) 偏流角修正精度: $\leqslant$0.06° (3σ) 三轴姿态稳定度: $\leqslant$ 5×10^{-4} °/s (3σ) 三轴姿态测量精度: $\leqslant$0.01° (3σ) 星敏感器精度: $\leqslant$3″ (1σ) 整星侧摆范围: −32°~+32°
卫星轨道测量精度	卫星轨道 GPS 测量精度: $\leqslant$10 m(1σ) 星敏感器、GPS 时间同步精度优于 0.1 ms
星上存储能力	存储量大于 180 Gb×2
数据传输	码速率: 2×150 Mbps 误码率: 1×10^{-7} 载波频段: X 频段
星图和 GPS 数据下传	星图下传频率优于 2 Hz, GPS 数据下传频率优于 1 Hz
卫星寿命	大于 3 年, 寿命末期可靠度大于 0.7

第4章 几何精度理论分析

几何精度分析是测绘遥感卫星总体设计的主要环节，主要包括理论分析和模拟仿真分析等内容。理论分析主要是针对影响卫星定位和测图精度的主要误差源和大小进行理论推导，初步确定卫星的总体技术参数。仿真分析则是在理论分析的基础上，根据卫星参数进行影像仿真，并对模拟影像进行立体测图，计算仿真影像的平面和高程精度，以确定卫星设计时的技术参数。虽然卫星发射后，卫星的实际参数和设计参数有所改变，但理论分析和仿真分析应该最大限度的包括变化的内容，保证卫星工程目标的实现。

早期已有相关学者进行几何精度的理论分析(王之卓，1979)。近年来，随着航天和遥感技术的发展，越来越多的学者对测绘卫星的几何精度进行理论方面的分析和论证。在国外，既有通用的分析论证文献(Grodeckl and Dlal, 2003; Jeong and Kim, 2014)，也有针对GeoEye-1(Aguilar et al., 2012)、IKONOS(Fraser and Hanley, 2003)、CartoSat-1(Baltsavias et al., 2008)和QuickBrid(Noguchi and Fraser, 2004)卫星的专门的几何精度分析。国内有很多学者针对三线阵成像进行了相关的理论分析和研究(王任享和胡莘，2004；胡莘和曹喜滨，2008；吴轩，2013；周立强，2013；李永亮和叶宇菁，2015；廖容升和李君，2015；潘经宏，2015；王晓晨和孟婷，2015)。上述几何精度理论分析一般是在比较粗略的条件下进行的估计，在理论精度分析过程中，只考虑一个或者若干个影响因素。进行几何精度分析的前提是要梳理清整个成像链路的误差，针对特定的误差规律，需要采用适用的方法进行几何精度分析。本章从成像模型入手，厘清各类定位误差项。

从成像角度来看，误差大致来源为4类：定轨误差、定姿误差、相机误差和时间误差。一个典型的卫星严密成像几何模型如式(4.1)所示，成像几何模型涉及坐标系统的定义，有关坐标系的详细定义参见《资源三号卫星数据几何处理方法》第3章。

$$
\begin{bmatrix} X \\ Y \\ Z \end{bmatrix}_{\text{WGS84}} = \begin{bmatrix} X_S \\ Y_S \\ Z_S \end{bmatrix}_{\text{WGS84}} + m\boldsymbol{R}_{\text{J2000}}^{\text{WGS84}} \boldsymbol{R}_{\text{star}}^{\text{J2000}} \boldsymbol{R}_{\text{body}}^{\text{star}} \left\{ \begin{bmatrix} D_x \\ D_y \\ D_z \end{bmatrix} + \begin{bmatrix} d_x \\ d_y \\ d_z \end{bmatrix} + \boldsymbol{R}_{\text{cam}}^{\text{body}} \begin{pmatrix} x \\ y \\ -f \end{pmatrix} \right\} \tag{4.1}
$$

式中，$\begin{bmatrix} X_S \\ Y_S \\ Z_S \end{bmatrix}_{\text{WGS84}}$ 为卫星定轨设备中心在 WGS84 坐标系下的位置矢量，该项对应于平台的轨道模型，涉及轨道动力学和卫星摄动等方面；m 为比例系数，相当于射线的放缩系数；$\boldsymbol{R}_{\text{J2000}}^{\text{WGS84}} \boldsymbol{R}_{\text{star}}^{\text{J2000}} \boldsymbol{R}_{\text{body}}^{\text{star}}$ 为平台的本体坐标系到 WGS84 坐标系的旋转矩阵，由平台的姿态模型确定，涉及姿态动力学及姿态低频和高频抖动等；$\begin{bmatrix} D_x \\ D_y \\ D_z \end{bmatrix}$ 为定轨设备中心在本体

坐标系下位置的偏移；$\begin{bmatrix} d_x \\ d_y \\ d_z \end{bmatrix}$ 为相机安装到本体坐标系位置的偏移；$\begin{bmatrix} X_S \\ Y_S \\ Z_S \end{bmatrix}_{\text{WGS84}}$ $+$

$m\boldsymbol{R}_{\text{J2000}}^{\text{WGS84}} \boldsymbol{R}_{\text{star}}^{\text{J2000}} \boldsymbol{R}_{\text{body}}^{\text{star}} \left\{ \begin{bmatrix} D_x \\ D_y \\ D_z \end{bmatrix} + \begin{bmatrix} d_x \\ d_y \\ d_z \end{bmatrix} \right\}$ 为卫星相机镜头中心在 WGS84 坐标系下的位置矢量，

相当于射线的端点；$\boldsymbol{R}_{\text{cam}}^{\text{body}}$ 为传感器坐标系到本体坐标系的变换矩阵，由传感器安装确

定；$\begin{bmatrix} x \\ y \\ -f \end{bmatrix}$ 为像素点对应的相机内方位元素。

　　几何精度理论分析是从简单的立体几何角度分析姿轨等误差对最终定位精度的影响。其几何意义明显、易于分析规律，主要用于模拟相机的系统测量误差、安装误差等，然而对于时间误差、建模误差、随机误差等却无法进行分析。因此，几何精度理论分析既有其优点也有其缺点，通常可以作为几何定位精度大致评估的工具以及用来验证和仿真精度结果做相互验证。将几何误差进行分解，可得图 4.1 所示的误差项。

　　本章首先分析各定位误差项，然后详细分析几何精度理论，最后根据理论公式得到几何精度理论分析结果。

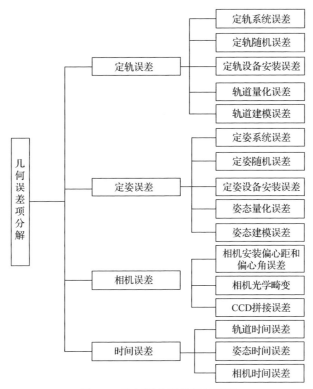

图 4.1　几何误差项分解示意图

4.1 定位误差项分析

4.1.1 定轨误差分析

轨道误差项按照成因和规律可以分成如下 5 类：定轨系统误差、定轨随机误差、定轨设备安装误差、轨道量化误差和轨道建模误差。以下分别介绍这 5 类定轨误差项。

1. 定轨系统误差

资源三号卫星利用双频 GPS 进行定位。GPS 定位的主要误差来源可分为 3 种：与 GPS 卫星有关的误差、与信号传播有关的误差、与接收设备有关的误差。

与 GPS 卫星有关的误差主要包括卫星星历误差、卫星钟差、SA (selective availability) 误差、相对论效应的影响：①卫星星历误差是指卫星星历给出的 GPS 卫星空间位置与卫星实际位置间的偏差，由于卫星空间位置是由地面监控系统根据卫星测轨结果计算求得的，所以又被称为卫星轨道误差。它是一种起始数据误差，其大小取决于卫星跟踪站的数量及空间分布、观测值的数量及精度、轨道计算时所用的轨道模型及定轨软件的完善程度等，星历误差是 GPS 测量误差的重要来源。②卫星钟差是指 GPS 卫星上原子钟的钟面时与 GPS 标准时间的差值。为了保证时钟的精度，GPS 卫星均采用高精度的原子钟，但它们与 GPS 标准时之间的偏差和漂移仍在 0.1~1 ms，由此引起的等效定位误差将达到 30~300 km，这是可以修正的系统误差。③可用性选择政策 SA 是美国军方为了限制非特许用户利用 GPS 进行高精度点定位而采用的降低系统精度的政策。它包括降低广播星历精度的 ε 技术和在卫星基本频率上附加一随机抖动的 δ 技术。实施 SA 政策后，SA 误差将成为影响 GPS 定位误差最主要的因素。虽然美国在 2000 年 5 月 1 日取消了 SA 政策，但是战时或必要时，美国仍可能恢复或采用类似的干扰技术。④相对论效应是指由于卫星钟和接收机所处的状态(运动速度和重力位)不同而引起的卫星钟和接收机钟之间的相对误差。由于卫星钟和地面钟存在相对运动，相对于地面钟，卫星钟走得慢，这会影响电磁波传播时间的测定。

与信号传播有关的误差主要包括电离层延迟、对流层延迟、多路径效应：①在地球上空距地面 50~100 km 的电离层中，气体分子受到太阳等天体各种射线辐射后产生强烈电离，形成大量的自由电子和正离子。当 GPS 信号通过电离层时，与其他电磁波一样，信号的路径要发生弯曲，传播速度也会发生变化，从而使测量的距离发生偏差，这种影响称为电离层延迟。②对流层的大气密度比电离层大，大气状态也比电离层复杂。GPS 信号通过对流层时，信号的传播路径会发生弯曲，从而令测量距离产生偏差，这种现象称为对流层延迟。③测站周围的反射物所反射的卫星信号(反射波)进入接收机天线，对直接来自卫星的信号(直接波)产生干涉，从而使观测值偏离，产生所谓的"多路径误差"。这种由于多路径的信号传播所引起的干涉时延效应被称作多路径效应。

与接收设备有关的误差主要包括接收机钟差、接收机天线相位中心的偏差：①GPS接收机一般采用高精度的石英钟，接收机的钟面时与 GPS 标准时之间的差异称为接收机钟差。②在 GPS 测量时，观测值都是以接收机天线的相位中心位置为准的，天线的相位中心与其几何中心在理论上应保持一致。但是观测时天线的相位中心随着信号输入的强度和方向的不同而有所变化，这种差别叫做天线相位中心的位置偏差。

上述 3 类定轨的系统误差可以利用各种模型估算出相关误差，进而修正 GPS 定位结果，即所谓的精密定轨。但是由于模型等与实际的差异，其系统误差还是会存在，因此定轨系统误差在成像模型中仍然需要考虑。

2. 定轨随机误差

由于卫星钟和接收机钟振荡器的随机误差、接收机内部噪声、其他外部某些具有随机特征的影响因素，以及大气折射模型误差、卫星轨道摄动模型误差和多路径效应误差等，导致一段时间范围内定位误差无规律性，这些由于在测定过程中一系列有关因素微小的随机波动而形成的具有相互抵偿性的误差对最终定位也是有影响的，因此需要纳入到成像模型中进行考虑。定轨随机误差的特点是随机、量级小(毫米级)、在短时间内呈现系统性。

3. 定轨设备安装误差

接收机天线相位中心相对中心位置的误差，称为接收机位置误差，在这里中心位置是指卫星的本体坐标系中心(即质心)。接收机位置误差实质上也是一种定轨系统误差，但是考虑到成像模型中需要考虑定轨仪器的安装偏心距，把测量的系统误差和安装的系统误差加以区别。在实际使用中，卫星上天前，并未准确测量过定轨仪器的安装偏心距，主要靠后期地面在轨外检校进行标定。在外检校中，偏置补偿矩阵的部分目标就是补偿定轨仪器的安装误差(实际上还包括上述部分的定轨系统误差)。

4. 轨道量化误差

在轨道数据传输时，为了节省传输时间，需要将数据量化到一定等级，然后传输，因此对于轨道数据还存在量化误差，即截断误差，为此需要引入轨道量化误差。需要指出的是，目前轨道都是按照浮点型数据进行传输，所以其量化所造成的误差很小，基本可以忽略不计。

5. 轨道建模误差

定轨设备得到的是离散的轨道信息，实际上在构建成像模型时所使用的轨道参数并不一定落在离散点上，所以需要按照一定的轨道模型对轨道进行建模，然后根据得到的轨道模型去获取所需要的轨道信息。在进行轨道建模时，由于轨道的复杂性及随机因素的干扰、轨道采样频率低等原因，存在模型和实际轨道的差异，即轨道建模误差。

在轨道建模过程中有两种模型：一种是拉格朗日内插模型；另一种是多项式拟合模

型。拉格朗日内插模型能较好地顾及地球重力势能的变化，而多项式拟合模型能对轨道数据进行滤波，以消除轨道数据中的噪声。图 4.2 为采用两种模型进行轨道内插之后的比较图，从图 4.2 中可以看出，采用不同的轨道模型，其结果具有一定的差异，并最终反映在轨道误差上，即轨道建模误差。该误差通过理论分析并不能很好地反映出来，但是可以通过仿真分析来体现。

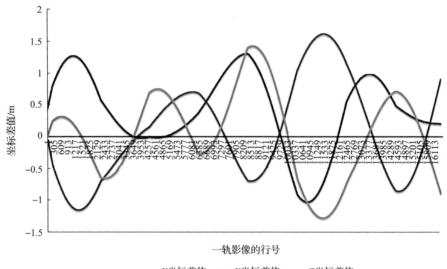

图 4.2　资源三号轨道建模误差结果比较图

拉格朗日内插结果减去多项式拟合结果

4.1.2　定姿误差分析

卫星姿态是影响几何定位精度的关键性因素，距离对于姿态误差呈现放大作用，具有"差之毫厘，失之千里"的影响力度。用于姿态测量的设备主要包括星敏感器、陀螺、太阳敏感器和磁强计。目前，所采用的姿态敏感器中，星敏感器精度最高，太阳敏感器和地球敏感器精度次之，磁强计精度最低，但其成本也低，一般应用在小卫星上或在其他姿态敏感器失效的情况下作为补救措施；陀螺可连续测得卫星相对于惯性空间的姿态角速度，积分可得姿态角，但由于陀螺存在偏移，需要外部信息进行补偿。

考虑到各种姿态敏感器的优点和缺陷，进一步提高姿态精度和可靠性，一般不单独采用某一种姿态敏感器进行三轴姿态测量和确定，而采用几种敏感器的组合。目前，采用的典型姿态敏感器组合方式包括以下几种：①速率陀螺+星敏感器+冗余敏感器（如太阳敏感器、磁强计等）。星敏感器精度最高，姿态确定精度高，优于 0.1°，因此这种方式广泛应用于高精度要求的卫星。例如，美国 Landsat-D 精度优于 0.03°。②速率陀螺+两个红外地平仪＋一套太阳敏感器（+磁强计）。红外地平仪和数字太阳敏感器测量精度较高，但地平仪无法测量星体偏航信息，而太阳敏感器在地影区内无法工作，因此这两种敏感器常组合使用。这种方式姿态确定精度较高，优于 0.3°，而且成本适中，适用于中等精度要求的卫星,如印度 Apple 卫星等。③其他组合方式,如"陀螺+地平仪"方式(偏航姿态由陀螺定轴性来保持)。根据卫星的实际应用环境和要求的精度,采用相应的组合方式,以满足可靠性、成本、精度、寿命等各方面的要求。④不采用陀螺组件的方式,仅采用角度敏感器进行姿态确定。

无论采用以上哪种定姿方式,其定姿精度对于卫星都十分有限。另外,由于卫星平台的活动部件和外界环境等因素的影响,可能会引入低频抖动分量(姿态稳定性)和高频抖动分量(高频颤振),其对姿态的测量精度有一定影响。

定姿误差项按照成因和规律可以分为以下 5 类:定姿系统误差、定姿随机误差、定姿设备安装误差、姿态量化误差和姿态建模误差。以下分别介绍这 5 类定姿误差项。

1. 定姿系统误差

资源三号利用多个星敏感器外加陀螺的方法进行定姿,利用星敏感器和陀螺进行定姿,由于卫星上活动部件的影响(如动量轮、太阳能帆板转动),很容易引发星敏感器等设备测量数据的偏差,从而造成定姿误差。定姿系统误差的主要来源可分为 3 类:轨道参数误差引发的误差、卫星振动源引发的误差、定姿设备内部系统测量误差。

轨道参数误差引发的误差:由星敏感器的测量数据可以确定卫星的惯性姿态,由陀螺定姿的测量数据可以确定卫星本体坐标系与轨道坐标系之间的姿态,两者进行联合滤波器前,需要根据轨道的位置和速度得到轨道坐标系和惯性坐标系之间的转化矩阵。由于定轨误差的存在,造成此转化矩阵的不准确,进而间接影响由陀螺得到的惯性姿态的精度。另外,如果要将惯性姿态转换为对地姿态也需要引入轨道参数。因而,轨道参数的误差会引入卫星对地姿态的误差。

卫星振动源引发的误差:卫星在轨运行时由于动量轮等活动部件的影响,可产生卫星的振动。如果振源(如动量轮)使得测姿设备安装位置在平面内发生振动且形式符合正弦规律,则可以得到带有此误差模型的安装矩阵,即干扰转换矩阵。

定姿设备内部系统测量误差:包括星敏感器的光学系统畸变、CCD 像元几何位置的不均匀性等;陀螺的安装误差与刻度系数误差、惯组实际使用环境与惯组标定时实验室环境的不一致等。

上述 3 种定姿的系统误差可以利用各种模型估算出,进而修正定姿结果。但是由于模型等与实际的差异,其系统误差还是会存在,因此定姿系统误差在成像模型中仍然需要考虑。

2. 定姿随机误差

卫星飞行过程中会受到各种力的作用,有时会出现姿态抖动现象,主要原因包括:①各种摄动力的影响,如太阳光压摄动对天线和对卫星平台的摄动力大小的差异,大气摄动引起不同表面积的部分受力不同等;②卫星自身为完成任务而不停地进行姿态调整,如在进行偏流角校正的过程中需要不断通过姿轨控分系统对卫星姿态进行调整,驱动太阳电池翼对日跟踪等;③卫星各元器件在驱动过程中会引入抖动。如 ALOS 的中继卫星天线在向中继卫星上传数据时将引入 6~7 Hz 的姿态抖动。这些影响因素有些可以消除,但更多的高频抖动由于和其他因素叠加在一起,难以消除。

　　姿态的随机误差还来源与星敏感器和陀螺的随机误差,包括星敏感器 CCD 阵列的暗电流、陀螺随机漂移误差、其他外部某些具有随机特征等随机因素的影响。这些由于在测定过程中一系列有关因素微小的随机波动而形成的具有相互抵偿性的误差对最终定位也是有影响的,因此需要纳入到成像模型中进行考虑。

3. 定姿设备安装误差

　　星敏感器实际测定的卫星姿态是星敏感器坐标系相对空间固定惯性坐标系的三轴姿态角,在构建成像模型时,需要将其换算为本体坐标系相对空间固定惯性坐标系的姿态角,这需要以星敏感器安装矩阵作为过渡矩阵。而实际在地面测定的星敏感器安装会在卫星上天后发生改变,造成矩阵换算误差,从而产生姿态误差。为此,需要引入姿态测量设备安装误差。需要说明的是,这里的安装并不是指星上某一个定姿设备的安装,而是指对星上所有定姿设备进行联合滤波时所采用的定姿坐标系的安装误差,即一个虚拟的合成定姿设备的安装误差。

4. 姿态量化误差

　　在传输姿态数据和传感器侧视角时,需要将该类数据量化到一定等级,存储为整数,然后传输,因此对于姿态数据和侧视角数据还存在量化误差,即截断误差。为此,需要引入姿态量化误差。在有些卫星型号中,存在比较严重的姿态量化误差,图 4.3 为国产某星的滚动角姿态沿时间的变化图。从图 4.3 中可以看到很明显的阶跃现象,此量级刚好和姿态量化设计值 0.0055°当量相符合。

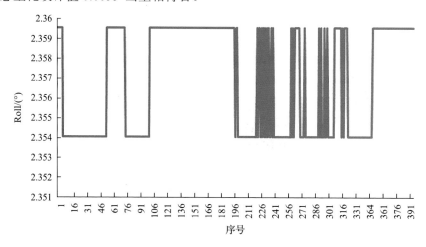

图 4.3　姿态量化误差示意图

　　由于上述姿态量化误差的存在,造成如图 4.4 所示的随时间不规律变化的误差的存在,且无法通过地面检校进行补偿,从而影响影像数据的几何精度。

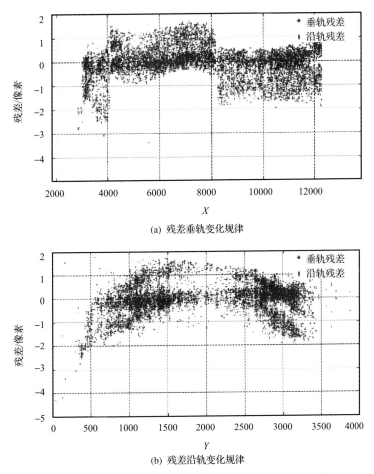

(a) 残差垂轨变化规律

(b) 残差沿轨变化规律

图 4.4 姿态量化误差造成定向残差随时间不规律变化示意图

5. 姿态建模误差

定姿设备得到的是离散的姿态信息，实际上在构建成像模型时所使用的姿态并不一定落在离散点上，所以需要按照一定的姿态模型对姿态进行建模，然后根据得到的姿态模型去获取所需要的姿态信息。

在进行姿态建模时候，由于上面所述的姿态的复杂性及随机因素的干扰、姿态采样频率比较低等原因，存在模型和实际姿态的差异，即姿态建模误差。姿态建模和实际姿态的差异最终反映在影像上是造成影像的扭曲，图 4.5 为比较严重的姿态抖动情况下获取的影像，前 3 张为红绿蓝 3 个波段的图，第 4 张为合成的真彩图，红框部分有明显的严重扭曲，第 5 张为实际地物图。可以看到，姿态模型和实际姿态存在差异，在实际姿态抖动比较严重的情况下，姿态模型并不能很好地拟合实际姿态，从而造成影像的扭曲，即姿态建模造成的定姿误差项。

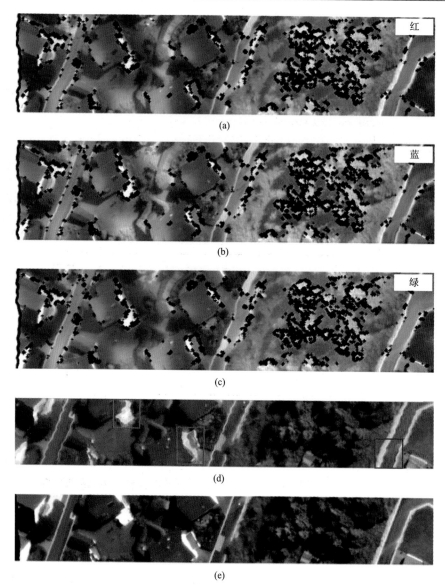

图 4.5　姿态模型与实际差异造成的影像扭曲

(a)~(c)为红绿蓝 3 个波段的图；　(d)为合成的真彩图；　(e)为实际地物图

为了更好地说明姿态建模的差异，分别采用两种姿态建模方式来求差，以观察不同姿态模型之间的差异。根据资源三号卫星实际姿态数据，采用线性内插姿态模型和二次多项式拟合模型分别内插姿态，对两者求差，得到如图 4.6 所示的差值图。

从图 4.6 中可以看到，两种不同的姿态建模方法之间存在差异，最大的在滚动角上，最大达到 $6 \times 10^{-4}(°)$，而俯仰角和偏航角的量级差不多，最大都在 $2 \times 10^{-4}(°)$ 左右。也就是说，由于姿态建模方法的不同，造成的姿态差异可能达到 $2.16''$ 左右，即姿态建模误差。

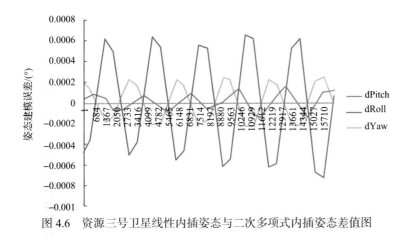

图 4.6　资源三号卫星线性内插姿态与二次多项式内插姿态差值图

4.1.3　相机误差分析

1. 相机安装偏心距和偏心角误差

虽然卫星上天前对相机的安装偏心距和偏心角进行了精确测量，但卫星上天过程的剧烈振荡和前后环境的剧烈变化，相机安装的偏心距和偏心角，即使进行了测量，由于安装误差或者上天过程和之后的剧烈环境变化，也会有所改变。目前，主要靠后期地面在轨外检校进行标定来补偿。在外检校流程中，偏置补偿矩阵的部分目标就是补偿相机的偏心距和偏心角误差。

2. 相机光学畸变

相机光学畸变是指由相机物镜系统设计、制作和装配引起的像点偏离其理想位置的点位误差。其中，镜头的光学畸变通常是非线性的，分为径向畸变、偏心畸变与像平面畸变等。

径向畸变是由镜头形状引起的，它使像点沿径向产生偏差。径向畸变是对称的，对称中心与主点并不完全重合，但通常将主点视为对称中心。径向畸变有正有负，相对主点向外偏移为正，称为枕形畸变；向内偏移为负，称为桶形畸变，如图 4.7 所示。

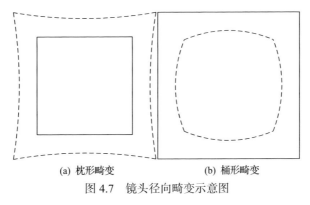

(a) 枕形畸变　　　　　　　　(b) 桶形畸变

图 4.7　镜头径向畸变示意图

径向畸变可用下述奇次多项式表示：

$$\Delta r = k_1 r + k_2 r^3 + k_3 r^5 + \cdots \tag{4.2}$$

将其分解到像平面坐标系的 x 轴和 y 轴上，则有

$$\begin{cases} \Delta x_r = k_1 \bar{x} r + k_2 \bar{x} r^2 + k_3 \bar{x} r^4 + \cdots \\ \Delta y_r = k_1 \bar{y} r + k_2 \bar{y} r^2 + k_3 \bar{y} r^4 + \cdots \end{cases} \tag{4.3}$$

其中，

$$\begin{aligned} \bar{x} &= (x - x_0) \\ \bar{y} &= (y - y_0) \\ r^2 &= \bar{x}^2 + \bar{y}^2 \end{aligned} \tag{4.4}$$

式中，k_1、k_2、k_3 为径向畸变系数。

偏心畸变主要是由光学系统摄影中心与几何中心不一致造成的，即镜头器件的光学中心不能严格共线，如图 4.8 所示。

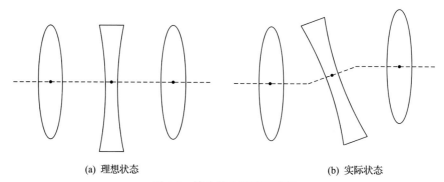

(a) 理想状态   (b) 实际状态

图 4.8　镜头偏心畸变示意图

偏心畸变使像点既产生径向偏差又产生切向偏差，如图 4.9 所示。

偏心畸变表达式如下：

$$P(r) = \sqrt{P_1^2 + P_2^2} \cdot r^2 \tag{4.5}$$

将其分解到像平面坐标系的 x 轴和 y 轴上，则有

$$\begin{cases} \Delta x_d = P_1(r^2 + 2\bar{x}^2) + 2P_2 \bar{x} \cdot \bar{y} \\ \Delta y_d = P_2(r^2 + 2\bar{y}^2) + 2P_1 \bar{x} \cdot \bar{y} \end{cases} \tag{4.6}$$

式中，P_1、P_2 为偏心畸变系数，偏心畸变在数量上要比径向畸变小得多。

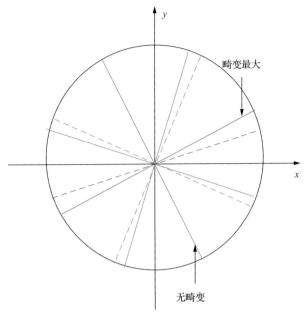

图 4.9　偏心畸变方向示意图

传感器镜头主点坐标(x_0, y_0)的偏移量在x、y方向上的偏移量用常数Δx_p、Δy_p表示。同时，设传感器焦距f的变化量Δf，该变化量在像点上的影响可以模拟为

$$\begin{cases} \Delta x_p = -\dfrac{\Delta f}{f}(x - x_p) \\ \Delta y_p = -\dfrac{\Delta f}{f}(y - y_p) \end{cases} \tag{4.7}$$

像平面畸变可以分为两类：像平面不平引起的畸变和像平面内的平面畸变。传统相机的像平面畸变，即为胶片平面不平引起的畸变，它可以用多项式来建模并改正。对于数字相机，由于制造工艺限制，CCD 芯片也不是标准平面，但目前还无法用多项式建模来准确描述像平面不平所引起的像点畸变。

像平面内的平面畸变可表示为仿射变形和正交变形。摄影测量学者认为，正交变形部分是由主光轴与 CCD 阵列不正交引起的，而仿射变形也是由 CCD 阵列不均匀造成的，两者都包含了透镜误差，其表达式为

$$\begin{cases} \Delta x_m = b_1 \bar{x} + b_2 \bar{y} \\ \Delta y_m = 0 \end{cases} \tag{4.8}$$

式中，b_1和b_2为像平面内的畸变系数。

综合以上畸变影响，对于像点p，镜头畸变造成的像点的偏差模型最终为

$$\Delta x_{\text{lens}} = \Delta x_p + \Delta x_m - \frac{\Delta f}{f}\overline{x} + (k_1 + k_2 \cdot r^2 + k_3 \cdot r^4)\overline{x} + p_1(r^2 + 2\overline{x}^2) + 2p_2\overline{xy}$$

$$\Delta y_{\text{lens}} = \Delta y_p + \Delta y_m - \frac{\Delta f}{f}\overline{y} + (k_1 + k_2 \cdot r^2 + k_3 \cdot r^4)\overline{y} + p_1\overline{xy} + 2p_2(r^2 + 2\overline{y}^2) \tag{4.9}$$

其中，

$$r^2 = (x - x_p)^2 + (y - y_p)^2$$
$$\overline{x} = (x - x_p) \tag{4.10}$$
$$\overline{y} = (y - y_p)$$

3. CCD 拼接误差

假设某 CCD 中心相对理想线阵 CCD 在沿积分方向的安装误差为 Δx_{fit}，垂直积分方向安装误差为 Δy_{fit}，主距为 f，视距为 D，则对应误差为

$$\begin{cases} \Delta X_{\text{fit}} = \Delta x_{\text{fit}} / f \times D \\ \Delta Y_{\text{fit}} = \Delta y_{\text{fit}} / f \times D \end{cases} \tag{4.11}$$

资源三号卫星采用光学拼接，不同于机械拼接呈现的品字形，资源三号卫星不同片 CCD 的同一行影像同时成像，影响拼接精度主要在于检校及处理采用的模型和求解精度，CCD 拼接的影响只能说是一种间接误差，而且和检校处理流程相关。

4.1.4　时间误差分析

严密成像模型中，姿态和轨道需要根据影像行的成像时间进行内插。对于姿态、轨道、影像之间，需要通过时间来把它们关联起来。时统是保证最终影像定位精度的一个重要条件，如果时间不统一，则无法保证最终影像的定位精度。时间误差会造成一些莫名其妙的误差现象，且掺杂在其他误差当中，对检校结果造成影响。图 4.10 为国产某星，由于存在时统误差，经过几何检校后的定位残差沿着时间方向呈现很明显的波动，使得定位残差达不到理想的精度。

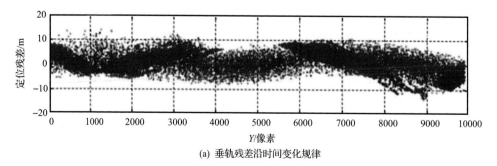

(a) 垂轨残差沿时间变化规律

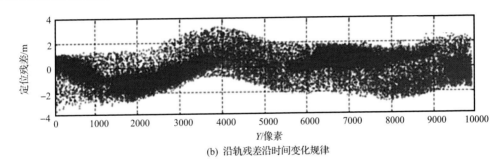

(b) 沿轨残差沿时间变化规律

图 4.10　国产某星由于时间误差造成的定位残差图

时间误差项可以简单分为以下 3 类：轨道时间测量误差、姿态时间测量误差、相机时间测量误差。这 3 类时间误差都是相对地面而言的，由于原始观测值是惯性姿态，需要时间得到惯性系到非惯性系的转换矩阵，因此 3 类时间和地面时间的一致性非常重要。

4.2　几何精度理论分析

4.2.1　成像几何关系分析

图 4.11 为经过俯仰角和滚动角旋转后的示意图，r 为地球半球，A 表示卫星的质心，卫星质心与球心 O 的连线交球于 D，卫星的航高为 $h=AD$，卫星轨道半长轴为 $R=r+h$。建立坐标系 XYZ，此坐标系的原点为 O，XOZ 平面和卫星轨道面重合，Z 轴指向卫星质心，X 轴与卫星飞行方向一致，Y 轴按照右手螺旋准则建立。假设 ω 为滚动角，φ 为俯仰角，则卫星视线方向与 XOY 平面交于 C 点，AC 与半球分别交于 E 和 F，AC 在 XOZ 平面上的投影为 AB，则 C 点在 XYZ 坐标系的坐标如下：

$$\begin{cases} X = OB = R\tan\varphi \\ Y = BC = AB\cdot\tan\omega = R\cdot\tan\omega/\cos\varphi \\ Z = 0 \end{cases} \tag{4.12}$$

因此，直线 AC 的参数方程为

$$\begin{cases} X = 0 + t\cdot(R\cdot\tan\varphi - 0) = R\cdot t\cdot\tan\varphi \\ Y = 0 + t\cdot(R\cdot\tan\omega/\cos\varphi - 0) = R\cdot t\cdot\tan\omega/\cos\varphi \\ Z = R + t\cdot(0 - R) = (1-t)\cdot R \end{cases} \tag{4.13}$$

式中，t 为直线参数方程的缩放系数，为待求未知量。为了求解这个量，考虑地球表面的方程为

$$X^2 + Y^2 + Z^2 = r^2 \tag{4.14}$$

将式 (4.14) 代入式 (4.15) 中，可以得到

$$\left(\frac{t\cdot\tan\omega}{\cos\varphi}\right)^2\cdot R^2 + (t\cdot R\cdot\tan\varphi)^2 + (1-t)^2\cdot R^2 = r^2 \tag{4.15}$$

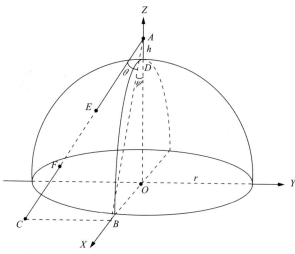

图 4.11　经过俯仰角和滚动角旋转后的主光轴示意图

令 $\dfrac{r^2}{R^2} = N$ ，则式(4.15)可以化成

$$\tan^2\omega \cdot t^2 + \sin^2\varphi \cdot t^2 + (1-t)^2\cos^2\varphi = N\cos^2\varphi \tag{4.16}$$

再令 $M = \cos^2\varphi \cdot \cos^2\omega$ ，则式(4.16)可以转化为

$$t^2 - 2Mt + (1-N)M = 0 \tag{4.17}$$

求解得到

$$t = M \pm \sqrt{M^2 - M(1-N)} \tag{4.18}$$

其中，$M^2 - M(1-N) \geqslant 0 \quad \Rightarrow \quad M + N \geqslant 1$ 为上述解成立的条件，几何上的直观理解就是在一定的范围内，主光轴与地球表面有交点。一般情况下，主光轴与地球表面都有两个交点(如图中的 E 和 F 点)，只需要离摄影中心较近的交点，因此上述的解应该取负号：

$$t = M - \sqrt{M^2 - M(1-N)} \tag{4.19}$$

此时 t 已经求出来，代入式(4.13)，可以得到主光轴与地球表面的交点

$$\begin{cases} X = t \cdot R \cdot \tan\varphi \\ Y = t \cdot R \cdot \tan\omega / \cos\varphi \\ Z = (1-t) \cdot R \end{cases} \tag{4.20}$$

考虑偏航角的影响，可以得到经过偏航角旋转之后的坐标为

$$\begin{cases} X' = \cos\kappa \cdot \tan\varphi \cdot Rt - \sin\kappa \cdot \tan\omega \cdot tR/\cos\varphi \\ Y' = \sin\kappa \cdot \tan\varphi \cdot Rt + \cos\kappa \cdot \tan\omega \cdot tR/\cos\varphi \\ Z' = (1-t)R \end{cases} \tag{4.21}$$

规定以下的变量来对式(4.21)进行简化：

$$\begin{cases} P = \left(\cos \kappa \cdot \tan \varphi - \sin \kappa \cdot \tan \omega / \cos \varphi \right) \cdot R \\ Q = \left(\sin \kappa \cdot \tan \varphi + \cos \kappa \cdot \tan \omega / \cos \varphi \right) \cdot R \\ t = M - \sqrt{M^2 - M(1 - N)} \\ N = \dfrac{r^2}{R^2} \\ M = \cos^2 \varphi \cdot \cos^2 \omega \end{cases} \tag{4.22}$$

则式 (4.22) 可以简化为

$$\begin{cases} X' = Pt \\ Y' = Qt \\ Z' = (1 - t) \cdot R \end{cases} \tag{4.23}$$

其中，由式 (4.22) 可以得到如下的偏导数用于之后的理论精度分析：

$$\begin{cases} \dfrac{\partial P}{\partial \varphi} = \cos \kappa \cdot \tan \omega \cdot \dfrac{\sin \varphi}{\cos^2 \varphi} R - \sin \kappa \cdot \sec^2 \varphi \cdot R = \left(\dfrac{\sin \varphi \cdot \cos \kappa \cdot \tan \omega}{\cos^2 \varphi} - \sin \kappa \cdot \sec^2 \varphi \right) \cdot R \\[4mm] \dfrac{\partial P}{\partial \omega} = \left(\dfrac{\cos \kappa}{\cos \varphi} \sec^2 \omega - 0 \right) R = \dfrac{\cos \kappa \cdot \sec^2 \omega}{\cos \varphi} R \\[4mm] \dfrac{\partial P}{\partial \kappa} = \left(-\dfrac{\sin \kappa \cdot \tan \omega}{\cos \varphi} - \cos \kappa \cdot \tan \varphi \right) R = -\left(\dfrac{\sin \kappa \cdot \tan \omega}{\cos \varphi} + \cos \kappa \cdot \tan \varphi \right) \cdot R \end{cases} \tag{4.24}$$

$$\begin{cases} \dfrac{\partial Q}{\partial \varphi} = \sin \kappa \cdot \tan \omega \cdot \dfrac{\sin \varphi}{\cos^2 \varphi} \cdot R + \cos \kappa \cdot \sec^2 \varphi \cdot R \\[4mm] \dfrac{\partial Q}{\partial \omega} = \sin \kappa \cdot \sec^2 \omega \cdot \dfrac{R}{\cos \varphi} + 0 = \dfrac{\sin \kappa \cdot \sec^2 \omega}{\cos \varphi} \cdot R \\[4mm] \dfrac{\partial Q}{\partial \kappa} = \cos \kappa \cdot \tan \omega \cdot \dfrac{R}{\cos \varphi} - \sin \kappa \cdot \tan \varphi \cdot R = \left(\dfrac{\cos \kappa \cdot \tan \omega}{\cos \varphi} - \sin \kappa \cdot \tan \varphi \right) \cdot R \end{cases} \tag{4.25}$$

$$\begin{cases} \dfrac{\partial t}{\partial \varphi} = \cos^2 \omega \cdot \sin \varphi \cdot \cos \varphi \cdot \left[\dfrac{2M + N - 1}{\sqrt{M^2 - M(1 - N)}} - 2 \right] \\[6mm] \dfrac{\partial t}{\partial \omega} = \cos^2 \varphi \cdot \sin \omega \cdot \cos \omega \left[\dfrac{2M + N - 1}{\sqrt{M^2 - M(1 - N)}} - 2 \right] \\[6mm] \dfrac{\partial t}{\partial \kappa} = 0 \end{cases} \tag{4.26}$$

4.2.2　轨道误差理论分析

假设轨道在上述 XYZ 坐标系下的误差为 $(\Delta X, \Delta Y, \Delta Z)$，其中 ΔX 等效于沿轨方向误差，ΔY 等效于垂轨方向误差，ΔZ 会对沿轨和垂轨方向的误差起到放缩效应，具体推导如下。

式 (4.22) 中 X' 对 R 进行微分，得到 ΔZ 对沿轨方向产生的误差：

$$
\begin{aligned}
\Delta_1 &= (\cos\kappa \cdot \tan\varphi \cdot t - \sin\kappa \cdot \tan\omega \cdot t / \cos\varphi)\Delta R \\
&= (\cos\kappa \cdot \tan\varphi \cdot t - \sin\kappa \cdot \tan\omega \cdot t / \cos\varphi)\Delta Z
\end{aligned}
\tag{4.27}
$$

沿轨方向定位误差的影响是轨道本身的沿轨误差 ΔX 和 ΔZ 误差的共同贡献，沿轨误差的计算公式为

$$
\varepsilon_{1\|} = \sqrt{\Delta X^2 + \Delta_1^2}
\tag{4.28}
$$

式 (4.23) 中 Y' 对 R 进行微分，得到 ΔZ 对垂轨方向产生的误差：

$$
\begin{aligned}
\Delta_s &= (\sin\kappa \cdot \tan\varphi \cdot t + \cos\kappa \cdot \tan\omega \cdot t / \cos\varphi)\Delta R \\
&= (\sin\kappa \cdot \tan\varphi \cdot t + \cos\kappa \cdot \tan\omega \cdot t / \cos\varphi)\Delta Z
\end{aligned}
\tag{4.29}
$$

垂轨方向定位误差的影响是轨道本身的垂轨误差 ΔY 和 ΔZ 误差的共同贡献，垂轨误差计算公式为

$$
\varepsilon_{1\perp} = \sqrt{\Delta Y^2 + \Delta_s^2}
\tag{4.30}
$$

4.2.3　姿态误差理论分析

1. 滚动角误差对定位精度的影响

式 (4.23) 对滚动角 ω 求偏导，得到

$$
\begin{cases}
\dfrac{\partial X'}{\partial \omega} = t \cdot \dfrac{\partial P}{\partial \omega} + P \cdot \dfrac{\partial t}{\partial \omega} \\[2mm]
\dfrac{\partial Y'}{\partial \omega} = t \cdot \dfrac{\partial Q}{\partial \omega} + Q \cdot \dfrac{\partial t}{\partial \omega} \\[2mm]
\dfrac{\partial Z'}{\partial \omega} = -R \cdot \dfrac{\partial t}{\partial \omega}
\end{cases}
\tag{4.31}
$$

在沿轨方向上，滚动角 ω 对定位精度的影响为

$$
\varepsilon_{\omega\|} = \left(t \cdot \frac{\partial P}{\partial \omega} + P \cdot \frac{\partial t}{\partial \omega} \right)\Delta\omega
\tag{4.32}
$$

在垂轨方向上，滚动角 ω 对定位精度的影响为

$$
\varepsilon_{\omega\perp} = \left(t \cdot \frac{\partial Q}{\partial \omega} + Q \cdot \frac{\partial t}{\partial \omega} \right)\Delta\omega
\tag{4.33}
$$

2. 俯仰角误差对定位精度的影响

式 (4.23) 对俯仰角 φ 求偏导，得到

$$\begin{cases} \dfrac{\partial X'}{\partial \varphi} = t \cdot \dfrac{\partial P}{\partial \varphi} + P \cdot \dfrac{\partial t}{\partial \varphi} \\[2mm] \dfrac{\partial Y'}{\partial \varphi} = t \cdot \dfrac{\partial Q}{\partial \varphi} + Q \cdot \dfrac{\partial t}{\partial \varphi} \\[2mm] \dfrac{\partial Z'}{\partial \varphi} = -R \cdot \dfrac{\partial t}{\partial \varphi} \end{cases} \tag{4.34}$$

在沿轨方向上，俯仰角 φ 对定位精度的影响为

$$\varepsilon_{\varphi\parallel} = \left(t \cdot \dfrac{\partial P}{\partial \varphi} + P \cdot \dfrac{\partial t}{\partial \varphi} \right) \Delta\varphi \tag{4.35}$$

在垂轨方向上，俯仰角 φ 对定位精度的影响为

$$\varepsilon_{\varphi\perp} = \left(t \cdot \dfrac{\partial Q}{\partial \varphi} + Q \cdot \dfrac{\partial t}{\partial \varphi} \right) \Delta\varphi \tag{4.36}$$

3. 偏航角误差对定位精度的影响

式 (4.23) 对偏航角 κ 求偏导，得到

$$\begin{cases} \dfrac{\partial X'}{\partial \kappa} = t \cdot \dfrac{\partial P}{\partial \kappa} + P \cdot \dfrac{\partial t}{\partial \kappa} \\[2mm] \dfrac{\partial Y'}{\partial \kappa} = t \cdot \dfrac{\partial Q}{\partial \kappa} + Q \cdot \dfrac{\partial t}{\partial \kappa} \\[2mm] \dfrac{\partial Z'}{\partial \kappa} = -R \cdot \dfrac{\partial t}{\partial \kappa} \end{cases} \tag{4.37}$$

在沿轨方向上，偏航角 κ 对定位精度的影响为

$$\varepsilon_{\kappa\parallel} = \left(t \cdot \dfrac{\partial P}{\partial \kappa} + P \cdot \dfrac{\partial t}{\partial \kappa} \right) \Delta\kappa \tag{4.38}$$

在垂轨方向上，偏航角 κ 对定位精度的影响为

$$\varepsilon_{\kappa\perp} = \left(t \cdot \dfrac{\partial Q}{\partial \kappa} + Q \cdot \dfrac{\partial t}{\partial \kappa} \right) \Delta\kappa \tag{4.39}$$

4.2.4　内方位元素误差理论分析

在内方位元素的理论分析中，为了便于分析和理解，将镜头畸变和像平面的线阵数

值转换为探元指向角，然后按照滚动角和俯仰角对定位精度的影响进行分析。

1. 垂轨向误差对定位精度的影响

如图 4.12 所示，垂轨向内方位元素误差 Δx 造成滚动角 ω 的变化为 $\Delta \omega$。

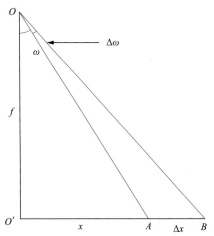

图 4.12 垂轨向内方位元素误差造成滚动角的变化

从图 4.12 可以得到

$$\begin{cases} \tan(\omega + \Delta\omega) = \dfrac{x + \Delta x}{f} \\[2mm] \tan\omega = \dfrac{x}{f} \\[2mm] \tan(\Delta\omega) = \dfrac{\tan(\omega + \Delta\omega) - \tan\omega}{1 + \tan\omega \cdot \tan(\omega + \Delta\omega)} \end{cases} \tag{4.40}$$

所以可以得到

$$\Delta\omega = \arctan\left[\frac{\Delta x \cdot f}{f^2 + x \cdot (x + \Delta x)} \right] \tag{4.41}$$

将式(4.41)代入式(4.32)和式(4.33)，可以得到垂轨向内方位元素误差 Δx 对沿轨向和垂轨向定位精度的影响：

$$\varepsilon_{\Delta x \parallel} = \left(t \cdot \frac{\partial P}{\partial \omega} + P \cdot \frac{\partial t}{\partial \omega} \right) \Delta\omega \tag{4.42}$$

$$\varepsilon_{\Delta x \perp} = \left(t \cdot \frac{\partial Q}{\partial \omega} + Q \cdot \frac{\partial t}{\partial \omega} \right) \Delta\omega \tag{4.43}$$

2. 沿轨向误差对定位精度的影响

同理，可以得到

$$\Delta\varphi = \arctan\left[\frac{\Delta y \cdot f}{f^2 + y \cdot (y + \Delta y)}\right] \tag{4.44}$$

将式(4.44)代入式(4.35)和式(4.36)，可以得到沿轨向内方位元素误差 Δy 对沿轨向和垂轨向定位精度的影响：

$$\varepsilon_{\Delta y\|} = \left(t \cdot \frac{\partial P}{\partial\varphi} + P \cdot \frac{\partial t}{\partial\varphi}\right)\Delta\varphi \tag{4.45}$$

$$\varepsilon_{\Delta y\perp} = \left(t \cdot \frac{\partial Q}{\partial\varphi} + Q \cdot \frac{\partial t}{\partial\varphi}\right)\Delta\varphi \tag{4.46}$$

4.2.5　平面精度理论分析

根据误差传播规律，各类误差独立传播，最终合成平面几何精度，将平面精度分为沿轨误差 $\varepsilon_\|$ 和垂轨误差 $\varepsilon_\perp$，其总误差 ε 为

$$\varepsilon = \sqrt{\varepsilon_\perp^2 + \varepsilon_\|^2} \tag{4.47}$$

其中，

$$\varepsilon_\| = \sqrt{\varepsilon_{1\|}^2 + \varepsilon_{\omega\|}^2 + \varepsilon_{\varphi\|}^2 + \varepsilon_{\kappa\|}^2 + \varepsilon_{\Delta x\|}^2 + \varepsilon_{\Delta y\|}^2} \tag{4.48}$$

$$\varepsilon_\perp = \sqrt{\varepsilon_{1\perp}^2 + \varepsilon_{\omega\perp}^2 + \varepsilon_{\varphi\perp}^2 + \varepsilon_{\kappa\perp}^2 + \varepsilon_{\Delta x\perp}^2 + \varepsilon_{\Delta y\perp}^2} \tag{4.49}$$

式中，$\varepsilon_\|$ 对应式(4.28)，$\varepsilon_\perp$ 对应式(4.30)，其代表轨道误差造成的沿轨和垂轨方向上的平面定位误差；$\varepsilon_{\omega\|}$ 对应式(4.32)，$\varepsilon_{\omega\perp}$ 对应式(4.33)，$\varepsilon_{\varphi\|}$ 对应式(4.35)，$\varepsilon_{\varphi\perp}$ 对应式(4.36)，$\varepsilon_{\kappa\|}$ 对应式(4.38)，$\varepsilon_{\kappa\perp}$ 对应式(4.39)，其代表姿态角误差(滚动角、俯仰角、偏航角)造成的沿轨和垂轨方向上的平面定位误差；$\varepsilon_{\Delta x\|}$ 对应式(4.42)，$\varepsilon_{\Delta x\perp}$ 对应式(4.43)，$\varepsilon_{\Delta y\|}$ 对应式(4.45)，$\varepsilon_{\Delta y\perp}$ 对应式(4.46)，其代表内方位元素误差造成的沿轨和垂轨方向上的平面定位误差。

4.2.6　高程精度理论分析

地面某点的平面位置确定后，高程精度由地面分辨率、基高比和像点坐标量测精度决定。如图 4.13 所示，为最简单情况下的立体交会示意图，两个圆点代表垂直摄影中心，其航高皆为 H，焦距为 f，摄影中心距离为基线 B，交会角为 β。

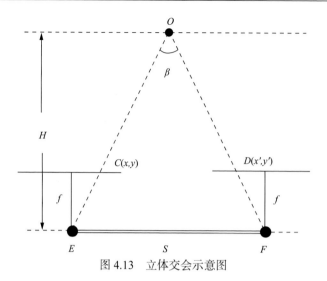

图 4.13 立体交会示意图

考虑左影像的成像模型，如式 (4.50) 所示。

$$
\begin{bmatrix} X \\ Y \\ Z \end{bmatrix}_{\text{WGS84}} = \begin{bmatrix} X_S \\ Y_S \\ Z_S \end{bmatrix} + mR \begin{bmatrix} x \\ y \\ f \end{bmatrix}
\tag{4.50}
$$

式中，$\boldsymbol{R} = \boldsymbol{R}_\kappa \boldsymbol{R}_\omega \boldsymbol{R}_\phi = \begin{bmatrix} \cos\kappa & \sin\kappa & 0 \\ -\sin\kappa & \cos\kappa & 0 \\ 0 & 0 & 1 \end{bmatrix} \cdot \begin{bmatrix} 1 & 0 & 0 \\ 0 & \cos\omega & \sin\omega \\ 0 & -\sin\omega & \cos\omega \end{bmatrix} \cdot \begin{bmatrix} \cos\phi & 0 & -\sin\phi \\ 0 & 1 & 0 \\ \sin\phi & 0 & \cos\phi \end{bmatrix}$，展开得：

$$
\boldsymbol{R} = \begin{bmatrix} \cos\varphi\cos\kappa + \sin\varphi\sin\omega\sin\kappa & \cos\omega\sin\kappa & -\sin\varphi\cos\kappa + \cos\varphi\sin\omega\sin\kappa \\ -\cos\varphi\sin\kappa + \sin\varphi\sin\omega\cos\kappa & \cos\omega\cos\kappa & \sin\varphi\sin\kappa + \cos\varphi\sin\omega\cos\kappa \\ \sin\varphi\cos\omega & -\sin\omega & \cos\varphi\cos\omega \end{bmatrix}
$$，记

$\boldsymbol{R} = \begin{bmatrix} a_1 & a_2 & a_3 \\ b_1 & b_2 & b_3 \\ c_1 & c_2 & c_3 \end{bmatrix}$，则有如下关系式

$$
\begin{cases}
a_1 = \cos\varphi\cos\kappa + \sin\varphi\sin\omega\sin\kappa \\
a_2 = \cos\omega\sin\kappa \\
a_3 = -\sin\varphi\cos\kappa + \cos\varphi\sin\omega\sin\kappa \\
b_1 = -\cos\varphi\sin\kappa + \sin\varphi\sin\omega\cos\kappa \\
b_2 = \cos\omega\cos\kappa \\
b_3 = \sin\varphi\sin\kappa + \cos\varphi\sin\omega\cos\kappa \\
c_1 = \sin\varphi\cos\omega \\
c_2 = -\sin\omega \\
c_3 = \cos\varphi\cos\omega
\end{cases}
\tag{4.51}
$$

将严密模型式(4.50)的缩放系数 m 消去，得到

$$x = f\frac{a_1(X-X_S)+b_1(Y-Y_S)+c_1(Z-Z_S)}{a_3(X-X_S)+b_3(Y-Y_S)+c_3(Z-Z_S)}$$

$$y = f\frac{a_2(X-X_S)+b_2(Y-Y_S)+c_2(Z-Z_S)}{a_3(X-X_S)+b_3(Y-Y_S)+c_3(Z-Z_S)}$$

(4.52)

采用下式变量进行替换

$$\begin{cases} x = f\dfrac{\overline{X}}{\overline{Z}} \\[3mm] y = f\dfrac{\overline{Y}}{\overline{Z}} \end{cases}$$

(4.53)

对严密模型(4.52)求取偏导数得到

$$\begin{cases}
V_x = f\left(\dfrac{1}{\overline{Z}}\dfrac{\partial\overline{X}}{\partial\phi}-\dfrac{\overline{X}}{\overline{Z}^2}\dfrac{\partial\overline{Z}}{\partial\phi}\right)d\phi + f\left(\dfrac{1}{\overline{Z}}\dfrac{\partial\overline{X}}{\partial\omega}-\dfrac{\overline{X}}{\overline{Z}^2}\dfrac{\partial\overline{Z}}{\partial\omega}\right)d\omega + f\left(\dfrac{1}{\overline{Z}}\dfrac{\partial\overline{X}}{\partial\kappa}-\dfrac{\overline{X}}{\overline{Z}^2}\dfrac{\partial\overline{Z}}{\partial\kappa}\right)d\kappa \\[3mm]
\quad + f\left(\dfrac{1}{\overline{Z}}\dfrac{\partial\overline{X}}{\partial X_S}-\dfrac{\overline{X}}{\overline{Z}^2}\dfrac{\partial\overline{Z}}{\partial X_S}\right)dX_S + f\left(\dfrac{1}{\overline{Z}}\dfrac{\partial\overline{X}}{\partial Y_S}-\dfrac{\overline{X}}{\overline{Z}^2}\dfrac{\partial\overline{Z}}{\partial Y_S}\right)dY_S + f\left(\dfrac{1}{\overline{Z}}\dfrac{\partial\overline{X}}{\partial Z_S}-\dfrac{\overline{X}}{\overline{Z}^2}\dfrac{\partial\overline{Z}}{\partial Z_S}\right)dZ_S \\[3mm]
\quad - \left(x - f\dfrac{\overline{X}}{\overline{Z}}\right) \\[4mm]
V_y = f\left(\dfrac{1}{\overline{Z}}\dfrac{\partial\overline{Y}}{\partial\phi}-\dfrac{\overline{Y}}{\overline{Z}^2}\dfrac{\partial\overline{Z}}{\partial\phi}\right)d\phi + f\left(\dfrac{1}{\overline{Z}}\dfrac{\partial\overline{Y}}{\partial\omega}-\dfrac{\overline{Y}}{\overline{Z}^2}\dfrac{\partial\overline{Z}}{\partial\omega}\right)d\omega + f\left(\dfrac{1}{\overline{Z}}\dfrac{\partial\overline{Y}}{\partial\kappa}-\dfrac{\overline{Y}}{\overline{Z}^2}\dfrac{\partial\overline{Z}}{\partial\kappa}\right)d\kappa \\[3mm]
\quad + f\left(\dfrac{1}{\overline{Z}}\dfrac{\partial\overline{Y}}{\partial X_S}-\dfrac{\overline{Y}}{\overline{Z}^2}\dfrac{\partial\overline{Z}}{\partial X_S}\right)dX_S + f\left(\dfrac{1}{\overline{Z}}\dfrac{\partial\overline{Y}}{\partial Y_S}-\dfrac{\overline{Y}}{\overline{Z}^2}\dfrac{\partial\overline{Z}}{\partial Y_S}\right)dY_S + f\left(\dfrac{1}{\overline{Z}}\dfrac{\partial\overline{Y}}{\partial Z_S}-\dfrac{\overline{Y}}{\overline{Z}^2}\dfrac{\partial\overline{Z}}{\partial Z_S}\right)dZ_S \\[3mm]
\quad - \left(y - f\dfrac{\overline{Y}}{\overline{Z}}\right)
\end{cases}$$

(4.54)

上述可以表达成

$$V = At + BX - l$$

(4.55)

对于上述的各个偏导数，分别罗列如下：

$$\frac{\partial \overline{X}}{\partial \varphi} = (X - X_s)\frac{\partial a_1}{\partial \varphi} + (Y - Y_s)\frac{\partial b_1}{\partial \varphi} + (Z - Z_s)\frac{\partial c_1}{\partial \varphi}$$

$$\frac{\partial \overline{X}}{\partial \omega} = (X - X_s)\frac{\partial a_1}{\partial \omega} + (Y - Y_s)\frac{\partial b_1}{\partial \omega} + (Z - Z_s)\frac{\partial c_1}{\partial \omega}$$

$$\frac{\partial \overline{X}}{\partial \kappa} = (X - X_s)\frac{\partial a_1}{\partial \kappa} + (Y - Y_s)\frac{\partial b_1}{\partial \kappa} + (Z - Z_s)\frac{\partial c_1}{\partial \kappa}$$

$$\frac{\partial \overline{Y}}{\partial \varphi} = (X - X_s)\frac{\partial a_2}{\partial \varphi} + (Y - Y_s)\frac{\partial b_2}{\partial \varphi} + (Z - Z_s)\frac{\partial c_2}{\partial \varphi}$$

$$\frac{\partial \overline{Y}}{\partial \omega} = (X - X_s)\frac{\partial a_2}{\partial \omega} + (Y - Y_s)\frac{\partial b_2}{\partial \omega} + (Z - Z_s)\frac{\partial c_2}{\partial \omega} \qquad (4.56)$$

$$\frac{\partial \overline{Y}}{\partial \kappa} = (X - X_s)\frac{\partial a_2}{\partial \kappa} + (Y - Y_s)\frac{\partial b_2}{\partial \kappa} + (Z - Z_s)\frac{\partial c_2}{\partial \kappa}$$

$$\frac{\partial \overline{Z}}{\partial \varphi} = (X - X_s)\frac{\partial a_3}{\partial \varphi} + (Y - Y_s)\frac{\partial b_3}{\partial \varphi} + (Z - Z_s)\frac{\partial c_3}{\partial \varphi}$$

$$\frac{\partial \overline{Z}}{\partial \omega} = (X - X_s)\frac{\partial a_3}{\partial \omega} + (Y - Y_s)\frac{\partial b_3}{\partial \omega} + (Z - Z_s)\frac{\partial c_3}{\partial \omega}$$

$$\frac{\partial \overline{Z}}{\partial \kappa} = (X - X_s)\frac{\partial a_3}{\partial \kappa} + (Y - Y_s)\frac{\partial b_3}{\partial \kappa} + (Z - Z_s)\frac{\partial c_3}{\partial \kappa}$$

$$\begin{array}{ccc}
\dfrac{\partial \overline{X}}{\partial X_s} = -a_1 & \dfrac{\partial \overline{X}}{\partial Y_s} = -b_1 & \dfrac{\partial \overline{X}}{\partial Z_s} = -c_1 \\[2mm]
\dfrac{\partial \overline{Y}}{\partial X_s} = -a_2 & \dfrac{\partial \overline{Y}}{\partial Y_s} = -b_2 & \dfrac{\partial \overline{Y}}{\partial Z_s} = -c_2 \\[2mm]
\dfrac{\partial \overline{Z}}{\partial X_s} = -a_3 & \dfrac{\partial \overline{Z}}{\partial Y_s} = -b_3 & \dfrac{\partial \overline{Z}}{\partial Z_s} = -c_3
\end{array} \qquad (4.57)$$

$$\begin{bmatrix} \dfrac{\partial a_1}{\partial \varphi} & \dfrac{\partial a_2}{\partial \varphi} & \dfrac{\partial a_3}{\partial \varphi} \\[2mm] \dfrac{\partial b_1}{\partial \varphi} & \dfrac{\partial b_2}{\partial \varphi} & \dfrac{\partial b_3}{\partial \varphi} \\[2mm] \dfrac{\partial c_1}{\partial \varphi} & \dfrac{\partial c_2}{\partial \varphi} & \dfrac{\partial c_3}{\partial \varphi} \end{bmatrix} = \begin{bmatrix} -\sin\varphi\cos\kappa + \cos\varphi\sin\omega\sin\kappa & 0 & -\cos\varphi\cos\kappa - \sin\varphi\sin\omega\sin\kappa \\ \sin\varphi\sin\kappa + \cos\varphi\sin\omega\cos\kappa & 0 & \cos\varphi\sin\kappa - \sin\varphi\sin\omega\cos\kappa \\ \cos\varphi\cos\omega & 0 & -\sin\varphi\cos\omega \end{bmatrix}$$

$$(4.58)$$

$$\begin{bmatrix} \dfrac{\partial a_1}{\partial \omega} & \dfrac{\partial a_2}{\partial \omega} & \dfrac{\partial a_3}{\partial \omega} \\[2mm] \dfrac{\partial b_1}{\partial \omega} & \dfrac{\partial b_2}{\partial \omega} & \dfrac{\partial b_3}{\partial \omega} \\[2mm] \dfrac{\partial c_1}{\partial \omega} & \dfrac{\partial c_2}{\partial \omega} & \dfrac{\partial c_3}{\partial \omega} \end{bmatrix} = \begin{bmatrix} \sin\varphi\cos\omega\sin\kappa & -\sin\omega\sin\kappa & \cos\varphi\cos\omega\sin\kappa \\ \sin\varphi\cos\omega\cos\kappa & -\sin\omega\cos\kappa & \cos\varphi\cos\omega\cos\kappa \\ -\sin\varphi\sin\omega & -\cos\omega & -\cos\varphi\sin\omega \end{bmatrix} \qquad (4.59)$$

$$\begin{bmatrix} \dfrac{\partial a_1}{\partial \kappa} & \dfrac{\partial a_2}{\partial \kappa} & \dfrac{\partial a_3}{\partial \kappa} \\[2mm] \dfrac{\partial b_1}{\partial \kappa} & \dfrac{\partial b_2}{\partial \kappa} & \dfrac{\partial b_3}{\partial \kappa} \\[2mm] \dfrac{\partial c_1}{\partial \kappa} & \dfrac{\partial c_2}{\partial \kappa} & \dfrac{\partial c_3}{\partial \kappa} \end{bmatrix} = \begin{bmatrix} -\cos\varphi\sin\kappa + \sin\varphi\sin\omega\cos\kappa & \cos\omega\cos\kappa & \sin\varphi\sin\kappa + \cos\varphi\sin\omega\cos\kappa \\ -\cos\varphi\cos\kappa - \sin\varphi\sin\omega\sin\kappa & -\cos\omega\sin\kappa & \sin\varphi\cos\kappa - \cos\varphi\sin\omega\sin\kappa \\ 0 & 0 & 0 \end{bmatrix}$$

$$(4.60)$$

考虑竖直摄影的条件，此时要求 $\varphi = \omega = \kappa = 0$，则式 (4.51)、式 (4.57)、式 (4.58)、式 (4.59)、式 (4.60) 分别变成式 (4.61)、式 (4.62)、式 (4.63)、式 (4.64)、式 (4.65)：

$$\boldsymbol{R} = \begin{bmatrix} a_1 & a_2 & a_3 \\ b_1 & b_2 & b_3 \\ c_1 & c_2 & c_3 \end{bmatrix} = \begin{bmatrix} 1 & 0 & 0 \\ 0 & 1 & 0 \\ 0 & 0 & 1 \end{bmatrix} \qquad (4.61)$$

$$\begin{array}{ccc} \dfrac{\partial \overline{X}}{\partial X_S} = -1 & \dfrac{\partial \overline{X}}{\partial Y_S} = 0 & \dfrac{\partial \overline{X}}{\partial Z_S} = 0 \\[3mm] \dfrac{\partial \overline{Y}}{\partial X_S} = 0 & \dfrac{\partial \overline{Y}}{\partial Y_S} = -1 & \dfrac{\partial \overline{Y}}{\partial Z_S} = 0 \\[3mm] \dfrac{\partial \overline{Z}}{\partial X_S} = 0 & \dfrac{\partial \overline{Z}}{\partial Y_S} = 0 & \dfrac{\partial \overline{Z}}{\partial Z_S} = -1 \end{array} \qquad (4.62)$$

$$\begin{bmatrix} \dfrac{\partial a_1}{\partial \varphi} & \dfrac{\partial a_2}{\partial \varphi} & \dfrac{\partial a_3}{\partial \varphi} \\[2mm] \dfrac{\partial b_1}{\partial \varphi} & \dfrac{\partial b_2}{\partial \varphi} & \dfrac{\partial b_3}{\partial \varphi} \\[2mm] \dfrac{\partial c_1}{\partial \varphi} & \dfrac{\partial c_2}{\partial \varphi} & \dfrac{\partial c_3}{\partial \varphi} \end{bmatrix} = \begin{bmatrix} 0 & 0 & -1 \\ 0 & 0 & 0 \\ 1 & 0 & 0 \end{bmatrix} \qquad (4.63)$$

$$\begin{bmatrix} \dfrac{\partial a_1}{\partial \omega} & \dfrac{\partial a_2}{\partial \omega} & \dfrac{\partial a_3}{\partial \omega} \\[2mm] \dfrac{\partial b_1}{\partial \omega} & \dfrac{\partial b_2}{\partial \omega} & \dfrac{\partial b_3}{\partial \omega} \\[2mm] \dfrac{\partial c_1}{\partial \omega} & \dfrac{\partial c_2}{\partial \omega} & \dfrac{\partial c_3}{\partial \omega} \end{bmatrix} = \begin{bmatrix} 0 & 0 & 0 \\ 0 & 0 & 1 \\ 0 & -1 & 0 \end{bmatrix} \qquad (4.64)$$

$$\begin{bmatrix} \dfrac{\partial a_1}{\partial \kappa} & \dfrac{\partial a_2}{\partial \kappa} & \dfrac{\partial a_3}{\partial \kappa} \\[2mm] \dfrac{\partial b_1}{\partial \kappa} & \dfrac{\partial b_2}{\partial \kappa} & \dfrac{\partial b_3}{\partial \kappa} \\[2mm] \dfrac{\partial c_1}{\partial \kappa} & \dfrac{\partial c_2}{\partial \kappa} & \dfrac{\partial c_3}{\partial \kappa} \end{bmatrix} = \begin{bmatrix} 0 & 1 & 0 \\ -1 & 0 & 0 \\ 0 & 0 & 0 \end{bmatrix} \tag{4.65}$$

将式(4.63)、式(4.64)、式(4.65)代入式(4.56)中得到

$$\frac{\partial \overline{X}}{\partial \varphi} = (Z - Z_S) \qquad \frac{\partial \overline{X}}{\partial \omega} = 0 \qquad \frac{\partial \overline{X}}{\partial \kappa} = -(Y - Y_S)$$

$$\frac{\partial \overline{Y}}{\partial \varphi} = 0 \qquad \frac{\partial \overline{Y}}{\partial \omega} = -(Z - Z_S) \qquad \frac{\partial \overline{Y}}{\partial \kappa} = (X - X_S) \tag{4.66}$$

$$\frac{\partial \overline{Z}}{\partial \varphi} = -(X - X_S) \qquad \frac{\partial \overline{Z}}{\partial \omega} = (Y - Y_S) \qquad \frac{\partial \overline{Z}}{\partial \kappa} = 0$$

将式(4.62)、式(4.66)代入式(4.54)得到

$$\begin{cases} V_x = f\left(\dfrac{Z - Z_S}{\overline{Z}} + \dfrac{\overline{X}(X - X_S)}{\overline{Z}^2} \right) d\varphi - f\dfrac{\overline{X}(Y - Y_S)}{\overline{Z}^2} d\omega - f\dfrac{Y - Y_S}{\overline{Z}} d\kappa \\[3mm] \qquad - f\dfrac{1}{\overline{Z}} dX_S + f\dfrac{\overline{X}}{\overline{Z}^2} dZ_S - \left(x - f\dfrac{\overline{X}}{\overline{Z}} \right) \\[3mm] V_y = f\dfrac{\overline{Y}(X - X_S)}{\overline{Z}^2} d\varphi + f\left(-\dfrac{Z - Z_S}{\overline{Z}} - \dfrac{\overline{Y}(Z - Z_S)}{\overline{Z}^2} \right) d\omega + f\dfrac{X - X_S}{\overline{Z}} d\kappa \\[3mm] \qquad - f\dfrac{1}{\overline{Z}} dY_S + f\dfrac{\overline{Y}}{\overline{Z}^2} dZ_S - \left(y - f\dfrac{\overline{Y}}{\overline{Z}} \right) \end{cases} \tag{4.67}$$

对于前方交会，仅仅考虑 dX_S、dY_S、dZ_S 的情况，并令 $\overline{Z} = H$ 则上式可以简化为

$$\begin{cases} V_x = -f\dfrac{1}{\overline{Z}} dX_S + f\dfrac{\overline{X}}{\overline{Z}^2} dZ_S - \left(x - f\dfrac{\overline{X}}{\overline{Z}} \right) = -\dfrac{f}{H} dX_S + \dfrac{x}{H} dH - l_x \\[3mm] V_y = -f\dfrac{1}{\overline{Z}} dY_S + f\dfrac{\overline{Y}}{\overline{Z}^2} dZ_S - \left(y - f\dfrac{\overline{Y}}{\overline{Z}} \right) = -\dfrac{f}{H} dY_S + \dfrac{y}{H} dH - l_y \end{cases} \tag{4.68}$$

同样的，对于右影像，也有

$$\begin{cases} V_x{}' = -f\dfrac{1}{\overline{Z}} dX_S + f\dfrac{\overline{X}}{\overline{Z}^2} dZ_S - \left(x' - f\dfrac{\overline{X}}{\overline{Z}} \right) = -\dfrac{f}{H} dX_S + \dfrac{x'}{H} dH - l_x{}' \\[3mm] V_y{}' = -f\dfrac{1}{\overline{Z}} dY_S + f\dfrac{\overline{Y}}{\overline{Z}^2} dZ_S - \left(y' - f\dfrac{\overline{Y}}{\overline{Z}} \right) = -\dfrac{f}{H} dY_S + \dfrac{y'}{H} dH - l_y{}' \end{cases} \tag{4.69}$$

因此，当左右两张竖直拍摄的影像进行前方交会时候，其误差方程的系数矩阵 $\boldsymbol{A}$ 为式(4.70)：

$$A = \begin{bmatrix} -\dfrac{f}{H} & 0 & \dfrac{x}{H} \\ 0 & -\dfrac{f}{H} & \dfrac{y}{H} \\ -\dfrac{f}{H} & 0 & \dfrac{x'}{H} \\ 0 & -\dfrac{f}{H} & \dfrac{y'}{H} \end{bmatrix} \tag{4.70}$$

则其对应的协方差矩阵为

$$Q = A^{\mathrm{T}}A = \begin{bmatrix} -\dfrac{f}{H} & 0 & -\dfrac{f}{H} & 0 \\ 0 & -\dfrac{f}{H} & 0 & -\dfrac{f}{H} \\ \dfrac{x}{H} & \dfrac{y}{H} & \dfrac{x'}{H} & \dfrac{y'}{H} \end{bmatrix} \cdot \begin{bmatrix} -\dfrac{f}{H} & 0 & \dfrac{x}{H} \\ 0 & -\dfrac{f}{H} & \dfrac{y}{H} \\ -\dfrac{f}{H} & 0 & \dfrac{x'}{H} \\ 0 & -\dfrac{f}{H} & \dfrac{y'}{H} \end{bmatrix} \tag{4.71}$$

$$= \begin{bmatrix} \dfrac{2f^2}{H^2} & 0 & -\dfrac{xf+x'f}{H^2} \\ 0 & \dfrac{2f^2}{H^2} & -\dfrac{yf+y'f}{H^2} \\ -\dfrac{xf+x'f}{H^2} & -\dfrac{yf+y'f}{H^2} & \dfrac{x^2+x'^2+y^2+y'^2}{H^2} \end{bmatrix}$$

假设 $x^2=y^2=x'^2=y'^2$，并且 $x=-x'$，$y=-y'$，则相应的权矩阵为

$$P = Q^{-1} = \begin{bmatrix} \dfrac{2f^2}{H^2} & 0 & 0 \\ 0 & \dfrac{2f^2}{H^2} & 0 \\ 0 & 0 & \dfrac{x^2+x'^2+y^2+y'^2}{H^2} \end{bmatrix}^{-1} = \begin{bmatrix} \dfrac{H^2}{2f^2} & 0 & 0 \\ 0 & \dfrac{H^2}{2f^2} & 0 \\ 0 & 0 & \dfrac{H^2}{4x^2} \end{bmatrix} \tag{4.72}$$

式中，$\dfrac{H^2}{2f^2}$ 表示水平某个方向的方差；$\dfrac{H^2}{4x^2}$ 表示垂直方向的方差。所以垂直方向和水平方向的精度比值 R 为

$$R = \sqrt{\dfrac{H^2}{4x^2} \Big/ \left(\dfrac{H^2}{2f^2} + \dfrac{H^2}{2f^2}\right)} = \dfrac{f}{2x} = \dfrac{H}{S} \tag{4.73}$$

根据式(4.73)，当计算出理论平面定位精度时候[根据式(4.47)计算得到]，可以根据此公式算出高程精度。

4.3　几何精度理论分析结果

资源三号卫星影像产品的测图应用既可以在无控制条件下开展，也可以在有控制条件下开展。本节针对这一应用需求，分别开展无控制条件下和有控制条件下资源三号卫星影像产品的几何精度理论分析。此外，为了较为全面地了解资源三号卫星的几何精度状况，还对未做任何几何处理的卫星原始下传影像的几何精度进行了分析和评估。由于资源三号卫星正视全色影像近乎垂直对地成像，且地面分辨率最高，在相同条件的情况下，其相对平面精度较高；而前后视影像组成的立体像对交会角最大，因而其前方交会的高程精度相对最高。因此，本节对影像产品平面精度分析主要针对正视影像开展，对立体像对高程精度分析主要针对同轨前后视立体影像对开展。

4.3.1　原始影像几何精度理论分析结果

原始影像几何定位误差是星上所有误差源综合影响的结果，它反映了卫星成像过程中各类误差的总体影响效应。

表 4.1 显示了通过本章前述各项公式计算的各项误差源对原始正视影像平面定位精度的影响。

表 4.1　原始影像(正视全色)平面几何定位理论精度统计表

误差源			造成平面几何定位误差(1σ)/m					
误差类型	误差项	误差值(1σ)	单项误差			汇总		
			沿轨向	垂轨向	平面	沿轨向	垂轨向	平面
轨道误差	沿轨向误差	≤5 m	5	0	5	5	5.01	7.08
	垂轨向误差	≤5 m	0	5	5			
	径向误差	≤5 m	0	0.26	0.26			
姿态误差	俯仰角误差	2″	4.90	0	4.90	4.91	4.9	6.93
	滚动角误差	2″	0	4.90	4.90			
	偏航角误差	2″	0.25	0	0.25			
相机误差	沿轨向误差	0.21″	0.51	0	0.51	0.51	3.75	3.78
	垂轨向误差	1.53″	0	3.75	3.75			
设备安装误差	俯仰向误差	280″	683.53	0	683.53	686.44	685.53	970.19
	滚动向误差	280″	0	683.53	683.53			
	偏航向误差	280″	35.39	0.02	35.39			
刺点误差	沿轨向误差	0.21″	0.51	0	0.51	0.51	0.51	0.72
	垂轨向误差	0.21″	0	0.51	0.51			
所有误差综合	—	—	—	—	—	686.48	686.58	970.25

注：①相机误差的各误差项的误差值是根据在轨几何检校结果推算而来的。根据几何检校结果，相机内方位元素沿轨向原始精度优于 0.25 像元，垂轨向原始精度优于 1.8 像元。设备安装误差各误差项的误差值也是根据在轨检校结果估算而来的。

②计算过程中，轨道高度参数采用 505 km，轨道速度参数采用 7.9 km/s、姿态稳定度参数采用 5×10^{-4}(°)/s(三轴，3σ)，影像幅宽参数采用 52km，正视相机 CCD 探元尺寸参数为 0.007 mm，其焦距参数为 1 700 mm，前后视相机 CCD 探元尺寸参数为 0.01 mm、其焦距参数为 1 700 mm。

③设备安装误差包括定姿设备安装误差和相机安装偏心角误差，定轨设备安装误差和相机安装偏心距由于比较小且是线性量，忽略不计。

表 4.2 为通过本章前述各项公式计算的各项误差源对原始同轨前后视立体影像对前方交会高程定位精度的影响，其计算过程所用的参数与表 4.1 一致。

表 4.2　原始同轨前后视立体影像前方交会高程理论精度统计表

误差源			造成高程误差(1σ)/m	
误差类型	误差项	误差值(1σ)	单项误差	汇总
轨道误差	沿轨向误差	≤5 m	0	5
	垂轨向误差	≤5 m	0	
	径向误差	≤5 m	5	
姿态误差	俯仰角误差	2″	0~9.06	0.4~9.07
	滚动角误差	2″	0	
	偏航角误差	2″	0.04	
相机误差	沿轨向误差	0.3″	0~1.36	0~1.36
	垂轨向误差	2.28″	0	
设备安装误差	俯仰向误差	280″	0~1267.12	35.30~1267.61
	滚动向误差	280″	0	
	偏航向误差	280″	35.30	
刺点误差	沿轨向误差	0.3″	0~1.36	0~1.36
	垂轨向误差	0.3″	0	
所有误差综合		—	—	35.65~1267.65

通过表 4.1 和表 4.2 可以看出，原始正视影像的平面几何定位误差接近 1 km，前后视立体影像前方交会高程最大误差大于 1 km，它们绝大部分是由星上设备的安装误差引起的，其中包括相机、星敏感器、陀螺仪、GPS 等设备的安装误差。卫星发射过程中冲力影响及外太空物理环境变化等因素导致这些设备安装参数与实验室标定值存在较大误差，极大地影响了卫星原始影像的几何定位精度。由于星上设备安装误差属于系统误差，通过在轨几何检校或使用控制点均可以有效消除这些误差的影响。综上所述，原始影像由于受到各类误差源影响，几何定位精度很低，仅为 1 km 左右，需要采用一系列几何处理措施，消除星上各类误差影响。

4.3.2　传感器校正影像理论分析结果

1. 无控制点结果

资源三号卫星原始影像由于成像过程中各类误差的影响导致几何精度很差，针对原始影像开展的遥感影像产品生产中，需要对部分误差源进行消除或弱化，达到提升影像几何精度的目的。由于传感器校正影像产品是立体测图应用中最主要的一级影像产品，因此本节将以无控制条件下的传感器校正影像作为精度分析对象，以此评价资源三号卫星影像产品在无控制条件下的几何精度水平。

　　由上节的资源三号卫星原始影像精度分析可知,星上设备安装误差是导致原始影像几何精度低下的最主要原因,因此,在开展资源三号卫星影像产品生产之前,需进行卫星在轨几何检校,标定星上相关技术参数,减弱或消除星上设备安装误差、相机内部误差等对卫星几何定位精度的影响,达到提高卫星影像几何定位精度的目的。资源三号卫星在轨运行期间,平均每2个月开展一次在轨几何检校。检校成果以偏置补偿矩阵和CCD探元指向角度文件形式应用于卫星影像处理系统;星上设备安装角度误差(含姿态测量系统误差)在标定后小于 0.8″(1σ)。

　　资源三号卫星地面处理系统采用卫星下传的双频GPS导航原始信号,综合利用几何定轨和动力学定轨的方法,对原始测量数据进行处理和残差修正,实现地面事后处理的轨道数据在切向、法向、径向3个方向的精度均优于0.1m(赵春梅和唐新明,2013)。地面处理系统采用卫星下传星图、星敏感器和陀螺原始数据,采用扩展卡尔曼滤波算法,形成了星敏感器相机偏置矩阵模型和星敏感器陀螺联合定姿方法,通过采用恒星敏感器、陀螺和GPS数据,共同解算卫星姿态,实现事后处理的姿态精度优于1″(三轴,1σ)。

　　表4.3显示了通过本章前述各项公式计算的各项误差源对传感器校正影像无控制平面定位精度的影响,其计算过程所用的参数与表4.1一致。

　　表4.4为通过本章前述各项公式计算的各项误差源对传感器校正影像同轨前后视立体影像对无控前方交会高程定位精度的影响,其计算过程所用的参数与表4.1一致。

表4.3　传感器校正影像(正视全色)无控制平面几何定位理论精度分析表(事后姿轨)

| 误差源 | | | 造成平面几何定位误差(1σ)/m | | | | | |
| | | | 单项误差 | | | 汇总 | | |
误差类型	误差项	误差值(1σ)	沿轨向	垂轨向	平面	沿轨向	垂轨向	平面
轨道误差	沿轨向误差	0.1 m	0.1	0	0.1	0.1	0.1	0.14
	垂轨向误差	0.1 m	0	0.1	0.1			
	径向误差	0.1 m	0	0	0			
姿态误差	俯仰角误差	1″	2.45	0	2.45	2.45	2.45	3.47
	滚动角误差	1″	0	2.45	2.45			
	偏航角误差	1″	0.13	0	0.13			
相机误差	沿轨向误差	0.21″	0.51	0	0.51	0.51	0.51	0.72
	垂轨向误差	0.21″	0	0.51	0.51			
设备安装误差	俯仰向误差	0.8″	1.96	0	1.96	1.96	1.96	2.78
	滚动向误差	0.8″	0	1.96	1.96			
	偏航向误差	0.8″	0.1	0	0.1			
刺点误差	沿轨向误差	0.21″	0.51	0	0.51	0.51	0.51	0.72
	垂轨向误差	0.21″	0	0.51	0.51			
所有误差综合		—	—	—	—	3.22	3.22	4.55

表 4.4　传感器校正影像前后视立体无控前方交会高程理论精度分析表(事后姿轨)

误差源			造成高程误差(1σ)/m	
误差类型	误差项	误差值(1σ)	单项误差	汇总
轨道误差	沿轨向误差	0.1 m	0.16	0.25
	垂轨向误差	0.1 m	0.16	
	径向误差	0.1 m	0.1	
姿态误差	俯仰角误差	1″	0~4.53	0.2~4.53
	滚动角误差	1″	0	
	偏航角误差	1″	0.2	
相机误差	沿轨向误差	0.3″	0~1.36	0~1.36
	垂轨向误差	0.3″	0	
设备安装误差	俯仰向误差	0.8″	0~3.62	0.16~3.62
	滚动向误差	0.8″	0	
	偏航向误差	0.8″	0.16	
刺点误差	沿轨向误差	0.3″	0~1.36	0~1.36
	垂轨向误差	0.3″	0	
所有误差综合		—		0.35~6.11

在表4.3和表4.4中均假设传感器校正影像产品生产过程中使用了事后处理精密姿态测量数据和精密轨道测量数据，然而在实际生产过程中，由于种种原因，可能无法及时获取精密姿态和精密轨道数据，如卫星没有下传星敏感器或陀螺原始信息、精密姿态和精密轨道数据处理时间相对滞后、无法确保影像产品生产的时效性等。当采用实时轨道和姿态的情况下，其平面定位精度和高程精度理论结果见表 4.5 和表 4.6。

表 4.5　传感器校正影像(正视全色)无控制平面几定位理论精度分析表(实时姿轨)

误差源			造成平面几何定位误差(1σ)/m					
误差类型	误差项	误差值(1σ)	单项误差			汇总		
			沿轨向	垂轨向	平面	沿轨向	垂轨向	平面
轨道误差	沿轨向误差	≤5 m	0.1	0	0.1	5	5.01	7.08
	垂轨向误差	≤5 m	0	0.1	0.1			
	径向误差	≤5 m	0	0	0			
姿态误差	俯仰角误差	2″	2.45	0	2.45	4.91	4.9	6.93
	滚动角误差	2″	0	2.45	2.45			
	偏航角误差	2″	0.13	0	0.13			
相机误差	沿轨向误差	0.21″	0.51	0	0.51	0.51	0.51	0.72
	垂轨向误差	0.21″	0	0.51	0.51			
设备安装误差	俯仰向误差	0.8″	1.96	0	1.96	1.96	1.96	2.78
	滚动向误差	0.8″	0	1.96	1.96			
	偏航向误差	0.8″	0.1	0	0.1			
刺点误差	沿轨向误差	0.21″	0.51	0	0.51	0.51	0.51	0.72
	垂轨向误差	0.21″	0	0.51	0.51			
所有误差综合		—	—	—	—	7.31	7.31	10.34

表 4.6　传感器校正影像前后视立体无控前方交会高程理论精度分析表(实时姿轨)

误差源			造成高程误差(1σ)/m	
误差类型	误差项	误差值（1σ）	单项误差	汇总
轨道误差	沿轨向误差	≤5 m	0	5
	垂轨向误差	≤5 m	0	
	径向误差	≤5 m	5	
姿态误差	俯仰角误差	2″	0~9.06	0.4~9.07
	滚动角误差	2″	0	
	偏航角误差	2″	0.04	
相机误差	沿轨向误差	0.3″	0~1.36	0~1.36
	垂轨向误差	0.3″	0	
设备安装误差	俯仰向误差	0.8″	0~3.62	0.16~3.62
	滚动向误差	0.8″	0	
	偏航向误差	0.8″	0.16	
刺点误差	沿轨向误差	0.3″	0~1.36	0~1.36
	垂轨向误差	0.3″	0	
所有误差综合		—	—	5.02~11.14

　　通过上述分析可知，通过在轨几何检校试验的开展，设备安装误差被降低到了一个可以接受的合理水平，相机内部误差也大大降低，这也表明在轨几何检校是提升无控制条件下影像产品几何精度最有效的手段。资源三号卫星采用高精度时间同步技术，为相关设备提供了高精度的时统服务，各种时间的精度均较高，对影像几何定位精度影响较小。此时，影响影像几何定位精度的主要误差来源于轨道测量数据和姿态测量数据的误差。尤其是姿态测量数据的误差，因为其改变了成像光线的方向，考虑到资源三号卫星较高的轨道高度，微小的姿态角度误差都会造成影像较大的定位误差，图 4.14 显示了姿态角误差值导致的正视影像平面几何定位误差变化规律，可见，随着姿态角误差(滚动角、俯仰角、旋偏角)的增大，平面定位精度不断增大，且呈线性增长模式。姿态角误差对前后视立体高程精度的影响也是类似的效果。

　　此外，值得注意的是，在无控制条件下，由于无法明确获知成像过程中各类误差所造成的立体影像交会角误差的大小，因此无法准确地估算出前后视立体影像的前方交会高程精度，但可以获取其最大(11.14 m)和最小(5.02 m)误差值范围。

2. 带控制点结果

　　在影响资源三号卫星影像的时间误差、姿态误差、轨道误差、星上设备安装误差和相机内部误差中，星上设备安装误差(无论是原始的星上设备安装误差还是在轨几何检校后的设备安装参数残差)属于系统误差，可以通过地面控制点消除。而姿态测量误差和轨道测量误差虽然从较长时间段来看表现出随机性，属于动态误差，但是在较短时间段内(如标准景成像时间内)主要表现为系统性误差，因此也可以被控制点吸收。而相机内部

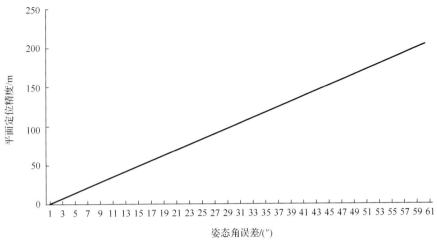

图 4.14　平面定位精度随姿态角误差变化

误差(主要指内检校残差的非线性部分)、像点量测误差由于会表现为高阶畸变，通常难以利用地面控制点消除，因此主要影响带控制定位精度。

　　表 4.7 显示通过本章公式计算的各项误差源对传感器校正影像带控制平面定位精度的影响，其计算过程所用的参数与表 4.1 一致。

　　表 4.8 为通过本章前述各项公式计算的各项误差源对传感器校正影像同轨前后视立体影像对带控前方交会高程定位精度的影响，其计算过程所用的参数与表 4.1 一致。

表 4.7　传感器校正影像(正视全色)带控制平面几何定位理论精度分析表

误差源			造成平面几何定位误差(1σ)/m					
误差类型	误差项	误差值(1σ)	单项误差			汇总		
			沿轨向	垂轨向	平面	沿轨向	垂轨向	平面
轨道误差	沿轨向误差	0 m	0	0	0	0	0	0
	垂轨向误差	0 m	0	0	0			
	径向误差	0 m	0	0	0			
姿态误差	俯仰角误差	0″	0	0	0	0	0	0
	滚动角误差	0″	0	0	0			
	偏航角误差	0″	0	0	0			
相机误差	沿轨向误差	0.21″	0.51	0	0.51	0.51	0.51	0.72
	垂轨向误差	0.21″	0	0.51	0.51			
设备安装误差	俯仰向误差	0″	0	0	0	0	0	0
	滚动向误差	0″	0	0	0			
	偏航向误差	0″	0.1	0	0			
刺点误差	沿轨向误差	0.21″	0.51	0	0.51	0.51	0.51	0.72
	垂轨向误差	0.21″	0	0.51	0.51			
所有误差综合		—	—	—	—	0.72	0.72	1.02

表 4.8　传感器校正影像前后视立体带控前方交会高程理论精度分析表

误差源			造成高程误差(1σ)/m	
误差类型	误差项	误差值(1σ)	单项误差	汇总
轨道误差	沿轨向误差	0 m	0	0
	垂轨向误差	0 m	0	
	径向误差	0 m	0	
姿态误差	俯仰角误差	0″	0	0
	滚动角误差	0″	0	
	偏航角误差	0″	0	
相机误差	沿轨向误差	0.3″	0~1.36	0~1.36
	垂轨向误差	0.3″	0	
设备安装误差	俯仰向误差	0.8″	0	0
	滚动向误差	0.8″	0	
	偏航向误差	0.8″	0	
刺点误差	沿轨向误差	0.3″	0~1.36	0~1.36
	垂轨向误差	0.3″	0	
所有误差综合		—	—	0~1.92

4.4　存在的问题和后续的工作

在以上分析过程中，仅在理论上考虑了像点量测误差和几何检校后相机内部残差等引起有控制条件下影像几何定位误差，在实际应用过程中还需要考虑姿态模型误差和轨道模型误差，以及时间误差等；另外对于刺点误差及控制点数量和分布等并未进行详细的分析。

第5章　仿真分析方法

光学卫星影像仿真技术在卫星的全生命周期内发挥着十分重要的作用，是一个复杂的系统工程，涉及多个交叉学科领域。遥感影像仿真需要严格按照成像的几何及其物理过程进行模拟，对各个关键环节建立精确的模型，设计标准化的技术流程，最终完成基于几何学、地学、光学、大气科学、电子学、传感器设计等多学科和多技术领域交叉融合的系统集成(孙伟健等，2010)。

一般来说，传感器、卫星平台、深空环境、大气传输与观测地物之间的关系非常复杂，不能由简单的输入输出模型来统一描述。遥感数据的反演依赖于对整个成像过程中每一个环节进行精确的建模，需要认真分析成像环节中的外界影响因素和自身误差定位及硬件设计和软件算法，以便提高遥感数据产品的精度和使用价值，并反馈到卫星和传感器的优化设计中。因此，对整个空间链路成像过程进行仿真是十分必要的(Miller and Bergen，2004)。

精度分析与仿真应兼顾科研性和工程性，其在卫星立项论证阶段、卫星研制阶段、地面系统研制阶段、卫星在轨运行阶段均发挥着重大作用。影像仿真的实质是将整个成像过程划分为多个相互联系的模块，从数学和物理两方面进行仿真分析，力求精准地反映真实的成像过程：第一，通过精确刻画全链路成像过程中数据获取的全过程，模拟在轨运行卫星数据与在轨成像数据并进行对比，达到验证、提高模拟精度，完善模拟算法，优化数据处理算法和质量改进算法的目的，从而显著提高遥感影像产品品质。第二，通过模拟即将发射的卫星数据，优化其传感器参数、完善设计方法、验证设计精度，解决以往只能单向设计评估的问题，从而节省大量资源，提高工作效率和工程的精度和质量。第三，支持地面生产应用系统的开发和测试，解决地面生产应用系统建设的数据源问题。第四，对在轨传感器存在的问题进行分析验证。第五，提高对于数据生成过程的理解，对数据处理算法的开发、科学理论的研究、遥感数据产品品质的提升和应用潜力的挖掘起到重要的支撑作用。

5.1　国内外研究现状

20世纪中期，计算机技术相对落后，物理仿真是当时主要的仿真技术。通过在实验室布置人造光源和靶标，模拟卫星在轨飞行获取的影像，进而验证相机的设计参数和成像质量。美国亚利桑那大学光学中心建立了世界上第一个航空航天遥感器物理仿真系统。在地面实验室里，利用人造光源，提供各种辐亮度和各个光谱谱段的照明条件，布置了不同背景下各种大小尺寸的靶标和军用目标模型(包括飞机、坦克、火炮等)，可以模拟卫星在轨飞行情况下的环境条件及目标的运动等，采用可控制位置和运动模式的相机，对目标按照预定的程序进行照相，以验证卫星的设计参数和成像质量。

　　20 世纪 60～90 年代，美国发射了多颗地球环境探测卫星，获得大量的地表、大气和地球环境的数据，用于监视和补充数据资料，修正数学模型。国内外许多科学家利用这些数据建立了相关的地物模型，开展大量从影像到影像的遥感成像仿真研究。

　　20 世纪 80 年代末期，ES(Engineous Software)公司首先在美国 GE(General Electric)公司的 8 个部门中应用了该公司的集成设计软件 iSIGHT，并且 ES 公司成为少数几个获得联邦许可证的公司，为美国空军、海军服务。

　　20 世纪 90 年代以来，随着遥感技术的发展，影像仿真的技术和方法逐渐成熟。1995年，美国国家航空航天局(National Aeronautics and Space Administration，NASA)资助的LaRC(Landley Research Center)公布了 PATCOD 集成设计软件平台。它将 Pro/Engineer结构设计、Pro/Manufac-turing 构造、PATRAN 模型和可视化、NASTRAN 结构分析、SINDA-85 和 P/Thermal 热分析、CODE V 光学分析等多种软件结合在一起，用于航天仿真设计和分析过程(Amundsen and Feldhans，1995)。

　　1999 年，柯达公司公布其针对胶片型遥感像机开发的仿真软件 Physique。该软件从1979 年开始应用，经过了超过 20000 幅(次)影像的验证，最后确定评价影像信息作为优化系统的重要依据。Physique 将整个成像过程划分为如图 5.1 所示的 15 个模块(孙伟健等，2010)。

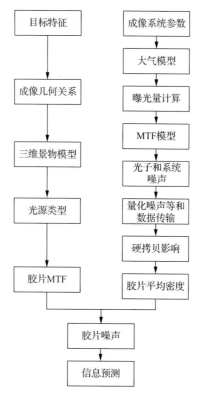

图 5.1　Physique 的技术流程图

　　20 世纪 80 年代，美国罗彻斯特理工学院开发了遥感成像仿真软件 DIRSIG。90 年代早期，增加了三维几何建模模块，并采用光线追踪算法，实现虚拟相机位置的任意设定与光的遮影和反射的计算。它们设计了辐射传输引擎，由光谱基础数据计算辐射亮度，使用相机的光谱响应函数，模拟计算到达相机的辐射度。增加全光学波段模块，计算大气对短波辐射的透过和散射。90 年代中期，DIRSIG 软件又增加了高光谱模拟模块，用来模拟影像光谱立方体数据，开发了空间和光谱方面的光谱混合算法来实现图形的纹理。增加成像几何模拟模块，模拟出由成像系统的扫描方式(如推扫/摆扫)造成的图形扭曲；光学调制传递函数(MTF)效应模块(Sanders and Amold，2000)。DIRSIG 软件已经应用于 NASA 的许多项目中，如 OrbView-4 商业卫星、地球观测卫星(EO-1)、MISI 多光谱成像仪等的遥感数据模拟；也为应用模型的开发提供数据源，如机载野火检测项目(WASP)、森林火灾监测试验系统(FIRES)、有害气体监测项目等；另外，DIRSIG 作为三大核心模块之一，嵌入 NASA 虚拟产品实验室软件(VPL)，用于高精度场景模拟(Gasser and Ryan，1999)。

　　2001 年，德国宇航中心开发针对高光谱成像仪的仿真软件 SENSOR，并且成功应用于欧洲太空局(ESA)的 APEX(airborne prism experiment)项目。该软件是一个多模块集成的软件平台，首次实现了全链路的模拟流程。从几何和辐射两方面，精确模拟链路中每一成像环节，系统地仿真光学、电学成像模型(如镜头畸变、暗电流噪声特性等)，并且成功应用于 ESA 的 APEX 项目的设计制造阶段,进行设计参数优化和可行性论证(Bomer and Wiest，1999；Bomer et al.，2001)。图 5.2 为 SENSOR 的模拟流程图(孙伟健等，2010)，图 5.3 为利用 SENSOR 仿真 APEX 项目的影像光谱立方体(Bomer et al.，2001)。

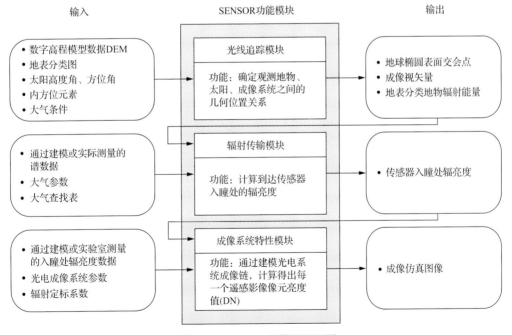

图 5.2　SENSOR 的模拟流程图

图5.3 SENSOR 仿真的 APEX 影像光谱立体

2002 年，美国 NASA 开发传感器仿真的相应算法和软件产品 ART 来模拟多光谱影像，并提出基于蒙特卡洛的三维辐射传输方程的高光谱遥感仿真系统（Kerekes and Landgrebe，1989）。

2003 年，法国图卢兹实验室开发基于"三维体"的辐射传输模型 DART，如图 5.4 所示（Gastellu Etchegorry et al.，2004；Verhoef and Bach，2004），通过构造三维地表场景，结合地物模型，成功地模拟出在不同大气条件、传感器响应条件下的影像。

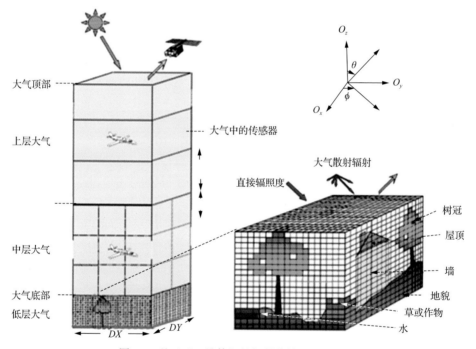

图5.4 基于"三维体"的辐射传输模型 DART

德国 Multigen-Paradigm 公司推出的 Vega 系列仿真模块是目前广泛使用的、功能比较齐备的商业化遥感成像仿真工具包，主要包括 Vega、Sensor Vision 和 Sensor Works 3 个主体模块，可以实现整个遥感成像过程的动态、可视化仿真，但由于 Sensor Works 为了满足实时、动态显示的目的，使用的是简化传感器模型（Multigen-Paradigm Inc，2005）。

美国 Raytheon 公司研制的全链路仿真工具 RIMS 已成功应用于美国国家极轨环境卫星系统工程(National Polar-orbiting Operational Environment Satellite System，NPOESS)的可见光、红外辐射仪(visible infrared imager radiometer suite，VIIRS)的研制仿真项目中(Schott and Brown，1999)。

法国 OKTAL 公司开发商业仿真软件 SE-workbench，可以全方位仿真三维场景的辐射特性，基于传感器参数设置，得到精度较高的仿真影像(Gregory and Freniere，1999)。

美国 Analytical Graphics 公司开发的卫星工具包(satellite tool kit，STK)是一款在航天领域处于领先地位的商业分析软件，可以支持航天任务的全过程，包括设计、测试、发射、运行和任务分析。

然而，据少量的会议文献和杂志资料介绍，SPOT 5、IKONOS、QuickBird 和 GeoEye等卫星在研制阶段均建立了针对卫星的指标仿真系统。在卫星研制阶段，反复模拟验证辐射和几何精度，找出影响精度的关键因素，反复对其进行优化，使得卫星上天前公布的模拟影像的定位精度和上天后实际的定位精度基本一致，但是资料中没有更详细的技术资料。并且文献中仅仅是卫星应用系统仿真的成果，没有详细的软件内容介绍。

目前，国外计算机仿真技术发展很快，可以比较逼真地仿真出成像链路的特性、进行平台和载荷的设计参数分析和优化，并取得了一定的成果和效益。然而，在查到的仿真软件文献中，多数是应用成果介绍，很少见到详细的算法原理及软件内容。

20 世纪 80 年代以后，国内在计算机仿真技术方面，尤其是航天仿真领域有了较大发展。在中国航天科技集团公司第五研究院五〇二所建立了北京卫星控制仿真中心，目前可进行多种卫星控制系统仿真(徐庚保和曾莲芝，2003)。其设有仿真计算机试验室、高轨道卫星半物理仿真试验室、中低轨道卫星半物理仿真试验室和全物理仿真实验室，初步形成一批硬件上初具规模、技术上优势明显的仿真实验室。根据型号发展需要，配备仿真计算机、单轴转台、三轴转台、地球模拟器、太阳模拟器、实时数据传输工作站等设备，可以进行高轨道(静止轨道)、低轨道卫星姿态的半物理仿真，及用气浮台的全物理仿真，正为多种型号的卫星控制系统及飞船系统研制工作服务。

20 世纪 90 年代初期，北京卫星信息工程研究所根据卫星影像摄影过程，建立了影像质量评价的数学模型。该模型包括整机侧视和反射镜侧视两种相机侧视方案，考虑了姿态运动、轨道运动、地球自转、地图投影等因素对卫星影像几何质量的影响，并在计算机上分析了影像的几何质量，提出了几何校正方法，为遥感卫星设计提供了有价值的参考(郭兆曾和周凡，1994)。

北京空间机电研究所根据初步的研究结果，探讨了航天光学传感器系统仿真技术方案，重点研究了目标与背景、空间环境条件(温度场、真空、重力场和辐照)、卫星平台等对传感器成像质量的影响和仿真内容，研究了用地面试验进行验证的方法，提出了建立系统仿真的结构体系等(徐鹏等，2002)。

有的学者(王亚丽，2002)认为，卫星影像获取过程中会受诸多因素的影响而产生畸变，而且各种影响因素相互交织在一起，使得误差模型非常复杂。传统的几何误差分析通常采用数学方法，但在数学方法中，各种变量失去其本来的物理意义，看不到几何纠正误差真实的规律，同时与实际误差相差较大。

中国科学院长春光学精密机械与物理研究所开发了遥感成像仿真软件 RSIS 1.0，主要考虑了大气及传感器建模等基于虚拟三维影像的遥感成像模拟。该软件将选定的输入影像目标经过处理，考察在假定的条件下影像目标质量下降(退化)的程度，用于影像质量的预估(王刚和禹秉熙，2002)。图 5.5 为利用 RSIS 1.0 生成的仿真影像系列。

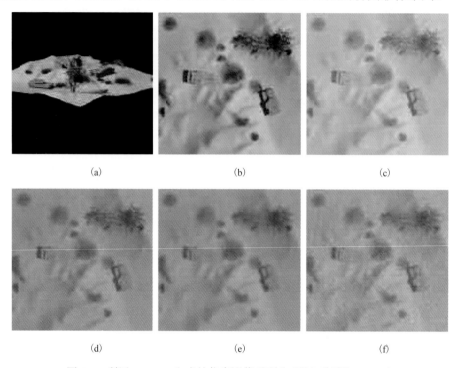

(a)   (b)   (c)

(d)   (e)   (f)

图 5.5　利用 RSIS1.0 生成的仿真影像系列(王刚和禹秉熙，2002)

以上几个仿真系统均是基于模拟地面背景影像的仿真软件，从地面往机载或星载传感器进行仿真。中国科学院安徽光学精密机械研究所针对早期光学遥感成像模拟软件基于地面影像的情况，提出针对机载航空影像进行航天光学传感器成像仿真的方法。以在一定高度下机载航空影像为基础，利用经验线性法反演反射率，借助于大气辐射传输软件 MODTRAN 对地面反射率影像进行大气修正，结合航天光学传感器定标系数得到了灰度值影像(顾有林等，2008)。

相对于国外已经成型的商用模拟软件，国内全链路仿真工作刚刚起步，并且各研制单位的侧重及技术积累各不相同，中国资源卫星应用中心、北京空间机电研究所、中国科学院遥感与数字地球研究所、北京师范大学、中国科学院安徽光学精密机械研究所等研究机构对于传感器仿真均做了相应的研究和工程实现，但能够达到国外现阶段仿真软件水平的少之又少。另外，目前国内过多的侧重于影像辐射质量方面的模拟，在影像几何质量方面涉及得并不多。所以，只有通过国内各家单位取长补短、整合资源的方式，才能完成光学遥感成像系统全链路数据仿真工作，填补国内空白，追赶国外先进水平。

5.2　轨　道　仿　真

轨道仿真主要根据轨道运行环境和测量误差指标，模拟实时轨道测量数据，作用在低轨卫星上的主要加速力包括地球重力、太阳辐射压力、第三行星的吸引力、推进力等。为了进行轨道仿真，需要对各种摄动力的量级做简单估计。图 5.6 为各个摄动力的量级示意图（Montenbruck，2002）。

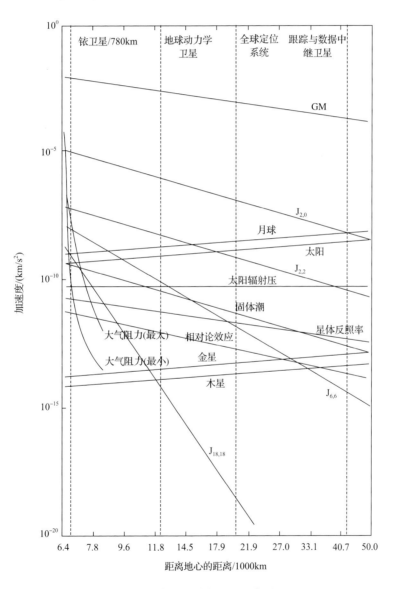

图 5.6　各个摄动力量级示意图

卫星的动力学模型可以表示为

$$\ddot{r} = \ddot{r}_{en} + \ddot{r}_{e} \tag{5.1}$$

式中，$\ddot{r}_{en}$ 为地球中心引力的加速度；$\ddot{r}_{e}$ 为地球非球形引力效应的加速度。

在 CIS 中，地球中心引力的加速度（J2000）根据万有引力定律可以表示为

$$\ddot{r}_{en} = -\frac{\mathrm{GM}}{|r|^{3}} r \tag{5.2}$$

式中，M 为地球质量；G 为引力常数。

地球重力势能场一般表示为球面调和函数级数形式，其在 WGS84 中的形式为

$$U = \frac{\mathrm{GM}}{\rho} \sum_{m=0}^{n} \left(\frac{a_e}{\rho}\right)^{n} \sum_{m=0}^{n} \bar{P}_n^m (\sin \varphi)[\bar{S}_n^m \sin(m\lambda) + \bar{C}_n^m \cos(m\lambda)] \tag{5.3}$$

式中，a_e 为地球赤道半径；(φ, λ, ρ) 为卫星在 WGS84 中的球极坐标（地心纬度、地心经度和向径）；$\bar{P}_n^m$ 为归一化的缔合勒让德函数；$\bar{S}_n^m, \bar{C}_n^m$ 为归一化的谐函数系数（许才军等，2006）。

因此，卫星受到地球非球形引力效应的摄动力产生的加速度表示在 J2000 坐标系中为

$$\ddot{r}_e = \frac{\partial U}{\partial r} = \frac{\partial U}{\partial R} \frac{\partial R}{\partial r} = \frac{\partial U}{\partial R} \left[\mathrm{PN}(t)R(t)W(t)\right]^{-1} \tag{5.4}$$

在考虑上述轨道摄动力的前提下，可以采用轨道动力学和数值积分的方法，从一个初始点进行前后轨道点的外推。若采用数值积分方法进行轨道外推，其常微分方程的数值解法分为两类：一类为单步法，如 R-K 方法；另一类为多步法，如 Admas 和 Cowell 法，其中 Admas 用于一阶常微分方程，Cowell 用于二阶常微分方程。另外，Admas 分为显式（Admas-Bashforth）和隐式（Admas-Moulton），Cowell 法分为显式（Stormer 公式）和隐式（Cowell 公式）（王正涛，2005）。

R-K 方法的基本思想是间接引用泰勒展开式，即用积分区间 $[t_n, t_{n+1}]$ 上若干点的右函数值 f 的线性组合来取代 f 的导数，之后利用泰勒展开式确定相应的系数，不加推导地给出 8 阶 R-K 积分公式

$$x_{n+1} = x_n + \frac{1}{840}(41k_1 + 27k_4 + 272k_5 + 27k_6 + 216k_7 + 216k_9 + 41k_{10}) \tag{5.5}$$

式中，k_i 的值为

$$\begin{cases} k_1 = hf(t_n, x_n), \quad x_n = x(t_n) \\[6pt] k_2 = hf\left(t_n + \dfrac{4}{27}h, x_n + \dfrac{4}{27}k_1\right) \\[6pt] k_3 = hf\left(t_n + \dfrac{2}{9}h, x_n + \dfrac{1}{18}k_1 + \dfrac{1}{6}k_2\right) \\[6pt] k_4 = hf\left(t_n + \dfrac{1}{3}h, x_n + \dfrac{1}{12}k_1 + \dfrac{1}{4}k_3\right) \\[6pt] k_5 = hf\left(t_n + \dfrac{1}{2}h, x_n + \dfrac{1}{8}k_1 + \dfrac{3}{8}k_4\right) \\[6pt] k_6 = hf\left(t_n + \dfrac{2}{3}h, x_n + \dfrac{1}{54}(13k_1 - 27k_3 + 42k_4 + 8k_5)\right) \\[6pt] k_7 = hf\left(t_n + \dfrac{1}{6}h, x_n + \dfrac{1}{4320}(389k_1 - 54k_3 + 966k_4 - 824k_5 + 243k_6)\right) \\[6pt] k_8 = hf\left(t_n + h, x_n + \dfrac{1}{20}(-231k_1 + 81k_3 - 1164k_4 + 656k_5 - 122k_6 + 800k_7)\right) \\[6pt] k_9 = hf\left(t_n + \dfrac{5}{6}h, x_n + \dfrac{1}{288}(-127k_1 + 18k_3 - 678k_4 + 456k_5 - 9k_6 + 576k_7 + 4k_8)\right) \\[6pt] k_{10} = hf\left(t_n + h, x_n + \dfrac{1}{820}(1481k_1 - 81k_3 + 7104k_4 - 3376k_5 + 72k_6 - 5040k_7 - 60k_8 + 720k_9)\right) \end{cases}$$

$$\tag{5.6}$$

　　R-K 方法从属性上来讲属于单步积分法，因为每一步的积分只与上一步函数值有关，也就是说，所有的积分相互间都是完全独立的，这个特性使单步法非常容易使用。考虑到一个复杂微分方法总是试图利用先前存储的计算结果而尽量减少右函数的计算，因此就引入了多步法的概念，其适用于提高具有非常复杂的右函数的微分方程的积分效率，从而节约时间。多步积分法的原理是利用已知的 $t_{n+k-1}, t_{n+k-2}, \cdots, t_n$ 各步点上的 x_i 值，计算 t_{n+k} 步点上的 x_{n+k}，这样每积分一步，必须知道前面 k 步点上的 x_i 值，这样的公式称为显式公式。如果所要计算的 x_{n+k} 包含在右函数 f 中，对应的称为隐式公式。多步法的微分方程的右函数对于每一步积分只需要计算一次，这将大大减少具有复杂右函数的计算次数。以下不加推导给出各个多步积分法公式。

　　Adams 显式公式（又称 Adams - Bashforth 公式）如下：

$$x_{n+1} = x_n + h\sum_{j=0}^{k}\beta_j f_{n-j} \tag{5.7}$$

　　Adams 隐式公式（又称 Adams - Moulton 公式）如下：

$$x_{n+1} = x_n + h\sum_{j=0}^{k}\beta_j^* f_{n-j+1} \tag{5.8}$$

式中，$\begin{cases} \beta_j^* = \displaystyle\sum_{m=j}^{k} (-1)^j \alpha_m^j \gamma_m^* \\ \gamma_0^* = 1, \quad \gamma_m^* = -\displaystyle\sum_{j=1}^{m} \frac{1}{j+1} \gamma_{m-j}^*, \quad m \geqslant 1 \end{cases}$ ，其中 α_m^j 为广义二次项系数，且

$\alpha_m^j = \dfrac{m!}{j!(m-j)!}$（王正涛，2005）。

Cowell 显式公式（又称 Stormer 公式）如下：

$$x_{n+1} = 2x_n - x_{n-1} + h^2 \sum_{j=0}^{k} \beta_j f_{n-j} \tag{5.9}$$

式中，$\beta_j = \displaystyle\sum_{m=j}^{k} (-1)^j \alpha_m^j \gamma_m$，$\begin{cases} \gamma_0 = 1 & ,m=1 \\ \gamma_m = 1 - \displaystyle\sum_{j=1}^{m} \frac{2}{j+2} b_{j+1} \gamma_{m-j}, & m \geqslant 1 \end{cases}$，$b_j = \displaystyle\sum_{i=1}^{j} \frac{1}{i}$。

Cowell 隐式公式（又称 Cowell 公式）如下：

$$x_{n+1} = 2x_n - x_{n-1} + h^2 \sum_{j=0}^{k} \beta_j^* f_{n-j+1} \tag{5.10}$$

式中，$\begin{cases} \beta_j^* = \displaystyle\sum_{m=j}^{k} (-1)^j \alpha_m^j \gamma_m^* \\ \gamma_0^* = 1, \quad \gamma_m^* = 1 - \displaystyle\sum_{j=1}^{m} \frac{2}{j+2} b_{j+1} \gamma_{m-j}^*, \quad m \geqslant 1 \\ b_j = \displaystyle\sum_{i=1}^{j} \frac{1}{i} \end{cases}$

上述介绍了多种方法，但是必须考虑的一个问题是，对于像大气阻力类似的与卫星速度相关的摄动，由于积分右函数必须要求已知卫星速度，因此包含各种摄动力的右函数必须依据摄动力性质分为两类：一类仅是时间和位置的函数，可直接用 Cowell 积分器；另一类则要求速度已知，可以先由 Adams 方法进行积分计算速度，再由 Cowell 方法进行积分计算位置，但无论是 Adams 方法还是 Cowell 方法都必须先由 R-K 积分器起步得到必需的积分初值。

积分器的积分步长与积分阶数的选择依赖于所需要的精度和微分方程右函数的性质，通常将积分步长与积分阶数作为输入变量，通过若干次实验可以得到合适的选择，注意到，对于阶数，并不是越高的阶数将得到越高的精度，对于步长，也不是越小的步长能得到更好的结果，因为舍入误差的累计将随着计算次数的增多而迅速降低积分精度。

通过上述分析，对于一个常微分方程，通常并不是仅仅采用一种积分方法，而是联合多种积分方法，在保证计算精度的前提下，尽量节省计算时间。具体到卫星轨道的几

分钟，可以采用 R-K 8 阶积分器起步，Adams-Cowell 12 阶并行积分器的联合使用，不仅可以保证计算的精度，而且具有计算效率高的特点，其流程如图 5.7 所示。

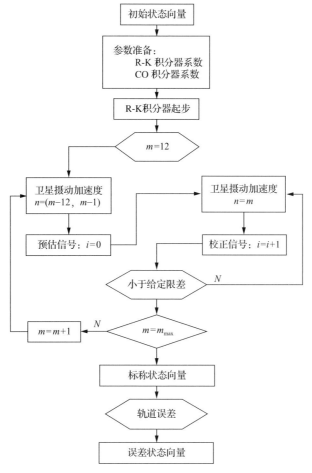

图 5.7 联合并行积分器流程

在上述轨道仿真结果中，考虑轨道的各种误差因素，加入轨道随机误差和系统误差，制作成带有测量误差信息的轨道，模拟实际测量，得到带误差的轨道。

5.3 姿 态 仿 真

将相机、星敏安装角对应旋转矩阵作为相机姿态矩阵的一个系统分量处理，将姿态仿真分为：姿态部分和相机安装部分，主要有姿态误差、相机安装误差、星敏安装误差、姿态稳定度、高频颤震误差等。姿态仿真是根据姿态指向和测量误差指标，模拟 J2000 坐标系和本体坐标系之间三轴欧拉角构成的旋转矩阵，得到模拟的姿态测量数据，其仿真过程包括两部分：无误差姿态仿真和有误差姿态仿真，这两种姿态分别称为标称姿态和误差姿态。

5.3.1 姿态建模方法

1. 姿态稳定性建模

假设姿态稳定度为 $\dot{\alpha}_{t-\Delta t}$，前一时刻的三轴欧拉姿态角为 $\alpha_{t-\Delta t}$，当前时刻的三轴欧拉角为 $\alpha_t(t)$，则可以根据三轴欧拉姿态角速度建立如下所示的姿态稳定度积分模型：

$$\alpha_t(t) = \int \dot{\alpha}_{t-\Delta t} \mathrm{d}t + \alpha_{t-\Delta t} \tag{5.11}$$

2. 姿态颤振建模

假设 Δt 为采样间隔，f 为颤振的频率，A 为颤振的幅度，φ 为相位角，y 为颤振大小，则单正弦波的颤振模型为

$$y = A\sin(2\pi f t + \varphi) \tag{5.12}$$

在实际过程中，颤振模型应该是许多个波函数的叠加，如下所示：

$$y = \sum_i A_i \sin(2\pi f_i t + \varphi_i) \tag{5.13}$$

式中，$\sum$ 为累加函数；i 为波函数的个数。

5.3.2 标称姿态仿真

步骤 1　制作轨道坐标系下的测姿仪器姿态。假定景中心时刻的三轴欧拉角，即初始姿态角；利用高斯白噪声，模拟一组符合三轴稳定度指标的三轴欧拉姿态角速度；利用姿态稳定度积分模型，计算当前时刻的三轴欧拉角；根据设定的旋转矩阵形成顺序，形成测姿坐标系相对于轨道坐标系的旋转矩阵。

步骤 2　制作 J2000 坐标系下的测姿仪器姿态。根据卫星的位置速度矢量，计算得到轨道坐标系相对于 J2000 坐标系的旋转矩阵；通过坐标系转换，进而得到测姿坐标系相对于 J2000 坐标系的旋转矩阵。

步骤 3　制作 J2000 坐标系下的平台姿态。根据测姿仪器安装角，计算得到本体坐标系相对于测姿坐标系的旋转矩阵；通过坐标系转换，进而得到本体坐标系相对于 J2000 坐标系的旋转矩阵。

步骤 4　添加平台颤振，制作 J2000 坐标下含平台颤振的平台姿态，即为本体标称姿态，并以四元数和旋转矩阵两种形式输出。

步骤 5　制作 J2000 坐标系下的相机姿态。根据相机安装角，计算得到相机坐标系相对于本体坐标系的旋转矩阵；将此姿态通过坐标系转换，得到相机坐标系相对于 J2000 坐标系的旋转矩阵。

步骤 6　添加相机颤振，制作 J2000 坐标下含相机颤振的相机姿态，即为相机标

称姿态，并以四元数和旋转矩阵两种形式输出。

标称姿态仿真流程如图 5.8 所示。

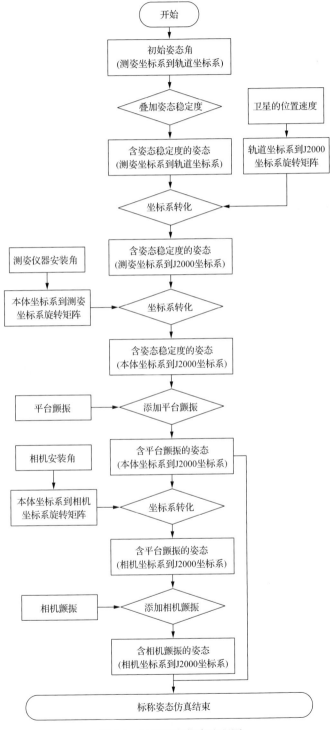

图 5.8 标称姿态仿真流程图

5.3.3　误差姿态仿真

步骤1　制作 J2000 坐标系和轨道坐标系下的测姿标称姿态。由测姿仪器(星敏或陀螺)安装,计算得到测姿坐标系到本体坐标系的旋转矩阵;由卫星轨道信息,计算得到 J2000 坐标系到轨道坐标系的旋转矩阵;将本体标称姿态进行坐标系转换,分别得到测姿坐标系相对于 J2000 坐标系的旋转矩阵和测姿坐标系相对于轨道坐标系的旋转矩阵。

步骤2　添加姿态仪器误差(包含安装误差和测量误差)和姿态仪器颤振,根据测量数据的坐标系,制作 J2000 坐标系下含颤振的测姿误差姿态或轨道坐标系下含颤振的测姿误差姿态。若为星敏定姿,姿态仪器误差和颤振测量值通常在 J2000 坐标系下,运算在 J2000 坐标系进行;若为陀螺定姿或星敏陀螺联合定姿,姿态仪器误差和颤振测量值通常在轨道坐标系下,运算在轨道坐标系进行。

步骤3　制作 J2000 坐标系下含测姿颤振的本体误差姿态。将步骤2中的结果进行坐标系转换,得到本体坐标系相对于 J2000 坐标系的旋转矩阵。

步骤4　制作 J2000 坐标系下含测姿颤振的相机误差姿态。根据相机安装角,计算得到相机坐标系相对于本体坐标系的旋转矩阵;加入相机安装误差,通过坐标系转换,得到相机坐标系相对于 J2000 坐标系的旋转矩阵。

步骤5　添加相机颤振,制作 J2000 坐标系下含相机颤振的相机误差姿态。

步骤6　将步骤3中的结果和步骤5的结果姿态量化,分别得到最终的本体误差姿态和相机误差姿态,并以四元数和旋转矩阵两种形式输出。

误差姿态仿真流程如图 5.9 所示。

5.4　内方位元素仿真

内方位元素仿真是根据相机光学系统模型及传感器模型,对相机镜头不同类型的畸变进行综合分析,仿真出理想的内方位元素(每个探元的探元指向角)。在此基础上,加系统误差(径向畸变模型、偏心畸变模型、镜头主点主距变化、像平面畸变模型)和随机误差(测量误差)等。

5.4.1　标称内方位元素仿真

根据用户输入的 TDI CCD 的探元个数、探元大小、主点、主距等参数,将像平面的线量数值转换为探元指向角,从而仿真出理想的内方位元素,设相机的主距为 f,主点为 (x_0, y_0),则对于探元 (x, y),其沿轨探元指向角 φ_{inner} 和垂轨探元指向角 ω_{inner} 为

$$\omega_{inner} = \arctan\left(\frac{x - x_0}{f}\right) \tag{5.14}$$

$$\varphi_{inner} = \arctan\left(\frac{y - y_0}{f}\right) \tag{5.15}$$

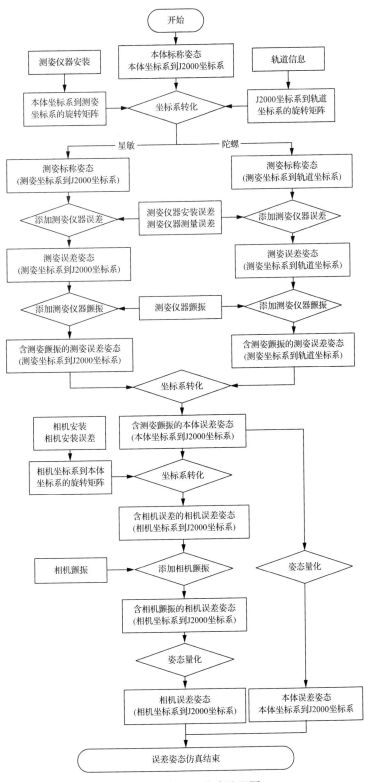

图 5.9　误差姿态仿真流程图

5.4.2　误差内方位元素仿真

在将像平面探元坐标转换为探元指向角时，需要加上系统误差(径向畸变模型、偏心畸变模型、镜头主点主距变化、像平面畸变模型)和随机误差(测量误差)的数值。

内方位元素的系统误差可以采用镜头畸变综合模型，而随机误差(测量误差)则可以采用高斯白噪声模型。设 Δx_{lens}、Δy_{lens} 分别为镜头畸变在像平面上的投影长度；Δx_{s}、Δy_{s} 分别为像点测量的随机误差。

添加误差后的沿轨向探元指向角 φ_{lens} 为

$$\varphi_{\text{lens}} = \arctan\left(\frac{y - y_0 + \Delta y_{\text{lens}} + \Delta y_{\text{s}}}{f}\right) \tag{5.16}$$

添加误差后的垂轨向探元指向角 ω_{lens} 为

$$\omega_{\text{lens}} = \arctan\left(\frac{x - x_0 + \Delta x_{\text{lens}} + \Delta x_{\text{s}}}{f}\right) \tag{5.17}$$

5.5　时　标　仿　真

时标仿真主要包括两部分内容：第一部分是时统精度的仿真，在辅助数据内仿真生成轨道测量时刻、姿态测量时刻、成像时刻等时标数据，并可设置各时标项的误差，具体可以在各个时标项加上相应系统误差和偶然误差；第二部分是根据积分时间要求，独立计算不同 CCD 的积分时间，行成像积分时间的计算公式为

$$\Delta t = \frac{d \cdot H}{f \cdot v} \tag{5.18}$$

式中，d 为像元大小；H 为航高；f 为传感器的焦距；v 为卫星在拍摄区域的投影速度。

5.6　几何模型构建

5.6.1　几何成像模型正算

步骤 1　获取当前像素点的沿轨向像素坐标 y 和垂轨向像素坐标 x；

步骤 2　内插当前行 y 所对应时刻的测姿坐标系到 J2000 坐标系的姿态 $\boldsymbol{R}_{\text{star}}^{\text{J2000}}$；

步骤 3　内插当前行 y 所对应时刻的平台在 WGS84 坐标系下的位置和速度$[X_S \quad Y_S \quad Z_S]_{\text{WGS84}}$ 和$[V_X \quad V_Y \quad V_Z]_{\text{WGS84}}$；

步骤 4　根据当前像素点的垂轨向坐标 x，得到沿轨向探元指向角 ϕ_{inner} 和垂轨向探

元指向角 ω_{inner}；

步骤 5 已知 WGS84 到 J2000 的旋转矩阵 $\boldsymbol{R}_{\text{J2000}}^{\text{WGS84}}$、本体坐标系到测姿坐标系的旋转矩阵 $\boldsymbol{R}_{\text{body}}^{\text{star}}$、定轨仪器安装偏心距 $\begin{bmatrix} D_x & D_y & D_z \end{bmatrix}$、相机安装偏心距 $\begin{bmatrix} d_x & d_y & d_z \end{bmatrix}$、本体到相机的旋转矩阵 $\boldsymbol{R}_{\text{cam}}^{\text{body}}$，按照式(5.19)将像素坐标变换为地面坐标。

$$
\begin{bmatrix} X \\ Y \\ Z \end{bmatrix}_{\text{WGS84}} = \begin{bmatrix} X_S \\ Y_S \\ Z_S \end{bmatrix}_{\text{WGS84}} + m\boldsymbol{R}_{\text{J2000}}^{\text{WGS84}}\boldsymbol{R}_{\text{star}}^{\text{J2000}}\boldsymbol{R}_{\text{body}}^{\text{star}}\left[\begin{bmatrix} D_x \\ D_y \\ D_z \end{bmatrix} + \begin{bmatrix} d_x \\ d_y \\ d_z \end{bmatrix} + \boldsymbol{R}_{\text{cam}}^{\text{body}} \begin{pmatrix} \varphi_{\text{inner}} \\ \omega_{\text{inner}} \\ -1 \end{pmatrix} \right] \tag{5.19}
$$

式中，$\begin{bmatrix} X & Y & Z \end{bmatrix}_{\text{WGS84}}$ 为地面点坐标；m 为缩放系数。式(5.19)可以简化为

$$
\begin{bmatrix} X \\ Y \\ Z \end{bmatrix}_{\text{WGS84}} = \begin{bmatrix} X_S \\ Y_S \\ Z_S \end{bmatrix}_{\text{WGS84}} + m\begin{bmatrix} X_i \\ Y_i \\ Z_i \end{bmatrix}_{\text{WGS84}} \tag{5.20}
$$

步骤 6 计算缩放系数 m，考虑地球椭球方程为

$$
\frac{X^2 + Y^2}{A^2} + \frac{Z^2}{B^2} = 1 \tag{5.21}
$$

式中，$A = a_e + h$，$B = b_e + h$，$a_e = 6\,378\,137.0\text{ m}$ 和 $b_e = 6\,356\,752.3\text{ m}$ 分别为地球椭球的长短半轴。将式(5.20)代入式(5.21)，得

$$
\left(\frac{X_i^2 + Y_i^2}{A^2} + \frac{Z_i^2}{B^2} \right)m^2 + 2\left(\frac{X_s X_i + Y_s Y_i}{A^2} + \frac{Z_s Z_i}{B^2} \right)m + \left(\frac{X_s^2 + Y_s^2}{A^2} + \frac{Z_s^2}{B^2} \right) = 1 \tag{5.22}
$$

求解式(5.22)关于 m 的二次方程就可以得到 m。

步骤 7 求得 m 后，按照式(5.19)计算该点在 WGS84 坐标系中的三维坐标，即完成成像模型的正算。

5.6.2 几何成像模型反算

目前，采用的成像模型反算算法是基于仿射约束的反算算法。基于仿射约束的成像模型反算算法流程如下所示。

步骤 1 计算整幅影像的全局仿射变换系数，同时计算物方和像方的比值 PixelSize（即影像一像元大小在地面大小，单位为经纬度/像元）。

步骤 2 对于已知的物方点 $(\text{Lat}_0, \text{Lon}_0)$，根据全局仿射变换系数，得到像方点的概略值 (x, y)，将得到的像方点概略值通过成像模型正算算法，计算得到概略值对应的物方点坐标 $(\text{Lat}_1, \text{Lon}_1)$，得到物方差值 $(\Delta\text{Lat}, \Delta\text{Lon}) = \text{fabs}(\text{Lat}_0 - \text{Lat}_1, \text{Lon}_0 - \text{Lon}_1)$，根

据物方和像方比例关系，得到像方点的差值 $e = \dfrac{\sqrt{\Delta \mathrm{Lat}_1^2 + \Delta \mathrm{Lon}_1^2}}{\mathrm{PixelSize}}$。

步骤3　以上述得到的概略像方点 (x, y) 为中心，取4个像方角点分别为 $(x-e, y-e)$、$(x-e, y+e)$、$(x+e, y-e)$、$(x+e, y+e)$，采用成像模型正算算法，求取其对应的物方点坐标。根据这4对物方和像方点，构建局部仿射变换模型。

步骤4　根据局部仿射变换模型和物方点 $(\mathrm{Lat}_0, \mathrm{Lon}_0)$，得到像方点的概略值 (x, y)，将得到的像方点概略值通过成像模型正算算法，计算得到概略值对应的物方点坐标 $(\mathrm{Lat}_2, \mathrm{Lon}_2)$，得到物方点差值 $(\Delta \mathrm{Lat}_2, \Delta \mathrm{Lon}_2) = \mathrm{fabs}(\mathrm{Lat}_0 - \mathrm{Lat}_2, \mathrm{Lon}_0 - \mathrm{Lon}_2)$，根据物方和像方比例关系，得到像方点的差值 $e = \dfrac{\sqrt{\Delta \mathrm{Lat}_2^2 + \Delta \mathrm{Lon}_2^2}}{\mathrm{PixelSize}}$。

步骤5　重复步骤3、步骤4，直到差值 e 小于给定的阈值(一般设成 10^{-10} 像元)或者迭代次数多于 20 次，即退出循环。

从上述算法可以看出其主要计算量在于成像模型的正算。假设迭代了 n 次，则需要进行 $4n$ 次成像模型正算(全局仿射模型的计算不包含在内，并且一般迭代次数在 2 次以上)。

上述算法的优势是不分传感器载荷类型，线阵、面阵都可以适用，同时在反算过程中不需要知道相机的焦距。其缺点是速度慢，另外，当影像条带比较长时，由于全局仿射变换预测不准，有时会造成反算失败。

5.7　定位精度仿真分析方法

5.7.1　平面定位精度分析方法

根据 5.6.1 节目标定位原理，分别计算带测量误差的地面点坐标和不带测量误差的地面点坐标进行对比并统计精度。由于模型中各参数是精确、已知的，若对它们加上零均值的高斯随机噪声和系统误差，可视其为这些参数所包含的测量误差，依据所建立的标称的成像模型和带误差的成像模型，分别计算其对应地面点的平面坐标，并求出该计算值之间差值的均方差作为平面定位精度。采用如下公式进行精度检查，其中 $(X_{标称}, Y_{标称})^{\mathrm{T}}$ 为标称定位模型的平面定位结果，$(X_{误差}, Y_{误差})^{\mathrm{T}}$ 为误差定位模型的平面定位结果。

$$\begin{cases} \mu_X = \sqrt{\dfrac{\sum (X_{误差} - X_{标称})^2}{n_X}} \\ \mu_Y = \sqrt{\dfrac{\sum (Y_{误差} - Y_{标称})^2}{n_Y}} \end{cases} \tag{5.23}$$

上述计算的结果为平面定位精度分析的结果。通过多次(如 100 次)仿真，可以统计其统计量(如平均值、标准差、最大值、最小值等)来定量描述此误差指标下的平面定位精度水平。

5.7.2　高程精度分析方法

由于多视立体是对同一地区成像，满足高重叠度条件。在已知姿轨数据的前提下，可根据影像同名点，按前方交会方式获取地面点坐标。

步骤 1　计算影像 4 个角点的经纬度，然后计算 3 个影像的重叠范围；

步骤 2　在重叠范围内均匀选择地面点，然后投影到 3 个影像，获得同名点(采用不带误差的参数)；

步骤 3　引入带误差的参数，利用同名点进行空间前方交会，计算地面点坐标。空间前方交会公式的推导如下，对于地面上的一个点，有以下公式。

$$\begin{bmatrix} X_A \\ Y_A \\ Z_A \end{bmatrix} = \begin{bmatrix} X_S \\ Y_S \\ Z_S \end{bmatrix} + mR \begin{bmatrix} \tan x \\ \tan y \\ 1 \end{bmatrix} f \tag{5.24}$$

式中，$R = \begin{bmatrix} a_1 & b_1 & c_1 \\ a_2 & b_2 & c_2 \\ a_3 & b_3 & c_3 \end{bmatrix}$。由式(5.24)第一行除以第三行、第二行除以第三行可以得到

$$\begin{cases} \tan x = \dfrac{a_1(X_A - X_S) + a_2(Y_A - Y_S) + a_3(Z_A - Z_S)}{c_1(X_A - X_S) + c_2(Y_A - Y_S) + c_3(Z_A - Z_S)} \\[2mm] \tan y = \dfrac{b_1(X_A - X_S) + b_2(Y_A - Y_S) + b_3(Z_A - Z_S)}{c_1(X_A - X_S) + c_2(Y_A - Y_S) + c_3(Z_A - Z_S)} \end{cases} \tag{5.25}$$

则式(5.25)可以转化为

$$\begin{cases} (a_1 - c_1 \tan x)(X_S - X_A) + (a_2 - c_2 \tan x)(Y_S - Y_A) + (a_3 - c_3 \tan x)(Z_S - Z_A) = 0 \\ (b_1 - c_1 \tan y)(X_S - X_A) + (b_2 - c_2 \tan y)(Y_S - Y_A) + (b_3 - c_3 \tan y)(Z_S - Z_A) = 0 \end{cases} \tag{5.26}$$

式(5.26)用矩阵形式表示为

$$\begin{bmatrix} m_X & m_Y & m_Z \\ n_X & n_Y & n_Z \end{bmatrix} \cdot \begin{bmatrix} X_S \\ Y_S \\ Z_S \end{bmatrix} - \begin{bmatrix} m_X X_A + m_Y Y_A + m_Z Z_A \\ n_X X_A + n_Y Y_A + n_Z Z_A \end{bmatrix} = \begin{bmatrix} 0 \\ 0 \end{bmatrix} \tag{5.27}$$

式中，$\begin{bmatrix} m_X \\ m_Y \\ m_Z \end{bmatrix} = \begin{bmatrix} a_1 - c_1 \tan x \\ a_2 - c_2 \tan x \\ a_3 - c_3 \tan x \end{bmatrix}$，$\begin{bmatrix} n_X \\ n_Y \\ n_Z \end{bmatrix} = \begin{bmatrix} b_1 - c_1 \tan y \\ b_2 - c_2 \tan y \\ b_3 - c_3 \tan y \end{bmatrix}$。

对于一张影像上的点可以得到上述两个方程，对于 $n(n \geqslant 2)$ 张影像上的同名点，可以得到

$$\begin{cases} m_{X1}X_S + m_{Y1}Y_S + m_{Z1}Z_S - (m_{X1}X_A + m_{Y1}Y_A + m_{Z1}Z_A) = 0 \\ n_{X1}X_S + n_{Y1}Y_S + n_{Z1}Z_S - (n_{X1}X_A + n_{Y1}Y_A + n_{Z1}Z_A) = 0 \\ \qquad\qquad\qquad \cdots \\ m_{Xn}X_S + m_{Yn}Y_S + m_{Zn}Z_S - (m_{X1}X_A + m_{Y1}Y_A + m_{Z1}Z_A) = 0 \\ n_{Xn}X_S + n_{Yn}Y_S + n_{Zn}Z_S - (n_{X1}X_A + n_{Y1}Y_A + n_{Z1}Z_A) = 0 \end{cases} (n \geqslant 2) \quad (5.28)$$

将其抽象化为 $\boldsymbol{AX} - \boldsymbol{L} = 0$，对此误差方程进行最小二乘求解，得到地面点 A 的坐标

$$\boldsymbol{X} = (\boldsymbol{A}^{\mathrm{T}}\boldsymbol{A})^{-1}\boldsymbol{A}^{\mathrm{T}}\boldsymbol{L} \quad (5.29)$$

步骤 4　采用如下公式进行精度检查，其中 $H_{标称}$ 为标称模型定位的高程，$H_{误差}$ 为误差模型定位的高程。

$$\mu_H = \sqrt{\frac{\sum(H_{标称} - H_{误差})^2}{n_H}} \quad (5.30)$$

5.8　影像仿真方法

几何影像仿真主要涉及两方面内容：一方面是关于重采样方法的，即如何从高精度参考影像上重采样得到非整数像素的灰度值；另一方面是关于影像仿真方法的，即如何在高精度 DSM 的辅助下，利用成像模型获取指定像素位置的地面坐标，进而可以通过这个地面坐标，采用影像重采样的方法，逐像素从高精度参考 DOM 和 DSM 上内插出需要的地面点的灰度值。

5.8.1　影像重采样方法

重采样方法通常有以下 6 种：最邻近元法、双线性插值法、三次卷积法、sinc 插值、Knab SW 函数、RC 函数。

1. 最邻近元法

它输出的像素值等于距离它映射到的位置最近的输入像素值。对于二维影像，该方法是"取待采样点周围 4 个相邻像素点中距离最近的 1 个邻点的灰度值作为该点的灰度值"。

其一维的核是

$$i(x) = \mathrm{rect}(x) = \begin{cases} 0 & |x| > \dfrac{1}{2} \\ \dfrac{1}{2} & |x| = \dfrac{1}{2} \\ 1 & |x| < \dfrac{1}{2} \end{cases} \quad (5.31)$$

式中，x 为采样点与格网点的水平或垂直距离。

该方法的优点是简单，运算速度快，不改变原始像素值。但由于仅用对该采样点影响最大的(即最近的)像素的灰度值作为该点的值,而没有考虑其他相邻像素的影响(相关性)，所以其缺点是重新采样后的影像灰度值有明显的不连续性，插值质量差，在影像中产生人为加工的痕迹，影像易产生马赛克和边缘锯齿等，特别是在改变像素大小时。

2. 双线性插值法

它先对水平方向进行一阶线性插值，然后再对垂直方向进行一阶线性插值。而不是同时在两个方向上呈线性，或者反过来，最后将两者合并起来。

这种方法是"利用周围 4 个邻点的灰度值在两个方向上作线性内插，以得到待采样点的灰度值"，即根据待采样点与相邻点的距离确定相应的权值，计算出待采样点的灰度值。

其一维的核是

$$i(x)=\begin{cases}0 & |x|>1 \\ 1-|x| & |x|<1\end{cases} \tag{5.32}$$

式中，x 为采样点与格网点的水平或垂直距离，二维采样采用三次一维核即可。

采样点离哪个格网点的距离越近，该格网点灰度值的权重越大，反之亦然。该算法由于考虑了待采样点周围 4 个直接邻点对待采样点的影响，因此基本克服了前者灰度不连续的缺点，但其代价是计算量有所增大。进一步看，由于该方法仅考虑到 4 个直接邻点灰度值的影响，而未考虑到各邻点间灰度值变化率(斜率不连续)的影响，因此具有低通滤波器的性质，使缩放后影像的高频分量受到损失，影像的轮廓变得较模糊。用该方法缩放后的影像与原影像相比，仍然存在由于计算模型考虑不周而产生的影像质量(细节)退化与精度降低的问题。其优点是消除了锯齿现象，空间位置比邻近内插法精确，速度较快。其缺点是改变了像素值，有将周围像素值平均的趋势，细节部分可能丢失。

3. 双三次插值

它是一种较复杂的插值方式，即"不仅考虑到 4 个直接邻点灰度值的影响，还考虑到各邻点间灰度值变化率的影响"，利用待采样点周围更大邻域内像素的灰度值作三次插值。

四点双三次插值的一维核是

$$i(x)=\begin{cases}1-2|x|^{2}+|x|^{3} & 0\leqslant|x|<1 \\ 4-8|x|+5|x|^{2}-|x|^{3} & 1\leqslant|x|<2 \\ 0 & |x|\geqslant2\end{cases} \tag{5.33}$$

六点双三次插值的一维核是

$$i(x)=\begin{cases}1-2|x|^{2}+|x|^{3} & 0<|x|<1 \\ 3|x|^{2}-\dfrac{1}{2}|x|^{3} & 1<|x|<2 \\ -9+\dfrac{21}{2}|x|-4|x|^{2}+\dfrac{1}{2}|x|^{3} & 2<|x|<3 \\ 0 & |x|>3\end{cases} \tag{5.34}$$

式中，x 为采样点与格网点的水平或垂直距离，二维采样采用三次一维核即可。

由于考虑到采样点周围更多像素灰度值的影响，所以双三次插值能创造出比双线性插值更平滑的影像边缘，但计算量大。该方法的优点是输出影像比双线性内插法更为接近输入影像的平均值和标准差，可以同时锐化影像边缘和消除噪声，具体表现与输入影像有很大关系。当像素值大小发生剧烈改变时，推荐使用该方法。该方法缺点是改变了像素值，计算复杂，速度慢。

4. sinc 函数

这种插值方法是对数据进行函数运算后，用曲线将各个样点连接起来。设 $x(t)$ 是数字存储示波器的输入模拟信号，对该信号进行采样，采样周期为 T，则得到等间隔采样的样点 $x(n) = x(nT)$，n 为1, 2, $\cdots$, N，其中 N 为示波器记录长度，$x(n)$ 为以 T 为间隔采样得到的已知序列。在两个采样点之间插入 M 个点，构成长度为 M 的序列，可推导得

$$C_m(nT) = \Sigma x(nT) \frac{\sin\left[(n-k) + \dfrac{m}{(M+1)} T \cdot P_i m\right]}{(n-k) + \dfrac{m}{(M+1)} T \cdot P_i m} \tag{5.35}$$

将该算法用于影像处理中，sinc 插值的一维核是

$$i(x) = \text{sinc}(x) \cdot \text{rect}\left(\frac{x}{L}\right) = \frac{\sin(\pi x)}{\pi x} \cdot \text{rect}\left(\frac{x}{L}\right) \tag{5.36}$$

式中，L 为窗口大小；x 为采样点与格网点的水平或垂直距离；rect 为最临近像素采样。

sinc 内插法在理论上是一种严格的内插法，但实际上，由于一个连续的随机信号不可能找到一个理论上所要求的截止频率，即要求高于该频率的频谱成分的振幅严格等于零，而实际上只能接近于零或者无意义，而且它要求用脉冲函数采样，但实际上也无法实现。因此，内插结果仍有一定误差。其精度略低于双三次插值方法。

5. Knab SW 函数

Shannon 采样定理认为，如果一个波长有限的信号以至少是 Nyquist 频率获得时，该信号能从一致的采样中完全恢复。从应用的角度来看，大部分影像所覆盖的区域都是有多种地物的，以可见水平看这些地物又是不相关的。所以，要解决的实际上就是分段的有限波长信号插值的问题。

其一维的核是

$$i(x) = \text{sinc}(x) \frac{\cos h\left[\dfrac{\pi v L}{2} \sqrt{1 - \left(\dfrac{2x}{L}\right)^2}\right]}{\cos h\left(\dfrac{\pi v L}{2}\right)} \tag{5.37}$$

式中，L 为窗口大小；$v=1-1/r$，r 为采样频率与 Nyquist 频率之比；x 为采样点与格网点的水平或垂直距离，二维采样采用三次一维核即可。该方法用到了 sinc 函数，与传统算法比较起来，其理论误差与实际误差都较小。

6. RC 函数

众所周知，没有码元窜扰的脉冲形状对于最佳传送是十分重要的，RC 函数就是满足 Nyquist 频率标准的。其插值公式如下：

$$i(x) = \text{sinc}(x)\frac{\cos(\pi v x)}{1-4v^2x^2}\text{rect}\left(\frac{x}{L}\right) \tag{5.38}$$

式中，L 为窗口大小；$v=1-1/r$，r 为采样频率与 Nyquist 频率之比；x 为采样点与格网点的水平或垂直距离，二维采样采用三次一维核即可。

该方法用到了 sinc 函数和最临近像素法。实验证明，该方法与其他的方法相比，即便是使用较小的窗口，该方法的误差也比其他方法的误差小。理论上，RC 六点算法的相位误差比十二点 Knab SW 算法的相位误差的四分之一还小。

5.8.2　影像仿真方法

在高精度 DSM 的辅助下，利用成像模型获取指定像素位置的地面坐标，进而可以通过这个地面坐标，采用影像重采样的方法，逐像素从高精度参考 DOM 和 DSM 上内插出需要的地面点的灰度值。为了获得每个像素在 DOM 的准确位置，需要迭代进行，具体过程如图 5.10 所示。

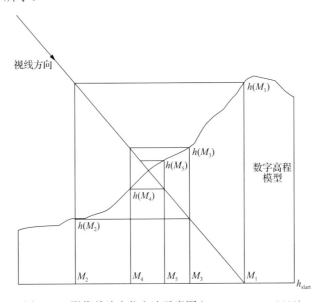

图 5.10　影像单片定位方法示意图（SPOT Image，2002）

步骤 1　针对像素 (l, s)，取一个近似高程数值 $h(M_0)$；根据成像模型，计算该点 (l, s) 在 WGS84 下的坐标，并转化为大地坐标。

步骤 2　根据大地经纬度坐标，在 DSM 上内插此时该像素高程 $h(M_i)$。

步骤 3　重复步骤 1 和步骤 2，直到前后两次内插的高程差在 0.1 m 或者迭代次数达到最大迭代次数，输出经纬度坐标，完成像素 (l, s) 的定向。

步骤 4　根据定向结果，根据上述的内插算法，从参考 DOM 上内插得到灰度值，赋予像素 (l, s)。

步骤 5　重复步骤 1～步骤 4，对仿真影像上的各个像素分别定位，得到各个点的灰度值，完成整个影像仿真的过程如图 5.11 所示。

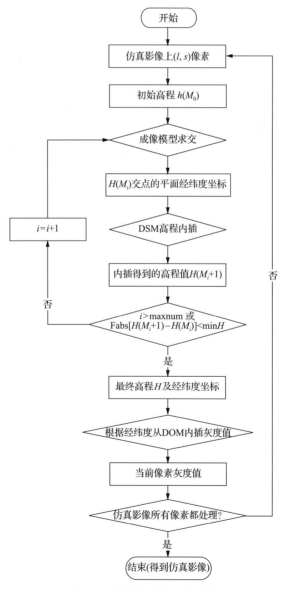

图 5.11　影像仿真方法流程图

第6章 辐射与几何一体化仿真

卫星影像仿真包括多个目的：数据处理算法研究、卫星影像质量预估、卫星技术指标设计、卫星成像模式设计及卫星应用系统测试等。而评价仿真好坏的标准可以归结为一个"真"字，核心是仿真卫星影像是否"真实"体现了卫星的成像质量，或者说仿真影像与真实影像在几何质量、辐射质量及数据格式(包括辅助数据)的相似度。要实现模拟影像和真实影像的高相似度，必须全面、综合地考虑输入基础数据、卫星的平台参数、载荷的几何和辐射参数、下传数据格式、产品数据格式等因素。另外，就我们最关心的卫星影像质量来说，卫星影像的质量不仅包括影像的分辨率，还包括影像的几何精度、MTF、信噪比、量化等级等。有立体影像需求的测绘应用对立体影像的夹角、观测角度数目、观测角度组合、立体影像获取时间的一致性有一定的要求。如何量化这些指标与应用需求的关系成为亟待解决的问题。因此"全链路""综合""量化""面向应用"将是卫星数据仿真的主要发展趋势。

6.1 地面场景建模

对于卫星相机在轨成像仿真来说，如果没有高精度的观测场景输入，就无法得到有说服力的仿真影像。用于遥感成像仿真的输入观测场景是由一系列包含几何信息和辐射信息的离散点决定的三维曲面。离散点的几何和辐射物理量可以认为是该点代表面积内的平均值，该面积内每一点的信息都是相同的；也可以认为该点仅代表一点的信息，离散点之间的信息获取采用插值的方法。

6.1.1 几何描述及建模

观测场景的几何建模指的是建立观测场景每一点的三维坐标信息。几何建模的方式和精细程度应满足仿真的需求，同时数据量又不能过于庞大，否则会增加检索的难度，降低仿真程序的运行速度。

DEM 也就是数字高程模型，是描述地表起伏的常用模型。一般可分为规则格网 DEM (GRID)和三角网 DEM(TIN)两种。规则格网 DEM 结构简单、便于分析和计算。而三角网 DEM 分辨率是变化的，在地表变化复杂时可以包含大量的数据点；在地表平缓、形态单一时，则只需要用少量的数据点。规则格网 DEM 数据一般包括：①坐标基准，也就是坐标的起算点，一般通过 DEM 左上(左下)角格网点的平面坐标确定；②DEM 范围及高程数据类型，DEM 范围一般用 DEM 格网的行数、列数表示，DEM 高程数据类型一般为整型或浮点型(float)；③DEM 格网间距，也就是同行或同列相邻两点的平面坐标平移量，行方向间距有正负之分，表示高程数据的排列方式；④按行或列排列的 DEM 格网点高程数据。

三角网 DEM 的组织形式一般包括三角面片数和每个三角面片三个顶点的三维坐标。对于求交计算来说，最理想的情况是观测光线的顺序和所交三角面片或规则格网四点决定的曲面的排列顺序相匹配，尽量少的出现跳跃性。DEM 格网点的坐标信息可用三维坐标(X, Y, Z)、投影坐标(x, y, h)或大地坐标(L, B, H)表示。具体采用哪种形式应视观测光线和数字场景表面的求交计算效率而定。求交计算是光线追踪算法的重要组成部分，在后面的章节中会对光线追踪算法进行更加详细的分析。光线追踪算法的求交策略是计算观测光线方向上离视点最近的三角面片与光线的交点。因此，即使输入为规则格网 DEM，也要预先处理成三角面片的格式，最简单的方法是通过两个格网点相连将方格分成两个三角面片。求得交点后对交点处法矢量的计算是进行光线追踪获取辐亮度信息的基础。同时，可以通过法矢量确定局部坡度。

不在同一直线上的三点 $P_1(x_1, y_1, z_1)$，$P_2(x_2, y_2, z_2)$，$P_3(x_3, y_3, z_3)$ 所确定的平面法矢量 N 的计算方法为（张永生，2000）

```
Void GetNormal( Glfloat gx[3], Glfloat gy[3], Glfloat gz[3], Glfloat * nv)
{
    Glfloat w0, w1, w2, v0, v1, v2, nr, nx, ny, nz;
    w0=gx[0]-gx[1]; w1=gy[0]-gy[1]; w2=gz[0]-gz[1];
    v0=gx[2]-gx[1]; v1=gy[2]-gy[1]; v2=gz[2]-gz[1];
    nx=w1*v2-w2*v1;
    ny=w2*v0-w0*v2;
    nz=w0*v1-w1*v0;
    nr=sqrt(nx*nx+ny*ny+nz*nz);
    nv[0]=nx/nr;nv[1]=ny/nr;nv[2]=nz/nr;
}
```

地形模型构造中不仅要考虑面的法矢量，而且要考虑模型中点的法矢量。一般点的法矢量取值为其周围面法矢量的均值。如图 6.1 中 P 点的法矢量即可表示为四个面法矢量 N_1，N_2，N_3，N_4 的和对应的单位法矢量。

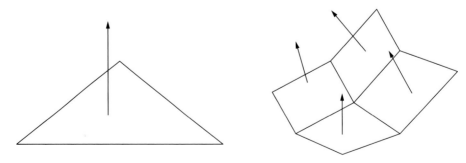

图 6.1　面与点的法矢量

OpenGL 中三维模型的构造程序为：

```
glBegim (GL_TRIANGLES_STRIP);
glNormal3fv (N0);   //设置顶点法矢量
glVertex3f (v0);    //设置顶点坐标
glNormal3fv (N1);
glVertex3f (v1);
......
glEnd();
```

对于地形变化平缓或呈现很好的连续性的地区，无论是 GRID 还是 TIN 格式的 DEM 都可以较好地表达地貌特征。但对于一些细部地形结构如地形特征点、山脊线、山谷线及断裂线等，则不能体现这些地貌的突然变化。如果采用非常高的点采样密度的 DEM，在非细部地区无疑会大大增加不必要的数据量。对于这些细部结构，宜采用多细节层次（levels of detail，LOD）的处理理念，LOD 技术指根据物体模型的节点在显示环境中所处的位置和重要性，决定物体渲染的资源分配，降低非重要物体的面数和细节度，从而获得高效率的渲染运算。对于遥感相机的成像仿真来说，地面物体（地形）的"重要"程度应视我们的研究重点决定。如需要研究山地的测图精度，则地形起伏大（粗糙度高）或明显高于地区平均高度的地区为"重点"。这样的地区 DEM 分辨率和精度要求就更高一些，在仿真运算时应分配更多的资源。

6.1.2　辐射描述与建模

1. 基础卫星影像对应卫星入瞳辐亮度计算

卫星遥感影像的 DN 值经辐射校正可以转换为传感器入瞳辐亮度 L [W/(m^2·μm)]：

$$L = c_0 + c_1 \cdot \mathrm{DN} \tag{6.1}$$

式中，c_0, c_1 为辐射校正系数，一般包含在卫星辅助文件里面，因波段而异。

以 IKONOS 卫星影像为例，所有 IKONOS 影像都在一级处理阶段进行了辐射校正，没有经过灰度动态拉伸的影像的辐射度都是准确的，影像的灰度值可以换算为波段内的物理亮度单位为 mW/(cm^2·sr)，IKONOS 公司给出了简化换算公式如下：

$$L_{i,j,k} = \frac{\mathrm{DN}_{i,j,k}}{\mathrm{CalCoef}_k} \tag{6.2}$$

式中，i, j, k 表示 IKONOS 的波段 k 影像中的第 i, j 行列像素；$L_{i,k,j}$ 为波段内在相机入瞳处的亮度，单位为 mW/(cm^2·sr)；$\mathrm{CalCoef}_k$ 为波段内辐射校正系数，单位为 DN·cm^2·sr/mW；$\mathrm{DN}_{i,j,k}$ 为影像的灰度值。

常用计算公式计算亮度采用的单位为 W/(m^2·sr·μm)，为此将上述公式乘以 10000，除以波段长度：

$$L_{i,j,k} = 10000 \times DN_{i,j,k} / (CalCoef_k \times Bandwidth) \tag{6.3}$$

依据该公式可以计算出得到的 IKONOS 在拍摄时的入瞳亮度场。

表 6.1 不同波段的 IKONOS 辐射校正系数

Spectral Band	$CalCoef_\lambda$ /[DN · mW/(cm² · sr)]	Full Scale Dynamic Range/[mW/(cm² · sr)]
Pan (TDI 13)	161	11.80
Pan (TDI 18)	223	8.52
Pan (TDI 24)	297	6.39
Pan (TDI 32)	396	4.79
MS-1 (Blue)	637	2.98
MS-2 (Green)	573	3.32
MS-3 (Red)	663	2.87
MS-3 (VNIR)	503	3.75

* 引自 Space Imaging 公司技术文件 Document Number SE-REF-016. REV. N/C

表 6.2 不同波段的 IKONOS 波段技术参数

Band	Lower 50%/nm	Upper 50%/nm	Bandwidth/nm	Center/num
Pan	525.8	928.5	403	727.1
MS-1 (Blue)	444.7	516.0	71.3	480.3
MS-2 (Green)	506.4	595.0	88.6	550.7
MS-3 (Red)	631.9	697.7	65.8	664.8
MS-4 (VNIR)	757.3	852.7	95.4	805.0

* 引自 Space Imaging 公司技术文件 Document Number SE-REF-016. REV. N/C

2. 地面反射率计算

要计算地面反射率场，首先要计算表观反射率(大气顶部反射率)，计算公式为

$$\rho_1 = \frac{\pi \cdot L_\lambda \cdot d^2}{E_{sun_\lambda} \cdot \cos\theta_s} \tag{6.4}$$

式中，ρ_1 为地面反射率，为一无单位量；L_λ 为谱段 λ 在传感器入瞳处的辐亮度[W/(m² · μm · sr)]；d 为天文单位下的地-日距离 $d = \dfrac{1}{1 - 0.01674\cos[0.9856(JD-4)]}$；JD 为数据获取当天的儒略日(一年共有 365 个儒略日)；E_{sun_λ} 为平均外大气太阳辐照度[W/(m² · μm)]，通过建立查找表内插获得；θ_s 为太阳天顶角。

星下点太阳高度角 η 一般可由头文件获得，计算公式为

$$\eta = \arccos[-\cos\varphi\cos\delta_S\cos(\Omega_S + \Omega_C) + \sin\varphi\sin\delta_S] \tag{6.5}$$

式中，φ 为指定纬度圈纬度（观测点纬度）；Ω_S 为升交点的地方平太阳时角，对于太阳同步轨道为定值，$\Omega_S = \Omega - \alpha_S$ 为升交点赤经减去太阳赤经，$-23.5° \leqslant \delta_S \leqslant 23.5°$ 为太阳赤纬；$\Omega_C = -\arcsin(\tan\varphi / \tan i)$ 是经度圈节点与降交点的夹角，因此 η 仅为太阳赤纬 δ_S（季节）的函数。求得 η 后，$\theta_s = 90° - \eta$。

设不考虑周围像元对中心像元影响的地面元反射率为 ρ，大气自身反射率为 ρ_{atm}，则 ρ_1 与 ρ 和 ρ_{atm} 满足以下关系

$$\rho = \frac{\rho_1 - \rho_{atm}}{\tau_{sun}\tau_{vis} + (\rho_1 + \rho_{atm})S} \tag{6.6}$$

式中，τ_{sun}, τ_{vis} 为太阳入射方向和观测方向的平均大气透过率；S 为大气球面反照度。τ_{sun}、τ_{vis}、S 和 ρ_{atm} 由 6S 等软件求得。

不含像元邻近效应的地面元反射率为

$$\rho_0(i,j) = \rho(i,j) + q(\rho - \rho_b(i,j)) \tag{6.7}$$

式中，q 为观测方向大气散射透过率与直射透过率的比值。

$\rho_b(i,j)$ 为像元 (i,j) 的反射率

$$\rho_b(i,j) = \frac{\sum\limits_{j=-n}^{n}\sum\limits_{i=-n}^{n}\rho_0(i,j)\exp(-r)}{\sum\limits_{j=-n}^{n}\sum\limits_{i=-n}^{n}\exp(-r)} \tag{6.8}$$

式中，$(2n+1, 2n+1)$ 为像元 PSF 影像范围；r 是周围像元与中心像元的距离；ρ_0 通过迭代求得，每次迭代的初值为 ρ。

6.1.3　连续地面辐射场构建

如图 6.2 所示，对于每个三角形内部任一点 a 的高程 $Z(X,Y)$ 和光谱反射率 $\rho(X,Y,\lambda)$，采用它的三个顶点 a_1、a_2 和 a_3 的高程 $Z(X_i,Y_i)$ 和光谱反射率 $\rho(X_i,Y_i,\lambda)$ 内插进行估计，其中 $i = 1,2,3$。

内插估计采用距离加权的方法计算它的高程 $Z(X,Y)$ 和光谱反射率 $\rho(X,Y,\lambda)$。

$$Z(X,Y) = \frac{Z(X_1,Y_1)/d_1 + Z(X_2,Y_2)/d_2 + Z(X_3,Y_3)/d_3}{1/d_1 + 1/d_2 + 1/d_3} \tag{6.9}$$

式中，

$$\begin{cases} d_1 = \sqrt{(X-X_1)^2 + (Y-Y_1)^2} \\ d_2 = \sqrt{(X-X_2)^2 + (Y-Y_2)^2} \\ d_3 = \sqrt{(X-X_3)^2 + (Y-Y_3)^2} \end{cases} \tag{6.10}$$

$$\rho(X,Y,\lambda) = \frac{\rho(X_1,Y_1,\lambda)\Big/d_1' + \rho_2(X_2,Y_2,\lambda)\Big/d_2' + \rho_3(X_3,Y_3,\lambda)\Big/d_3'}{1\Big/d_1' + 1\Big/d_2' + 1\Big/d_3'} \tag{6.11}$$

$$\begin{cases} d_1' = \sqrt{(X-X_1)^2 + (Y-Y_1)^2 + (Z(X,Y)-Z(X_1,Y_1))^2} \\ d_2' = \sqrt{(X-X_2)^2 + (Y-Y_2)^2 + (Z(X,Y)-Z(X_2,Y_2))^2} \\ d_3' = \sqrt{(X-X_3)^2 + (Y-Y_3)^2 + (Z(X,Y)-Z(X_3,Y_3))^2} \end{cases} \tag{6.12}$$

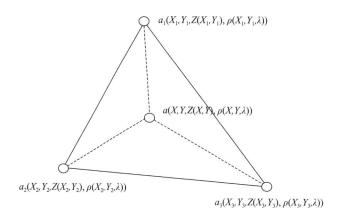

图 6.2　距离加权的方法内插出 a 点反射率

6.2　仿真相机入瞳辐亮度计算

传感器获取的辐射包括三部分：①直接由目标反射至传感器的辐射；②未与地表发生作用的大气辐射；③被目标环境反射后又被散射进入传感器视场的辐射。要获取传感器的入瞳辐亮度，需要在地面反射率反演地面反射率的基础上，准确描述自然光源和大气参量的组成并进行数学建模。

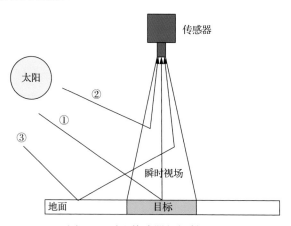

图 6.3　到达传感器的辐射组成

6.2.1　自然光源计算

白天自然地物所受的光照一般包括三部分。

1. 太阳直射光

可看作平行光，平行光方向由观测目标经纬度、太阳高度角、太阳方位角、日-地距离(取决于儒略日)等共同确定；平行光强度由辐射波长、大气条件(透过率、气溶胶浓度、湍流大气折射率结构常数)、太阳高度角等共同确定。

$$E_{\mathrm{sol}}^{\mathrm{dir}} = \mu_s E_s e^{-\tau/\mu_s} \tag{6.13}$$

式中，μ_s 为太阳天顶角的余弦；τ 为大气光学厚度。

2. 天空散射光

计算方法为

$$E_{\mathrm{sol}}^{\mathrm{diff}}(\theta_s) = t_d(\theta_s) \times \mu_s E_s \tag{6.14}$$

式中，θ_s 为散射传输系数。

因此总的辐照度为

$$E = (e^{-\tau/\mu_s} + t_d(\theta_s))\mu_s E_s \tag{6.15}$$

以上两个辐照度分量可以统称为"天空光"辐照度，由于遥感相机在一景影像的工作时间一般不超过 10 秒。短时间内可以认为地面接受的辐照度是不变的，可以预先计算不同仿真条件下的"天空光"辐照度，建立查找表，在仿真时只需按仿真条件进行查找或插值即可。如果一定要考虑时间因素，查找表中可以预先计算不同时间的辐照度参数，使用时把时间作为查找的索引之一。

3. 临近地物反射光

由水平地面接受的平均辐照度、邻近地表反射率分布函数、邻近地面元法线方向与水平地面的夹角、邻近地面元与目标面元法线间的夹角等共同确定。环境光的计算量是非常大的，事实上，由于仿真使用的反射率场在通过数字影像反演时对邻近地物反射率的影响并没有严格去除，或者根本没有考虑邻近地物的影响。在仿真算法中再将邻近地物反射光考虑进来，可能作了重复计算，反而降低了仿真结果的可靠性。一般来说，邻近地物反射率高，目标地物接受的邻近地物辐照度就高，这其实相当于一个滤波作用。因此可以采用对未加入邻近地物影响的地面辐亮度场进行滤波的方法来代替对邻近地物辐照度的计算。滤波器的应根据邻近地物的反射率设定，如果为非漫反射体，还应考虑两者表面法线方向。后续对大规模数字地表进行成像仿真实验不考虑环境光的影响。

6.2.2 入瞳辐亮度建模

1. 地面辐亮度

地面辐亮度由地物的反射分布特性和接受的辐照度共同确定。地物的方向反射分布特性是输入模型的重要组成部分，其复杂程度决定了某一时刻每一个地面元在某一方向的辐亮度。前面对自然地物接受的辐照度组成做了详细描述。不难看出，太阳直射光和天空漫射光两者辐照度的获取相对简单一些，计算量最大的是环境光的辐照度。试想一下，如果要严格计算周围地物对某一点的辐照度，就要从该点向周围的所有地物发射探测光线，计算两点法线矢量，查找发射(反射)辐射地物和接收辐射地物的反射特性，计算发射(反射)辐射地物与太阳的几何关系，判断地物之间及地物与光源之间是否存在遮挡。当然，如果考虑地物间的多次反射，计算量还会增加。

2. 大气外层辐亮度

在已经获取地面辐亮度信号场的条件下，入瞳辐亮度信号场主要由观测几何条件(卫星高度角、卫星方位角、观测目标经纬度)和大气条件决定以及大气后向散射强度共同确定。这里面除了地表本身的辐亮度(反射率)信息、观测几何路径和太阳几何位置之外，对入瞳辐亮度起决定作用的是大气条件，因此有必要对大气参量的计算方法和大气参量在遥感成像中所起的作用作一个全面的分析。

1)入瞳辐亮度及相关大气参量的计算

假设地表面元为一等效朗伯反射且表面反射率为 ρ_λ，传感器接收到的光谱辐射亮度为(肖亮，2003；C.Sanchez Oliveros,Gin-Rong Liua, 2002；1998；孙家抦，1997；尹宏，1993；吴北婴，1998)：

$$L_{\lambda,\text{sensor}} = \frac{1}{\pi}\left\{F_s \cdot \cos(\theta_{\text{solar}})E_{\lambda,\text{Direct}} + V_s \cdot E_{\lambda,\text{Diffuse}}\right\}\rho_\lambda \tau_{\lambda,\text{Atm}} + L_{\lambda,\text{Path}} \tag{6.16}$$

式中，F_s 为投射阴影系数，若坡面为阴影区则 F_s =0，否则为 1；V_s 为天空观察因子，定义为一点所接收的天空漫反射与未被遮挡的水平面所接受的漫反射之比，显然 V_s 介于 0 和 1 之间；$\tau_{\lambda,\text{Atm}}$ 为上行大气透过率。

因此，要计算地面元在探测器上对应的辐射，必须首先确定 $E_{\lambda,\text{Direct}}$，$E_{\lambda,\text{Diffuse}}$，$\tau_{\lambda,\text{Atm}}$ 和 $L_{\lambda,\text{Path}}$ 四个大气物理量：

直接到达场景的太阳光谱辐照度 $E_{\lambda,\text{Direct}}$：利用 LOWTRAN 7 直接计算(从太阳到地面)，是太阳天顶角的函数。

两次调用 LOWTRAN 7 分别计算反射率为 0 和 1 时的程辐射亮度，探测器接收到的程辐射通过两个极端值插值得到

$$L_{\lambda,\text{path}}(x,y) = L_{\lambda,\text{path}}^{\rho=0} + \rho_\lambda(x,y)(L_{\lambda,\text{path}}^{\rho=1} - L_{\lambda,\text{path}}^{\rho=0}) \qquad (6.17)$$

式中，(x,y) 为像素坐标；$\rho_\lambda(x,y)$ 为 (x,y) 邻域在波长 λ 的平均表面反射率。

天空漫射光到地面的光谱辐照度 $E_{\lambda,\text{Diffuse}}$：Chahine 模型提出用 $E_{\lambda,\text{Direct}}$，下行透过率 τ_{down} 和太阳天顶角 θ_{solar} 得到到达场景的太阳光谱辐照度 L_{arrive} 的估计 $\tilde{E}_{\lambda,\text{arrive}}(\theta_{\text{solar}})$：

$$\tilde{E}_{\lambda,\text{arrive}}(\theta_{\text{solar}}) = \frac{\cos(\theta_{\text{solar}})E_{\lambda,\text{Direct}}}{e^{\{-K_{\text{D}} \cdot \tau_{\text{down}} \sec(\theta_{\text{solar}})\}}} \qquad (6.18)$$

式中，K_{D} 为散射辐照度常量，与大气类型及总的表面反射率有关，经验值范围为 0.73~1.26。

进而得到 $E_{\lambda,\text{Diffuse}}$ 的估计值

$$E_{\lambda,\text{Diffuse}} \approx E_{\lambda,\text{arrive}} - E_{\lambda,\text{Direct}} \qquad (6.19)$$

下行透过率是大气光学厚度和太阳天顶角的函数，上行透过率是大气光学厚度和卫星观测天顶角的函数

$$\tau_{\lambda,\text{Atm}} = \exp(-\tau_{\text{OD}}(\lambda,\theta_v) \cdot \sec\theta_v) \qquad (6.20)$$

式中，$\tau_{\text{OD}}(\lambda,\theta_v)$ 表示传输路径的大气光学厚度，它与传输距离和大气消光系数密切相关。

图 6.4 给出了极其晴朗的 Rayleigh 散射、乡村气溶胶气象视距 23 km 和城市气溶胶气象视距 5 km 条件下的大气透过率。其他参数选择：1976 美国标准大气模式，从 500 km 向天底观察。

图 6.5 给出了利用 LOWTRAN7 计算的随观测天底角的变化的大气透过率光谱分布曲线，以及平均透过率的分布曲线。从曲线可以看出，随着观测天底角 θ_v 的增加，透过率不断降低。

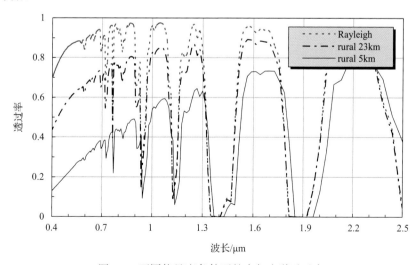

图 6.4　不同能见度条件下的大气光谱透过率

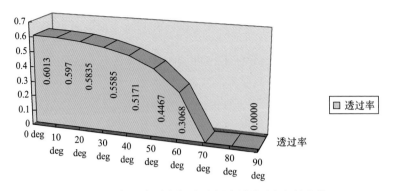

图 6.5　下行观察时大气透过率随观测天底角的变化

2) 仿真链路中入瞳辐亮度的获取

以上部分详细介绍了地面反射率 → 地面辐照度 → 大气透过率 → 大气程辐射 → 入瞳辐亮度这一辐射传输链路中各个分量的获取方法。事实上,对于可见光相机来说在朗伯地表假设条件下,通过 LOWTRAN 7 等辐射传输模型软件,可以直接计算卫星轨道高度和观测天底角、星下点地理位置、太阳高度角、地面目标反照率、大气能见度、工作波段等输入条件下的相机入瞳处的积分辐射亮度。上面对大气参量分量的统计分析可以为输入条件的设置提供参考。表 6.3 是利用大气辐射传输模型(MODTRAN 4.0)通过 LOWTRAN 7 软件计算的在不同太阳高度角和地面反照率下,包括大气程辐射在内的 TDI CCD 相机入瞳处的积分辐射亮度。

表 6.3　TDI CCD 成像系统入瞳处积分辐射亮度　　　[单位: W/(m·sr)]

辐射亮度	太阳高度角				
目标反射率 $\bar{\rho}$	10	30	50	60	70
0.05	3.68	7.26	9.85	10.95	11.85
0.1	4.13	9.50	13.7	15.46	16.81
0.2	5.03	14.04	21.56	24.53	26.81
0.4	6.90	23.35	37.50	42.95	47.06

表 6.3 中计算的入瞳辐亮度以目标反射率和太阳高度角为变量,在仿真运算中可以建立以前面提到的一系列大气参量和观测几何参数为变量的高维参数查找表。使用时只需按仿真成像条件进行检索和插值就可以得到对应的入瞳辐亮度,而不需要进行复杂的公式运算。

6.3　大气折光与大气点扩散函数

1. 大气折光模型

由于大气在各个高度的密度是不同的,从而导致对光的折射率也不同,因而光线穿过大气时会发生一定的偏转。为了精确计算最终成像结果，必须考虑大气对光的作用。目前较为常用的一个天顶干延迟模型的折射率差 N 的表达式为

$$N = (n-1) \times 10^6 = 77.6 \frac{P}{T} \tag{6.21}$$

式中，n 为地面空气的折射率；P 为大气压；T 为绝对温度。在通用的标准大气状态下，$N = 287.85$。另一种方法是通过查大气折射表来得到大气折射率。但是由于受到湿度和方位的影响，上述两种方法获得的只是一个近似值，更加精确的大气折射率，只能通过实测的方法来获得。

目前较为常用的大气模型是普尔科沃大气折射表（见表 6.4），没能考虑当地的地理环境，但该表是各地通用的模型，而且它所依据的模型是各向同性的。为此，我们采用3月份在河北的国家天文台观测点所给出的实测数据如下表。

表 6.4　普尔科沃大气折射表

观测天顶距/(°)	大气折射实测值				观测天顶距/(°)	大气折射实测值			
	南(″)	东(″)	西(″)	北(″)		南(″)	东(″)	西(″)	北(″)
5	5.270	5.263	5.250	5.287	65	128.944	128.659	128.322	128.964
10	10.622	10.608	10.581	10.656	66	135.007	134.699	134.353	135.004
15	16.141	16.120	16.079	16.193	67	141.554	141.221	140.868	141.526
20	21.925	21.896	21.840	21.994	68	148.649	148.287	147.932	148.595
25	28.089	28.052	27.979	28.175	69	156.367	155.974	155.619	156.285
30	34.778	34.730	34.640	34.881	70	164.797	164.369	164.021	164.688
35	42.177	42.118	42.008	42.296	71	174.043	173.578	173.245	173.911
40	50.541	50.468	50.334	50.674	72	184.234	183.727	183.422	184.085
45	60.229	60.138	59.976	60.372	73	195.521	194.972	194.711	195.369
50	71.770	71.654	71.460	71.916	74	208.092	207.502	207.306	207.958
55	85.988	85.839	85.603	86.124	75	222.179	221.555	221.448	222.097
60	104.243	104.041	103.756	104.342	76	238.073	237.436	237.438	238.091
61	108.562	108.346	108.051	108.649	77	256.157	255.552	255.657	256.327
62	113.158	112.928	112.622	113.232	78	276.960	276.487	276.597	277.302
63	118.064	117.817	117.500	118.122	79	301.303	301.172	300.909	301.659
64	123.312	123.047	122.720	123.352	80	330.684	331.357	329.509	330.236

2. 大气点扩散函数

大气散射的 PSF 可以表示为依赖于传感器镜头直径 σ 的高斯函数。考虑到大气的吸收和散射作用，将强度分布乘上大气透过率 T

$$\mathrm{PSF}_{\mathrm{dis}}(r) = \frac{T}{2\pi\sigma^2} \exp\left(-\frac{r^2}{2\sigma^2}\right) = \frac{\exp(-\tau)}{2\pi\sigma^2} \exp\left(-\frac{r^2}{2\sigma^2}\right) \tag{6.22}$$

式中，r 是某像元与目标像元间的距离；τ 是大气的气溶胶光学厚度；σ 是 PSF 的高斯宽度。

PSF 在整个区域上的积分结果为 1。地表瞬时视场 GIFOV 被定义为 PSF 的半峰值全宽 FWHM，这样，σ 和 GIFOV（即地面分辨率）间的关系为：$\mathrm{GIFOV} = 2\sqrt{2\ln 2}\,\sigma \approx 2.36\sigma$。由于大气散射作用，通常洁净的大气状况下 σ 的范围在（0.5GIFOV，0.75GIFOV）之间。

6.4　相机静态 MTF 建模

相机静态 MTF 可以理解为在轨成像的每一个时刻相机物理器件导致的成像模糊在频率域的表现形式。在空间域的表现形式为物方的一点在像面没有像点，而是形成一个弥散斑。离焦、光学像差、电子线路、探测器均可导致 MTF 下降。

6.4.1　相机静态 MTF 分解

1. 离焦点扩散函数

理论上，只有共轭的物平面才能在像平面上成清晰像，其他物点所成的像均为弥散斑。但当此斑足够小时，仍可看作一点。此时，该弥散斑可认为是空间点在平面上的像。

如图 6.6 所示，当 Z_1' 和 Z_2' 小到可以看成一点时，认为从 B_1 到 B_2 的空间深度范围内的物体都能在像平面上得到清晰像。这个空间深度叫景深。

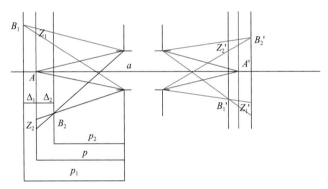

图 6.6　景深与离焦示意图

不同的物距对应着不同的理想焦平面，物距不同的地物则会因离焦在焦面上形成弥散斑，弥散斑内的能量分布模型采用均匀分布模型，弥散斑直径 $Z' = \beta Z$，β 为垂轴放大率，图 6.6 中，a 为入瞳直径，$Z_1 = 2a\dfrac{p_1 - p}{p_1}$，$Z_2 = 2a\dfrac{p - p_2}{p_2}$。

2. 光学系弥散斑造成的邻近效应建模

光学系统的点扩散函数类似于一种低通滤波算子，与运动无关的点扩散函数包括以下两种类型：光学系统衍射和光学系统散焦。

光学系统衍射（光学模糊）用艾里斑来描述

$$\mathrm{PSF}_{\mathrm{opt}}(r) = \frac{\sigma^2}{4r^2} J_1^2\left(\frac{\pi r \sigma}{\lambda f_0}\right) \tag{6.23}$$

式中，λ 是入射辐射的波长；f_0 是光学系统的焦距；J_1 是一阶贝塞尔函数。像平面的第一个零值出现在距光轴 $r_{\mathrm{Airy}} = 1.22\lambda f_0 / \sigma$ 的位置处。

光学系统散焦(Out of Focus)的确定取决于多种因素：焦距、镜头直径和形状、传感器高度、成像光波长、衍射影响等。同时获取这些参数是困难的；用一个均一散焦模型来近似散焦 PSF

$$\mathrm{PSF}_{\mathrm{oof}} = \begin{cases} \dfrac{1}{\pi R^2}, & r \leqslant R \\ 0, & r > R \end{cases} \tag{6.24}$$

式中，R 是散焦模糊的半径。

一般来说，光学系统可以看成是一个线性移不变系统；也就是说，点扩散函数 $h(u,v)$ 与地表辐射分布 $f(x,y)$ 的值、空间位置 (u,v) 均无关，系统对相同的输入信号的输出是相同的。如图 6.7 所示在作为连续函数的情况下，整个影像的构成为

$$g(x,y) = \int_{-\infty}^{\infty}\int_{-\infty}^{\infty} f(x-u, y-v)h(u,v)\mathrm{d}u\mathrm{d}v \tag{6.25}$$

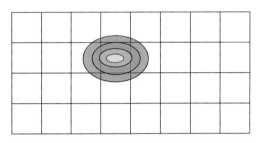

图 6.7　弥散斑

遥感数字影像是离散的有限函数，式(6.25)为有限的乘积和

$$g(x,y) = \sum_u \sum_v f(x-u, y-v)h(u,v) \tag{6.26}$$

或卷积形式

$$g(x,y) = h(x,y) \otimes f(x,y) \tag{6.27}$$

邻近效应就是地表辐射与点扩散函数卷积的结果。对式(6.27)两端取傅立叶变换，把卷积转化为乘积关系

$$G(r,s) = F(r,s)H(r,s) \tag{6.28}$$

如果点扩散函数 $h(u,v)$ 已知，即 $H(r,s)$ 已知，通过一个卷积的处理就可以模拟邻近效应。

由于地面点大多数情况下各处亮度不一样，所以实际上 CCD 探元内每个位置接收的辐射亮度不一样，每个 CCD 单元感受的是多个弥散斑的亮度的积分；为逼近这一物理过程采用亚像元采样方法，计算每个 CCD 单元感受的亮度。

如图 6.8 所示，模拟中采用亚像元取样策略提高模拟精度。按照奈奎斯特采样定理，如果对某一带宽的有限时间连续信号（模拟信号）进行抽样，且在抽样率达到一定数值时，根据这些抽样值可以在接收端准确地恢复原信号；为不使原波形产生"半波损失"，采样率至少应为信号最高频率的两倍；为使卫星 CCD 像元中按面积积分的能量值达到高准确度，模拟方案中采用 1/9 像元离散计算，然后求和的积分算法。

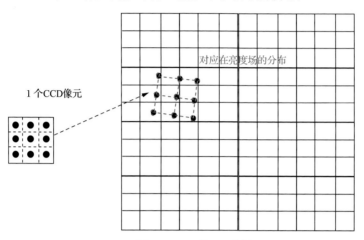

图 6.8　亚像元采样

以 1/9 像元的中心(x_i, y_i)求出所对应的在亮度场上的对应点(x, y)所对应的亮度值，并赋给正射像片上的对应像元。由于(x, y)可能不是整数位置，所以要采用内插的方法，根据其周围若干个邻点来求解该位置的亮度值。考虑到计算速度和精度的要求，一般采用双线性内插的方法来求(x, y)处的灰度值，双线性内插的方法描述如下。

如图 6.9 所示，该方法是用一个分段线性函数来近似表示灰度内插时周围像点的灰度值对内插点灰度值的贡献大小，该分段线性函数为

$$\omega(t) = \begin{cases} 1 - |t| & 0 \leqslant |t| \leqslant 1 \\ 0 & 其他 \end{cases} \tag{6.29}$$

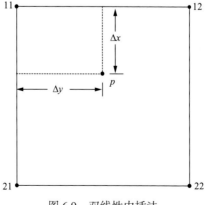

图 6.9　双线性内插法

设内插点 p 点与周围四个最近像素点的关系如图 6.9 所示，像素之间的间隔为 1，且 p 点到像素点11间的距离在 x 和 y 方向的投影分别为 Δx 和 Δy，则内插点 p 的亮度值 D_p 为

$$D_p = \begin{bmatrix} \omega(\Delta x) & \omega(1-\Delta x) \end{bmatrix} \begin{bmatrix} D_{11} & D_{12} \\ D_{21} & D_{22} \end{bmatrix} \begin{bmatrix} \omega(\Delta y) \\ \omega(1-\Delta y) \end{bmatrix} \tag{6.30}$$

式中，D_{ij} 为像素点 (x,y) 的亮度值。

3. 电子学系统的 MTF 和 CCD 器件的 MTF 建模

正视相机的实验室静态传函 MTF，主要是由前面提到的光学系统的 MTF 以及电子学系统的 MTF 和 CCD 器件的 MTF 共同所决定的。还有其他的一些影响因素，这里归一为相机加工装调因子 K。得到相机的最终 MTF 评估的近似公式

$$\text{MTF（相机）} = \text{MTF(光学)} \times K \times \text{MTF（CCD）} \times \text{MTF（电子线路）} \tag{6.31}$$

按照国外供货商提供的 CCD 器件对应于各个谱段的 MTF 值，按照卫星设计方提供的电子学系统的 MTF 预估。

6.4.2 相机静态 MTF 仿真方法

本节对相机静态 MTF 模拟实现的主要是光学点扩散函数与探测器矩形滤波的综合效果，实现方法如下：对像面进行细分，用细分后的离散平面位置近似代替连续的平面位置，细分程度越高，对"连续能量分布"的近似程度也越高。建立细分倍数、高斯点扩散函数系数 σ 和奈奎斯特频率 MTF 间的对应关系查找表。仿真运算时根据 MTF 设计值和细分倍数线性拟合出点扩散函数系数 σ（见表 6.5）。

表 6.5 部分探元细分倍数、PSF 系数 σ 与奈奎斯特频率 MTF 的对应关系表

细分倍数	σ	奈奎斯特频 MTF
	3.0	0.168
5	3.5	0.087
	4.0	0.043
	4.0	0.198
7	4.5	0.128
	5.0	0.080
	5.0	0.216
9	5.5	0.156
	6.0	0.110

对密集光线追踪获取的近似连续探测器焦面辐照度"影像"进行滤波，滤波器根据

点扩散函数作用半径 r 和矩形探元尺寸 d(设长宽相等)的像对大小分别设计，用于模拟点扩散函数和探元矩形滤波的综合效果。计算公式如下：

$$\begin{cases} q(x) = \int_0^x psf(x - 0.5 \times r)\mathrm{d}x & 0 < x \leqslant r \\ q(x) = \int_0^w psf(x - 0.5 \times r)\mathrm{d}x & r < x \leqslant d \qquad\qquad r < d \\ q(x) = q(2 \cdot (0.5r + 0.5d) - x) & d < x \leqslant d + r \end{cases} \tag{6.32}$$

$$\begin{cases} q(x) = \int_0^x psf(x - 0.5 \times r)\mathrm{d}x & 0 < x \leqslant 0.5r + 0.5d \qquad d < r \leqslant 2 \times d \\ q(x) = q(2 \cdot (0.5r + 0.5d) - x) & 0.5r + 0.5d < x \leqslant d + r \end{cases}$$

式中，x 为像点离矩形探元中心的距离。

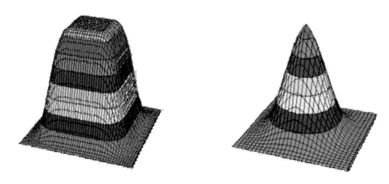

图 6.10　两种综合滤波器示意图

　　以上虽然给出了光学点扩散函数和探测器矩形滤波的综合滤波器设计方法，但在实际的影像模拟中不可忽略的一点是输入影像本身的 MTF 退化情况。对输入影像的 MTF 进行准确评估是保证模拟影像 MTF 精度的基础，可以通过 MTF 测试靶标影像计算 MTF。

6.5　TDI CCD 相机信噪比建模

　　TDI CCD 成像系统信噪比定义为目标辐射在 TDI CCD 探测器上产生的信号电子数和噪声电子数之比，通常以 dB 为单位表示(万志,任建伟, 2008; 谭碧涛, 2009)：

$$\mathrm{SNR} = 20\lg\frac{S_{\mathrm{e-}}}{N_{\mathrm{e-}}} \tag{6.33}$$

式中，$S_{\mathrm{e-}}$ 为信号电子数；$N_{\mathrm{e-}}$ 为噪声电子数。

　　在辐射传输和光电转换过程中不可避免地受到各种随机因素的干扰，这些干扰表现为各种类型的噪声，主要包括光子霰粒噪声、暗电流噪声、读出噪声、放大器噪声以及量化噪声等。这些噪声成为限制辐射探测精度的主要原因，所以人们习惯将信噪比作为衡量 TDI CCD 成像系统辐射探测能力的重要指标。上述噪声中除了放大器噪声和量化噪声外，其他都属于探测器噪声，而探测器噪声是噪声的主要来源。

光子霰粒噪声电子数的统计平均标准偏差 σ_{shot} 是信号电子数 $S_{\text{e-}}$ 的开平方，即：$\sigma_{\text{shot}} = \sqrt{S_{\text{e-}}}$，同理，暗电流噪声的标准偏差是暗信号电子数 $D_{\text{e-}}$ 的开平方，另外需要注意的是暗电流电子数随着积分级数 M 的增大而线性增大，所以有：$\sigma_{\text{dark}} = \sqrt{MD_{\text{e-}}}$。CCD 读出噪声的均方根值 σ_R，可以从器件参数列表中得到，上述 3 种噪声是独立不相关的量，因此噪声的迭加遵循独立误差合成原理，总的噪声电子数为

$$N_{\text{e-}} = \sqrt{\sigma_{\text{shot}}^2 + \sigma_{\text{dark}}^2 + \sigma_R^2} \tag{6.34}$$

于是信噪比计算公式可以写成

$$\text{SNR} = 20\lg \frac{S_{\text{e-}}}{\sqrt{\sigma_{\text{shot}}^2 + \sigma_{\text{dark}}^2 + \sigma_R^2}} \tag{6.35}$$

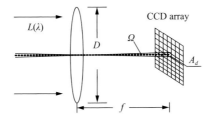

图 6.11　单个像元接收的辐射通量示意图

如图 6.11 所示，单个像元接收的目标辐射来自像元面积 A_d 对入瞳中心所张的立体角 Ω 内的辐射通量，在 $\lambda \sim \lambda + \Delta\lambda$ 光谱范围内，此辐射通光子量为

$$\Delta\Phi = L(\lambda)\tau_0(\lambda)\frac{\pi D^2}{4}\Omega\Delta\lambda \tag{6.36}$$

若 TDI CCD 的积分时间为 t_{int}，则目标辐射在单个 CCD 像元上产生的曝光量为

$$\Delta E = \Delta\Phi \cdot t_{\text{int}} = \frac{\pi A_d t_{\text{int}}}{4(f/D)^2} L(\lambda)\tau_0(\lambda)\Delta\lambda \tag{6.37}$$

这个能量换算成光子数为 $\Delta N_0 = \dfrac{L\Delta E}{hc}$。

若 TDI CCD 在波长 λ 处的量子效率为 $\eta(\lambda)$，并考虑到积分级数 M 相当于增加了有效积分时间，所以此能量产生的信号电子数为

$$\Delta S_{\text{e-}} = \Delta N_0 \cdot \eta(\lambda) = \frac{\pi A_d M t_{\text{int}}}{4(F^{\#})^2 hc}\lambda L(\lambda)\eta(\lambda)\tau_0(\lambda)\Delta\lambda \tag{6.38}$$

把式 (6.38) 在 TDI CCD 成像系统的工作波段内积分，并考虑共轴光学系统可能存在的中心遮拦将降低有效通光孔径。设遮拦比为 ε，则最终得到的信号电子数为

$$S_{e^-} = \frac{\pi(1-\varepsilon)A_d M t_{int}}{4(F^\#)^2 hc} \int_{\lambda_1}^{\lambda_2} \lambda L(\lambda)\eta(\lambda)\tau_0(\lambda)\mathrm{d}\lambda \tag{6.39}$$

式中，A_d 为 TDI CCD 探测器单个像元的面积；ε 为光学系统的遮拦比；M 为 TDI 级数；t_{int} 为 CCD 的积分时间；$F^\#$ 为光学系统的焦比；$L(\lambda)$ 为入瞳处接收的光谱辐射亮度；$\tau_0(\lambda)$ 为光学系统的光谱透过率；$\eta(\lambda)$ 为探测器在波长 λ 处的量子效率；h 为普朗克常数，$6.626\times10^{-34}\,\mathrm{J\cdot s}$；$c$ 为真空中的光速（$3\times10^8\,\mathrm{m/s}$）。

通过大气辐射传输软件计算得到的 TDI CCD 成像系统入瞳处积分辐射亮度，通常计算信号电子的公式为

$$S_{e^-} = \frac{R t_{int} \overline{L}_B}{k_c} \cdot \frac{\pi \overline{\tau}_0}{4F^2} \cdot M \tag{6.40}$$

式中，R 为 TDI CCD 响应度（$\mathrm{V/(\mu J/cm^2)}$）；t_{int} 为积分时间（ms）；$\overline{L}_B$ 为入瞳平均辐射亮度；k_c 为 TDI CCD 的电荷-电压的转换系数（$\mu\mathrm{V/e^-}$）；$\overline{\tau}_0$ 为光学系统透过率；F 为光学系统相对孔径倒数；M 为 TDI CCD 的积分级数。

表 6.6 为太阳高度角 $\theta=10°$，地面目标平均反射率为 $\overline{\rho}=0.05$ 时，TDI CCD 成像系统采用 32 级积分时信噪比估算的具体计算结果。

表 6.6　信噪比估算结果　　　　　　　　　　　　（单位：dB）

信噪比/dB		太阳高角				
M	$\overline{\rho}$	10	30	50	60	70
16	0.05	19.95	25.16	27.37	28.13	28.64
	0.1	20.93	27.12	29.60	30.46	31.00
	0.2	22.36	29.79	32.70	33.36	33.91
	0.4	24.79	33.07	35.86	36.62	37.08
32	0.05	23.70	29.48	31.55	32.25	32.73
	0.1	25.49	31.31	33.66	34.40	34.90
	0.2	26.85	33.79	36.35	37.08	37.59
	0.4	29.14	36.82	39.40	40.11	40.54
48	0.05	26.85	31.67	33.67	34.36	34.82
	0.1	27.77	33.44	35.73	36.45	36.93
	0.2	29.10	35.85	38.34	39.05	39.54
	0.4	31.33	38.79	41.31	42.00	42.43
64	0.05	28.41	33.17	35.14	35.81	36.26
	0.1	29.34	34.91	37.15	37.86	38.34
	0.2	30.65	37.27	39.72	40.42	40.90
	0.4	32.84	40.17	42.65	43.33	43.75
96	0.05	30.54	35.20	37.13	37.79	38.23
	0.1	31.44	36.91	39.10	39.79	40.26
	0.2	32.72	39.22	41.62	42.30	42.78
	0.4	34.88	42.05	44.50	45.17	45.58

6.6　相机静态辐射响应建模

1. CCD 辐射响应模拟模型

CCD 响应是建立输入的辐亮度和 CCD 探测器数字化输出之间建立定量关系。这种数字化输出与输入辐亮度之间的关系可简单地表示为

$$X = AL + C \tag{6.41}$$

式中，X 为相机某像元探测器的数字化输出；A 为各像元光电响应度(与视场角、探测器的均匀性等有关)；L 为目标辐射亮度；C 为探测器像元输出的数字化暗电流信号。

相机采用线阵 CCD 探测器按推扫方式工作，在一个光谱范围内探测器的一个像元产生的电子数可表示为

$$S_{\mathrm{e}}(\lambda) = \int_{\lambda_1}^{\lambda_2} \frac{\pi A_d}{4F^2} \times \frac{\lambda}{hc} \times \eta(\lambda) \times \tau_0(\lambda) \times T_{\mathrm{int}} \times L(\lambda) \times \mathrm{d}\lambda \tag{6.42}$$

式中，$S_{\mathrm{e}}(\lambda)$ 为探测器的一个像元产生的电子数；A_d 为探测器像元面积；$F = f/D$ 为光学系统的 F 数；$\tau_0(\lambda)$ 为光学系统的透过率(包括滤光片的透过率)；T_{int} 为探测器积分时间，h 为 Plank 常数 $=6.624 \times 10^{-34}\mathrm{J} \cdot \mathrm{s}$；$c$ 为光速 $2.998 \times 10^{8}\mathrm{m/s}$；$\eta(\lambda)$ 为阵列器件的量子效率；λ 为窄带中心波长；$\Delta\lambda$ 为 $\lambda_2 - \lambda_1$ 带宽；$\dfrac{\lambda}{hc}$ 为波长为 λ 的窄带内单位能量中的光子数；$L(\lambda)$ 为光学系统入瞳处的光谱辐亮度。

式(6.42)中，除了 T_{int} 外的其他项是与目标无关的量，完全是由遥感器的光学系统，接收器件的参数决定的，可以看作是仪器在波长 λ 处，窄带 $\Delta\lambda$ 内的响应度

$$R_T(\lambda) = \frac{\pi A_d}{4F^2} \times \frac{\lambda}{hc} \times \eta(\lambda) \times \tau_0(\lambda) \tag{6.43}$$

则

$$S_{\mathrm{e}}(\lambda) = \int_{\lambda_1}^{\lambda_2} R_T(\lambda) \times T_{\mathrm{int}} \times L(\lambda) \times \mathrm{d}\lambda \tag{6.44}$$

那么在带宽较窄的情况下，输出信号 $S_{\mathrm{e}}(\lambda)$ 可看作与目标的辐亮度成正比，而在一定的波长范围 $\lambda_1 - \lambda_2$ 内，探测器产生的电子数等于式(6.44)在 $\lambda_1 - \lambda_2$ 内的积分

$$S_{\mathrm{e}}(\lambda_1 - \lambda_2) = \int_{\lambda_1}^{\lambda_2} R_T \times L(\lambda) \times T_{\mathrm{int}} \times \mathrm{d}\lambda \tag{6.45}$$

相机入口处的总辐亮度 B 为地物产生的辐亮度 B_0 和天空后向散射的辐亮度之和。

2. TDI CCD 积分成像建模

TDI（time delay and integration）是一种扫描方式，它是一项能够增加线扫描传感器灵敏度的技术。TDI CCD 的结构像一个长方形的面阵 CCD，但从功能上说它是一个线阵 CCD。其工作过程是基于对同一目标多次曝光，通过延时积分的方法，以增加等效积分时间，增强光能的收集。它的列数是一行的像元数，行数为延迟积分的级数 M。工作原理如下：某一行上的第一个像元在第一个曝光积分周期内收集到的信号电荷并不直接输出，而是与同列第二个像元在第二个积分周期内收集到的信号电荷相加，相加后的电荷移向第三行……CCD 最后一行第 M 行的像元收集到的信号电荷与前面（$m-1$）次收集到的信号电荷累加后转移到输出移位寄存器中，按普通线阵 CCD 的输出方式进行读出。由此可见，CCD 输出信号的幅度是 M 个像元积分电荷的累加，即相当于一个像元的 M 倍积分周期所收集到的信号电荷，输出幅度扩大了 M 倍。在 TDI CCD 中，根据不同的应用背景，积分级数 M 可设计为 6，12，24，48，96 等可调。由于 TDI CCD 的曝光时间与使用的 TDI 级数成比例，通过改变 TDI 级数，即改变可见光 CCD 的曝光时间。因此，可见光 TDI CCD 用于成像系统，在不改变帧频的情况下，通过改变 TDI 级数，可以在不同的照度下正常工作，这是非常有义的。随着 TDI 级数增加，信号随 TDI 级数 M 成线性增加，而噪声随 TDI 级数成平方根增加，TDI CCD 的信噪比（SNR）可以增加数倍。

3. 基于实验室静态测试参数的全色相机辐射响应建模

国内技术条件可在实验室测定相机的系统输出与输入辐亮度之间的关系，该过程是通过积分球产生标准亮度场，在不同相机参数情况下给出系统响应曲线及平均灰度值。为准确模拟卫星全色相机在轨辐射响应，需要求卫星研制方详细测定卫星的系统响应参数。如不同积分时间系统响应等。

1）某卫星全色相机不同积分时间的系统响应

TDI 级数 N=12、增益 G=4.5dB 下，不同积分时间情况下的系统响应曲线及三片 CCD 的输出灰度平均值。其中，积分时间分别为 t=020E、0222 和 0235。

不同积分时间的系统响应曲线见图 6.12。

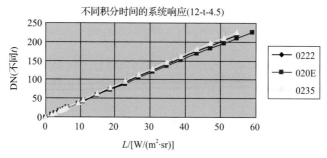

图 6.12　不同积分时间的系统响应曲线比较

2) 某卫星全色相机不同 TDI 级数的系统响应曲线

积分时间 t=0222、增益 G=4.5dB，不同 TDI 级数情况下的系统响应曲线及三片 CCD 的输出灰度平均值。其中，TDI 级数分别为 N=12、24、36 和 48。

不同 TDI 级数的系统响应曲线见图 6.13。

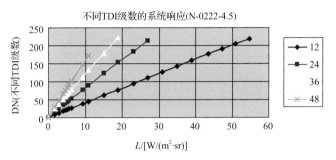

图 6.13　不同积分级数的系统响应曲线比较

3) 某卫星全色相机不同增益的系统响应

TDI 级数 N=12，积分时间 t=0222，不同增益情况下的系统响应曲线及三片 CCD 的输出灰度平均值。其中，增益分别为 G=4.5dB、7.5dB 和 10.5dB。

不同增益的系统响应曲线见图 6.14。

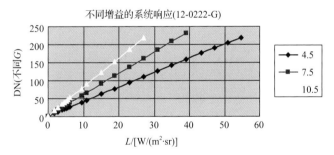

图 6.14　不同增益的系统响应曲线比较

从以上系统响应测试参数可以看出，可以用简单的数学模型描述不同入瞳亮度和不同相机参数情况下的输出 DN 值对照关系。模拟的关键是在精细模拟考虑地面亮度，在考虑景深像差造成影像变成模糊的情况下精度模拟计算入瞳亮度。

6.7　相机几何建模

卫星相机的几何模型包括：①相机安装模型，指相机相对卫星平台的安装位置和角度；②光学系统几何模型，指光学畸变决定的不同视场的像空间光线向量到入瞳光线向量的转换模型；③探测器几何模型，指探测器每个 CCD 单元在焦平面的位置，由于 CCD 单元的位置连续性，可以用统一的数学模型描述整个 CCD 阵列相对理想安装位置的偏移。

6.7.1 相机安装模型

相机安装模型包括相机光学节点在卫星本体坐标系的安装位置(X_s, Y_s, Z_s)和相机测量坐标系相对卫星本体坐标系的安装角$(\text{yaw}_s, \text{pitch}_s, \text{roll}_s)$，使用的相机安装角为实验室标定结果，相机测量坐标系相对卫星本体坐标系的旋转矩阵为r_{set}。

设卫星本体坐标系原点到(X_s, Y_s, Z_s)的向量为U，卫星本体坐标系相对t时刻的局部轨道坐标系的姿态角为$(\text{yaw, pitch, roll})$，对应旋转矩阵为$r_a^t$，卫星本体坐标系原点在WGS84地球固连坐标系的位置速度矢量为$(X_o^t, Y_o^t, Z_o^t, V_{Xo}^t, V_{Yo}^t, V_{Zo}^t)$，对应旋转矩阵为$r_o^t$，则相机光学节点在卫星本体坐标系的安装向量$U$在WGS84地球固连坐标系的向量形式为$U' = r_o^t \cdot r_a^t \cdot r_{\text{set}} \cdot U$，相应地，相机光学节点的运行位置为

$$\begin{bmatrix} X_{\text{opt}}^t \\ Y_{\text{opt}}^t \\ Z_{\text{opt}}^t \end{bmatrix} = \begin{bmatrix} X_o^t + X_s^t \\ Y_o^t + Y_s^t \\ Z_o^t + Z_s^t \end{bmatrix} \tag{6.46}$$

式中，$[X_s^t, Y_s^t, Z_s^t]^T$为相机光学节点在卫星本体坐标系的安装位置向量在地球固连坐标系的形式。

设相机成像的积分时间为Δt，$t+\Delta t$时刻的相机光学节点的运行位置为$[X_{\text{opt}}^{t+\Delta t}, Y_{\text{opt}}^{t+\Delta t}, Z_{\text{opt}}^{t+\Delta t}]^T$，$t$时刻相机光学节点的速度矢量计算方法为

$$\begin{bmatrix} V_{X\text{opt}}^t \\ V_{X\text{opt}}^t \\ V_{X\text{opt}}^t \end{bmatrix} = \begin{bmatrix} X_{\text{opt}}^{t+\Delta t} + X_{\text{opt}}^t / \Delta t \\ Y_{\text{opt}}^{t+\Delta t} + Y_{\text{opt}}^t / \Delta t \\ Z_{\text{opt}}^{t+\Delta t} + Z_{\text{opt}}^t / \Delta t \end{bmatrix} \tag{6.47}$$

6.7.2 相机光学系统几何模型

给定视点的位置和成像平面上的任一像素点的位置，我们可以确定一根光线。但这时获取的是透镜组前节点到焦平面的光线向量，要得到透镜到入瞳的光线向量还要考虑光学系统畸变的影响。

在讨论理想光组的成像时，认为在一对共轭的物像平面上，其放大率是一个常数。在实际光学系统中，只有在视场较小时才具有这一性质，而视场较大或很大时，像的放大率要随视场而异，不再是常数。一对共轭物像平面上的放大率不为常数时，将使像相对于物失去相似性。这种使像变形的缺陷称为畸变。

畸变是主光线的像差。由于球差的影响，不同视场的主光线通过光学系统后与高斯像面的交点高度不等于理想像高，其差别就是系统的畸变。

　　畸变的计算是很容易的。对某一视场的主光线作光路计算后，可求得像高 y'_z，而理想的像高可由 $y' = \beta y$ (物在有限远处)或 $y' = -f' \tan \omega$ (物在无限远处)求得(需要注意的是 y 或 ω 应与求主光线时的视场一致)。

　　相机物镜由许多透镜组合而成，在理论上，要求各透镜中心位于同一光轴上，这叫做同心。此时，由畸变引起的移位，必然在以像主点为中心的辐射线上，且辐射距相等的像点，其移位(畸变差)也相同，这种畸变又叫做对称辐射畸变(或叫做径向畸变)。它是物镜畸变差的主要部分。此外，由于物镜的各透镜不可能完全同心，因而在畸变差中还包含有一种由于不同心而引起的非对称畸变差，叫做切向畸变。在一般作业中，只改正径向畸变。下面讨论径向畸变差的改正方法。

　　由径向畸变引起的像点移位是像点辐射距(以像主点为中心)的函数，通常，这一函数关系用下式表示

$$\Delta r = k_1 r + k_2 r^2 + k_3 r^3 + k_4 r^5 + \cdots \tag{6.48}$$

式中，$r = \sqrt{x^2 + y^2}$，即像点辐射距；Δr 为该像点的径向畸变差；k_1、$k_2 \cdots$ 为待定参数，对每一卫星相机来说，是一些定值，可通过地面标定检定求出。

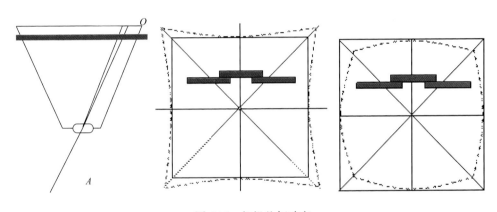

图 6.15　相机几何畸变

采用如下公式引入像点移位模拟计算镜头几何畸变

$$\Delta r = k_1 r + k_2 r^2 \tag{6.49}$$

　　最后需要注意的是，畸变作为主光线的像差是与波长有关的，应根据光线对应的离散波谱段设置相应的畸变。

6.7.3　探测器安装几何模型

1. 垂直探测器积分方向的相机畸变模型

　　卫星相机的畸变模型直接通过实验室测试的相机各通道、各波段畸变参数建立，格

式为"探测器列坐标-畸变量"数据序列，两个测量探元之间的畸变通过线性插值的方法获得。通过插值可以得到每个探元在垂直积分方向的畸变量 σ_{CSi}。

2. 沿积分方向的探测器畸变模型

在卫星各通道探测器积分方向的畸变模型建模中主要考虑探测器阵列拼接误差 σ_c 和探测器非直线性 σ_r 两个指标。首先，以第一个探测器阵列为基准，将第二片探测器相对理想安装位置整体偏移 σ_{c1}；再以第二个探测器阵列为基准，将第三片探测器相对理想安装位置整体偏移 σ_{c2}；然后，将每片探测器以该片中心探元为中心，旋转 σ_{ri}，可以得到每个探元在沿积分方向的畸变量 $\sigma_{ASi} = \sigma_{ci} + \sigma_{ri}$。

每个探元中心都有两个畸变量 $(\sigma_{ASi}, \sigma_{CSi})$，$i$ 表示探元序号，在模拟算法中认为该畸变是光学畸变和探元畸变的综合值，两个探元列之间的亚像元点的畸变量通过线性插值获得。

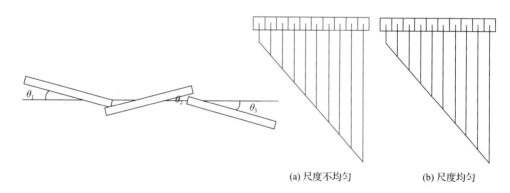

(a) 尺度不均匀　　　　　　(b) 尺度均匀

图 6.16　探测器阵列非直线性和尺度非均匀性示意图

6.8　轨道建模

卫星轨道仿真包括动力学仿真和简化的数学模型仿真，动力学仿真属于理论上比较严密的仿真方法，但需要详细的卫星轨道、平台、载荷设计参数支持，且理论复杂；简化的数学模型模拟方法可以是对动力学模型某些环节的简化，也可以是完全脱离动力学模型、单纯对轨道姿态的主要特点进行抽象描述的数学模型。下面介绍一种卫星轨道参数的数学模型建模方法，用规则圆轨道来描述卫星轨道，计算成像时间段内一定频率的卫星本体坐标系原点的位置速度矢量 $(X_o, Y_o, Z_o, V_{Xo}, V_{Yo}, V_{Zo})$。

卫星轨道数据获取方法为：

(1) 在惯性参考系的 XOZ 平面上取一组卫星测量坐标系原点坐标，各原点坐标与惯性参考系原点的距离相同为 R，R 等于平均地球半径加上平均轨道高度；设第一个原点对应时刻为 0，相邻两个原点对应时刻相差 0.1 秒，由 R 可求得轨道周期 T，降交点时刻 Tdsd 减去 $T/4$ 就是第一个原点对应的实际时间 T_0；T_0 后时刻取样依次加 0.1 秒为相应的实际时间；$d\theta = 360/(T \cdot 10)$ 为相邻两个原点的地心角，通过 R 和卫星原点与第一个在 Z 轴上的原点的地心角计算第 $i(i = 0,1,\cdots)$ 个取样时刻的卫星原点。

(2) 设轨道倾角为 I，将取样坐标绕 X 轴顺时针旋转 $I \sim 90°$，然后绕 Z 轴逆时针旋转 L 度。

(3) 对第 i 个取样时刻，将卫星原点 $(X_i,\ Y_i,\ Z_i)$ 位置绕 Z 轴旋转 $i \times \mathrm{d}L$ 度，$\mathrm{d}L = (1/2400)°$ 为 0.1 秒内地球自转角度，计算第 i 个时刻卫星原点 $(X_i,\ Y_i,\ Z_i)$ 对应的初始大地坐标 $(L_i,\ B_i,\ H_i)$。

(4) 用最小二乘法得到经度和纬度的对应关系式，将模拟目标区域中心纬度 B_c 代入这个关系式，求得的经度 L 与目标区域中心经度 L_c 的偏差 ΔL。

(5) 卫星原点大地坐标的经度 $L_i(i = 0,1,\cdots)$ 加上 ΔL，得到卫星原点的星下点通过目标区域中心点 $(L_c,\ B_c)$ 的卫星原点大地坐标序列 $(L_i',B_i,H_i)((i = 0,1,\cdots), L_i' = L_i + \Delta L)$。

(6) 将卫星原点大地坐标序列 $(L_i',\ B_i,\ H_i)$ 转换成地心直角坐标序列 $(X_i',Y_i',Z_i')\ (i = 0,1,\cdots)$。

(7) 计算卫星原点 $(X,\ Y,\ Z)$ 时将角度 θ 加上 $0.00002°$；

(8) 重复步骤 (1) 到 (6) 得到新的卫星原点地心直角坐标序列 (X_i'',Y_i'',Z_i'')。

(9) 计算卫星原点速度序列 (V_{xi}, V_{yi}, V_{zi})：

$$V_{xi} = (X_i'' - X_i')/(T \cdot 0.00002/360)$$

$$V_{yi} = (Y_i'' - Y_i')/(T \cdot 0.00002/360)$$

$$V_{zi} = (Z_i'' - Z_i')/(T \cdot 0.00002/360)$$

第 i 组卫星原点位置速度对应时间为 $T_i = T_0 + i \cdot 0.1$；

(10) 保存卫星原点轨迹数据 $(T_i, X_i', Y_i', Z_i', V_{xi}, V_{yi}, V_{zi})$。

6.9　姿　态　建　模

决定卫星姿态运动的参数主要包括姿态指向精度和姿态稳定度。姿态指向精度可以理解为对预定成像目标的照准精度，可以理解为一个系统参量或频率很低的变化量。这里对姿态运动的建模主要是对姿态稳定度的建模和偏流角误差的建模。

1. 姿态稳定度建模

姿态稳定度的单位一般为度/秒。但这个概念只适合分析较低频率的姿态变化对影像的影响，在设计阶段高频部分应精确到每一行的姿态变化数据。表 6.7 为某卫星的指向精度需求参数。

表 6.7　某卫星指向精度需求参数(3σ)

指向控制精度		Roll,Pitch,Yaw: ± 0.1°	所有频率
指向稳定度	短周期	Roll,Yaw:2.0×10^{-5}°$/0.37$ms (p-p) Pitch: 1.0×10^{-5}°$/0.37$ms (p-p)	所有频率
	长周期	Roll,Pitch,Yaw: 2.0×10^{-4}°$/5$s (p-p) [1] Roll,Pitch,Yaw: 4.0×10^{-4}°$/5$s (p-p) [2]	所有频率
在轨指向确定精度		Roll,Pitch,Yaw:　± 4.0×10^{-4}°	0～10 Hz
在轨指向确定精度		200m	0～1 Hz
指向确定精度 [3]		Roll,Pitch,Yaw:　± 2.0×10^{-4}°	0～10 Hz
指向确定精度 [3]		1m	0～1 Hz

1) DRC 停止转动;

2) DRC 转动;

3) 地面后处理。

相机随平台产生颤动,增加了视轴对准误差从而降低了摄像性能。对相机设计而言,卫星平台振动的频谱特征是设计的关键。姿态运动建模也是所有运动因素中最关键的部分,数学模型法采用功率谱分析方法构建需要的姿态变化曲线。姿态建模的目的是获取符合三轴姿态指向精度 (yaw_0, $pitch_0$, $roll_0$) 和三轴姿态稳定度 (yaw_1, $pitch_1$, $roll_1$) 的成像每一时刻卫星本体坐标系相对局部轨道坐标系的姿态角 (yaw, $pitch$, $roll$)。

功率谱分析法获取姿态数据步骤如下:

(1) 根据三轴指向精度 (yaw_0, $pitch_0$, $roll_0$) 生成三轴指向角系统量;

(2) 根据模拟设置的姿态功率谱参数生成滤波器;

(3) 生成随机振动功率谱;

(4) 频率域滤波得到姿态振动功率谱;

(5) 反傅里叶变换变回时间域得一个姿态角的姿态数据序列;

(6) 每隔 1 秒统计生成的姿态角序列 $f(t_i)$ 的均方差 σ,将姿态角序列的每个姿态角乘以 $\sigma/(3\,yaw_1)$,然后加上偏航指向角系统量 yaw_0',得到偏航姿态角序列;

(7) 重复步骤(1)到(6)生成第二个姿态角序列和第三个姿态角序列,加上指向角系统量最终的姿态角序列。

一些文献中将功率谱密度函数用单一函数表示,这种方法在解决部分问题时可以使用。对于立体测绘卫星来说,我们关心的是某些频段的功率谱密度。而且实际的姿态变化也主要集中在某几个频段,也就是说频谱会出现跳跃性。因此,对由功率谱密度生成时域曲线的方法做了一些改进,主要是滤波器的设置方法的改变。

这里使用的通用滤波器为

$$Q_v = \frac{1.0}{\left(1 + \left((v \bmod a)/b\right)^2\right)\left(1 + (v/c)^2\right)} \tag{6.50}$$

式中，v 为整数型的频率，只具有相对意义；a 为整型数，决定了考察的频段数；b 为浮点型数，决定了某一频段内功率谱密度随频率的提高下降的速度，也可以认为是一个频段的宽度；c 为浮点型数，决定了整个频谱范围内功率谱密度随频率的提高下降的速度。

　　下面是不同的参数条件下得到的滤波器和姿态曲线。

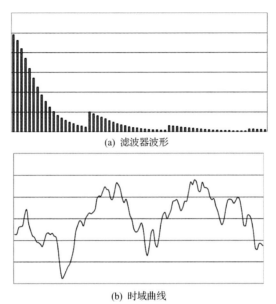

(a) 滤波器波形

(b) 时域曲线

图 6.17　参数 $a=20$，$b=10$，$c=10$ 对应滤波器和时域曲线

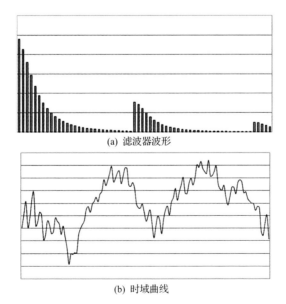

(a) 滤波器波形

(b) 时域曲线

图 6.18　参数 $a=30$，$b=5$，$c=20$ 对应滤波器和时域曲线

2. 偏流角误差建模

TDI CCD 相机的成像特点要求 CCD 阵列与卫星前进方向(地球固联非惯性系)垂直,偏离垂直方向的误差可近似看作偏流角误差(本书不考虑侧视条件下的偏流角误差)。在偏流角调整过程中,由于像移速度方向的估值误差 α_1、卫星偏航姿态角控制误差 α_2、相机像面坐标系与相机坐标系在偏航方向的装调误差 α_3、相机坐标系与卫星本体坐标系在偏航方向的装调误差 α_4 等,造成偏流角误差,偏流角误差(袁孝康,2006;杨秀彬,贺小军,张刘,2008)

$$\alpha = \alpha_1 + \alpha_2 + \alpha_3 + \alpha_4 \tag{6.51}$$

前两项(姿态确定精度和控制精度)的直接结果就是姿态的指向精度和稳定度。偏航姿态角的指向精度可以看作是偏航方向的系统误差,而 α_3 和 α_4 本身就是系统误差。偏航姿态稳定度与俯仰角、滚动角的姿态稳定度含义相同。因此可以在偏航角姿态曲线的基础上加上一个低阶系统误差进行偏流角误差的模拟

$$\text{yaw}' = \text{yaw} + \theta_{\text{yaw}} \tag{6.52}$$

6.10　基于光线追踪的仿真链路设计

光线追踪(ray tracing)是一种高度真实感图形绘制技术,用于建立空间目标视亮度模型和系统探测功能模型,判断系统是否可对目标实现探测并成像,同时也可给出目标影像和背景的强度。光线跟踪可以模拟环境的镜面反射和规则透射,模拟整体软影和透明体阴影,这是其他真实感图形绘制算法所望尘莫及的(徐忠民,2002;Sander,2000)。本节的仿真算法虽然以光线追踪算法为主线,但重点在于研究遥感相机的成像特性。其核心是如何设置光线的起始位置、时间、对应目标波谱段信息来获取成像过程中视场内高精度的辐亮度分布函数,另外就是目标的可探测性和目标与光源之间的遮挡问题。

6.10.1　光线追踪算法

由于光线跟踪是基于真实物理公式的算法,能生成传统图形学算法难以模拟的整体光照明效果,该技术一直是图形学里面一个经典的算法。光线跟踪一般过程如下。

(1)对每一个像素由视点和该像素确定一根光线;

(2)对于场景中的每一个物体进行光线与物体的求交,并存储在求交表中;

(3)如果求交表不为空求出最近的交点,并将该像素的值设为该交点的值,否则将该像素的值设为背景的值。

光线跟踪最早在 1968 年就被引入到图形学中用来做一些消隐和绘制的工作,但是完善的光线跟踪算法是 Whitted 提出来的(Whitted,1979),Whttied 指出光线追踪能够模拟真实感阴影效果。遗憾的是光线追踪在采样时经常遇到一个困难,就是走样现象。对此,

Whitted 的算法可归结为二维采样问题。在像面上每一点(x, y)，亮度采样定义为计算从视点到那一点的光束亮度。假设像平面坐标在 0 到 1 之间，影像亮度定义为映射：

$$f:[0, 1]^2 \rightarrow \text{radiance} \tag{6.53}$$

任何合成影像均可表述为式(6.53)的形式，但对光线追踪来说，上式各部分都有特殊的含义：f 只能在一点上被估计，而不可能对 f 积分或低通滤波。换言之，信号可以被采样但却不能预滤波来避免走样。解决这一问题的一个途径是非均匀采样，它可以将走样转换为高频随机噪声的形式。Whitted 的算法的一个很好的扩展算法是分布式光线追踪，首先由 Cook、Porter 和 Carpenter 提出(Cook，1986)。他们的算法能够模拟运动模糊、有限远光源引起的半影、景深、特殊光滑面的镜面反射。这是通过在一系列空间上的采样来实现的。例如运动的物理位置随时间变化，运动模糊的像素可以通过对很多时刻 t 的采样取平均获得。景深效果是由于相机的孔径引起的，通过在透镜上分布光线就可以模拟景深，这就又引入两个额外的参数 a, b。光滑面的反射可以通过改变法线方向来实现，就相当于光滑表面——由很多细小面片组成，引入参数为起始角 θ, φ。

考虑到这些额外的参数以后，分布式光线跟踪定义为一个多维亮度方程 $f(x, y; t, u, \cdots)$。该方程的一个例子就是 Whitted 型光线跟踪算法。首先将物体移动到 t 时刻的位置，用 (u, v) 面光源上的采样点表示点光源，来自相机的主光线通过透镜上的点 (a, b) 和一个焦点，等等。一旦为一组参数值准备好场景，即可进行光线追踪计算。假设 x, y 及其他 2 维参数范围在 0 到 1，我们有亮度映射(Mitchell，1991)：

$$f:[0, 1]^D \rightarrow \text{radiance} \tag{6.54}$$

二维影像就是在这些参数上的积分：

$$f(x, y) = \int_0^1 \int_0^1 \cdots \int_0^1 f(x, y; t, u,) \mathrm{d}t \mathrm{d}u \cdots \tag{6.55}$$

增加的积分或卷积可以通过一个容易数字化的有限波段影像函数来实现。式(6.55)中的积分不能用解析的方法估计，但是分布式光线跟踪可以通过在每个像素的采样点进行平均求得 $f(x, y)$。这可以看作一个蒙特卡罗积分的过程，或者信号处理领域的采样问题。

光线追踪算法的计算复杂程度很大程度上是由光源的复杂程度和地物辐射特性的复杂程度决定的。在遥感成像仿真中，对地物的透射特性研究较少。地物的辐射特性主要体现在反射率的空间分布特性方面。前面已经提到，BRDF 是对地物反射率分布特性表述比较全面的函数。光线追踪算法的特点决定了它可以对 BRDF 描述的地物模型进行成像仿真(Heckbert，1990)。

光线追踪算法的难点之一是光线求交量巨大，为了加速光线跟踪算法，人们提出了很多快速算法。这些算法可以分为两类：空间加速技术和光线行进技术。空间加速技术又分为两类，即基于包围盒的技术与基于空间划分的技术。其中，基于空间划分的加速结构能显著提高跟踪光线的速度，因而是目前使用的比较多的技术。这些技术的应用虽然大大提高了算法的执行速度，但是要在普通 PC 机上用光线跟踪技术还是难以实现实时绘制一幅影像的目标，目前光线跟踪的实时渲染还是需要在并行的环境下来实现。另外，光线跟踪算法本质上是一个离散采样过程，绘制画面时会出现严重的混叠现象。采用什么样的采样算法可以实现快速绘制高度真实感图形及减弱混叠现象是光线追踪算法研究的重点，前面提到的非均匀采样是解决这一问题的有效途径。

图 6.19 描述了光线追踪算法的一般技术流程。最终交点处光亮度包括：由光源直接照射而引起的光亮度；来自环境中其他物体的入射光在表面产生的镜面反射光亮度；来自环境中其他物体的入射光在表面产生的规则透射光亮度。

后面两部分环境光的计算在传统光线追踪算法中非常复杂，计算量也相当大。遥感成像仿真针对的主要是自然室外场景，即使要对人工建筑进行成像仿真，我们关心的往往是建筑顶部仿真精度，如屋角的几何精度、建筑的高度等。因此，环境光的仿真应该与我们的仿真目的结合起来。或者说，测绘相机的仿真可以弱化或忽略对环境光的仿真。

阴影或遮挡的计算也是光线追踪算法要解决的问题，本质上是要确定当前交点与某光源之间是否存在遮挡。方法为从当前交点向该光源投射一条阴影探测光线，若测试光线在到达光源之前与场景中物体相交，还要判断该物体是否透明，如果非透明，则当前交点与光源之间存在遮挡。因此当前交点所受该光源辐照度为零。若遮挡物体透明，则从光源发射的光能在穿过这些物体时受到一定程度的衰减，光线的方向可能发生偏转。当然，对于大规模的室外场景，遮挡的物体一般为不透明物体(或者在输入场景中不包含透明物体)。对于特殊目的的成像仿真，如对河流、湖泊等存在透射现象的仿真，则应建立相应的模型进行精细的仿真。

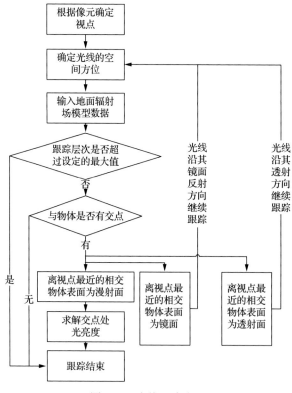

图 6.19　光线跟踪流程

6.10.2　传统光线追踪在卫星相机成像仿真中的局限

前面提到的光线追踪算法得到的影像追求的是视觉上的真实性，与遥感相机辐射传输与成像机理的仿真有很大区别：不管是普通相机的成像仿真还是复杂的遥感相机的成像仿真，追求的都是相机成像特性的真实性，或者说是仿真影像对相机成"不完善像"这一特性的展示能力。与上述光线追踪算法相同的是，获取观测光线与地面交点处的辐亮度仍然是遥感相机成像仿真的重点。所不同的是，直接光源的构成更加容易描述，邻近地物一般为自然地物。相对于邻近地物的多次反射、透射等在目标地物上形成的复杂光照，地表辐亮度的方向分布特性是我们更加关心的问题。另外，上述光线追踪中对阴影的计算是整个算法的重点之一。而对于遥感相机的成像而言，阴影一般指与相机的观测角度和地表起伏有关。通过预先计算，可以排除大部分无遮挡地区，使计算量大大减少。这些区别包括以下各项。

1. 光源不同

传统的光线跟踪中，对复杂室内场景的计算机影像合成是研究的重点之一。人工光源是室内光源的主要组成部分，由于室内光源位置不固定，如可能存在屋顶灯、台灯等。灯的种类又包括白炽灯、荧光灯、LED 等。另外，在白天还要考虑从门窗等入射的自然光。因此，在传统光线追踪中，仅对光源的追踪就是一个极难解决的问题。

而对遥感成像的光线跟踪来说，光源的组成相对简单许多，并且很有规律性。不考虑临近地物的照射，自然光源包括太阳透过大气的直射光和天空散射光两部分。这两部分都是时间和大气物理特性的函数。尽管大气的特性变化多端，我们关心的是典型的大气状况下的光照情况。简单地说就是大气状况好的时候、一般的时候和不好的时候的光照情况。现有的大气校正软件都可以计算这些参量，我们只需要预先建立一个查找表存储这些参量。仿真程序只需要根据成像时间和关心的大气条件查找相应的物理参量即可。对临近地物的影响在第 9 项全局照明中有分析。

2. 遮挡不同

传统光线追踪针对的往往不是自然场景而是人工地物，几何复杂程度非常高，如存在球体、锥体、立方体或其他不规则物体。而且很多物体是一系列三维形状的组合，物体之间不一定存在空间上的连续性，不同的"深度"可能存在多个物体，这使得地物的遮挡非常常见，遮挡的因素也非常复杂。因此，获取光线"看到"的最近的物体就是一个非常复杂的问题。

在遥感成像的光线跟踪中，观测的一般是室外的场景。粗略划分包括自然地形和人工建筑。自然地形按地形起伏情况又可粗略划分为平原、丘陵、山地。

3. 没有 CCD 的概念

传统光线追踪强调三维物方表面在二维成像面上的成像效果，虽然最终显示的是离散化的数字影像，但这种离散化往往与光线成对应关系。真实的传感器成像首先要确定 CCD 接受的照度，获取的能量是对二维焦平面和时间的能量积分过程。到最终的数字影像生成经过了复杂的转换过程。

4. 视点运动

传统光线跟踪对静态场景的渲染一般为单一视点，即使是在多个视角对场景成像，视点也不会像相机那样按严格的轨道运动。正是由于遥感 CCD 相机的动态推扫成像，导致了遥感影像的运动模糊和几何变形。这是遥感影响仿真的重点之一。传统光线跟踪中也有运动模糊的研究，但一般是视点沿简单的轨迹运动，或者是地面场景的运动，不存在非规则的颤振运动。而后者是遥感相机成像性能的关键组成部分，因此是仿真的重要内容之一。

5. 光学系统

传统光线追踪中所成的像可看作是光线观测点沿视点与观测点连线在"幕布"上的投影。虽然这一过程与光线穿过光学系统在成像面上的成像比较类似，但是地物对传感器发出的不是一条光线，而是充满相机入瞳的一束光线。由于真实光学系统和理想高斯光学系统之间存在差异，如孔径衍射、像面离焦、景深、光学像差和波段传输特性等。物方一点在成像"接收"面上会呈现为一个弥散斑。这是导致实际传感器成像质量下降的关键因素，也是仿真的重点。虽然有些光线追踪算法涉及景深的仿真，但也远远不能描述真实遥感相机光学系统的特性。另外，光学系统的成像几何特性也是遥感相机成像仿真的重点，传统光线追踪一般按高斯光学或中心投影关系处理。

6. 线阵 CCD

传统光线跟踪中成像面一般为一个二维平面，这与普通框幅式相机的成像面比较类似。一次曝光就可以得到整个目标场景的信息。线阵 CCD 相机没有曝光时间的概念，我们可以近似将 CCD 的电荷转移时间间隔理解为曝光时间。一次"曝光"之后，线阵 CCD 相机只能获取相机沿轨几何采样间隔的影像，也就是一行影像。传感器随平台推扫过程整个成像区域后才能得到这个区域的影像。由于 CCD 的拼接误差和安装误差，实际情况下的 CCD 与理想安装条件还存在一定的差异，这也是模拟的重点之一。

7. 多级积分

比线阵 CCD 更为复杂的 TDI CCD 属于面阵结构，线阵成像器件。简单地说是将多个时间区间对同一目标区域获取能量产生电荷累加后才能得到一条线影像。视点运动、CCD 安装误差等因素导致多级 CCD 并不能实现对同一目标"成像"，成像区域发生了"扩散"，这样将会导致成像的模糊和几何变形。

8. 大气因素

大气透过率会引起辐射能量的衰减，大气辐射会增加非目标信号，大气湍流、散射等会引起目标调制度的下降，不同的高度大气密度不同，则会引起光线方向的偏转。这些都是光线追踪中没有考虑的因素。

9. 全局照明

传统光线追踪中对全局照明的模拟占了计算量的主要部分，不仅要直接追踪自身发光的光源，还要沿不同的反射面、不同的路径进行不同深度的追踪。也就是将一切反射面都看作光源。尽管计算过程复杂，计算量庞大，但目的只有一个，就是获得观测光线方向的辐亮度。如果假设地面模型上每一点的辐亮度分布都是已知的，就可以忽略对光源和邻近反射体的追踪，计算量将会大大减少。事实上，我们更关心的是地物的辐亮度在不同方向上的分布特性对成像的影响。如果输入模型为每一点的辐亮度分布，在大幅度减少计算量的同时，并不影响对传感器成像性能的评估。另外，由于我们输入模型的辐射信息一般为更高分辨率传感器获取的影像反演得到的，每一点的辐射信息都已经包含了邻近地物的影响。不考虑基础影像和目标影像成像环境条件的差异，如果在模拟计算时再对邻近地物进行追踪，等于将邻近地物的辐照度提高了一倍，反而引入了更大的误差。所以，对于影像反演得到的地物辐射模型，直接使用辐亮度模型对模拟影像视觉的真实性和传感器成像特性的真实性都不会有太大的影响。

对于为了考察地物的反射特性对成像的影响而建立的精细模型，如建筑、水域等，则应该按照严格的光线追踪算法进行路径跟踪获取观测点对应的辐亮度。

6.10.3　卫星 TDI CCD 相机成像仿真的光线追踪方法

光线追踪解决的是 CCD 接收能量的来源组成或者说对应辐射源的位置，而具体接收能量的多少是一个辐射信号传输的问题，最终得到量化数字影像则是能量转换和量化输出过程。以光线追踪的过程为主线把这一总体过程串联起来。

图形学中的光线跟踪技术中并没有传感器这一概念。对光学系统的成像特性研究很少，更没有 CCD 或电子线路的概念。在测绘遥感的成像仿真中，我们注重的是获取的仿真影像是否反映了一系列复杂的信号传输和转换的过程。这其中传感器特性的仿真是整个仿真过程的重点；另外，传感器的动态推扫成像特性也是传统光线跟踪没有涉及的内容。由于地表在某一时刻接受的自然光照不像室内条件下那么复杂，比较容易确定。因此对各种光照现象的模拟可以相对的弱化。因此，我们提出了针对遥感相机成像仿真的逆向光线跟踪算法。如图 6.20 所示，卫星成像可以分为以下几个过程。

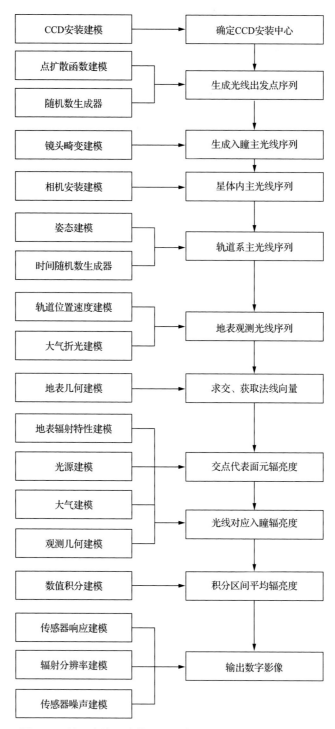

图 6.20　基于光线跟踪算法的遥感相机动态成像仿真流程图

1. 确定 CCD 安装中心

光线跟踪的主要任务之一是确定像点和地面点间的几何对应关系,对于遥感 CCD 相机来说,瞬时成像几何关系中的像点指的是 CCD 光敏面上的点,也就是逆向光线跟踪中光线的出发点。因此首先应确定 CCD 光敏面的中心,即 CCD 的安装几何中心。这就是 CCD 安装几何建模问题。CCD 的几何建模包括 CCD 的拼接、是否采用棱镜分光、CCD 的非直线性及尺度的非均匀性等因素。

2. 生成光线出发点序列,构建像空间光线向量

为了提高精度,对于一个像素点,往往需要生成多条(束)光线,即对该像素点代表的小的区域进行采样。采样的方式采用随机采样策略。由于随机采样需要生成随机数,所以速度比规则采样要慢一些;但是在实际应用中,由于规则采样容易带来系统性误差,使得多次计算的结果可能相差比较大,所以一般还是采用随机采样。

3. 生成入瞳主光线序列

给定视点的位置和成像平面上的任一像素点的位置,我们可以确定一根光线。但这时获取的是透镜组前节点到焦平面的光线向量,要得到透镜到入瞳的光线向量还要考虑光学系统畸变的影响。

4. 生成星体内主光线序列

确定入瞳光线后还要根据相机在星体内的安装参数确定光线在星体坐标系的形式。光线在星体坐标系的向量形式由相机在星体内安装的几何位置及相机本体三轴与卫星主惯量轴的夹角确定。

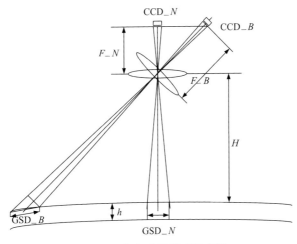

图 6.21　相机安装关系示意图

5. 轨道系主光线序列

确定光线在轨道坐标系的向量形式需要获取光线对应的观测时间，进而获取该时间对应的姿态角。由于在获取积分区间内平均入瞳辐亮度时需要在时间域上积分，这就涉及离散时间序列的获取问题。事实上，该时间序列不光由三个姿态角决定了观测光线向量的方向，还通过平台在轨道运行位置决定了光线发出的位置。光线发出时间、平台运行位置和平台三轴姿态角三者之间本来是一一对应关系。这里可以采用两个独立的时间序列对平台位置和姿态分别取样；也就是说，两者不再是一一对应关系。

6. 地表观测光线序列

获取了轨道坐标系中观测光线的向量形式以后，要获得地面坐标系中观测向量的表示形式就要获取光线向量所在的瞬时轨道坐标系三轴与地面坐标系三轴间的夹角，或者直接获取向量在两个坐标系间转换的矩阵。该矩阵通过平台瞬时轨道位置和速度向量计算得到。

至此如果没有大气折射的影响，我们已经得到了观测光线向量在地面坐标系的表示形式。但由于大气在各个高度的密度是不同的，导致对光的折射率也不同，因而光线穿过大气时会发生一定的偏转。为了精确计算最终成像结果，必须考虑大气对光的作用，即获取大气折射率参数。

得到了大气折射率的分布以后，根据光学原理，光线方向的偏转可以通过下式进行计算：

$$\frac{d}{ds}[n(x,y,z) \cdot \frac{d\bar{r}}{ds}] = \nabla n(x,y,z) \tag{6.56}$$

式中，$\bar{r}$ 表示光线的方向；$n(x,y,z)$ 表示在点 (x,y,z) 处的折射率。通过求解上述方程即可获得光线的方向。

7. 求交、获取法线向量

由于我们的场景中只有三角面片，所以只需要考虑直线与三角面片的相交。一个三角面片由三个顶点 a,b,c 确定，它的方程可以表示如下：

$$P(\alpha,\beta,\gamma) = \alpha a + \beta b + \gamma c \tag{6.57}$$

其中满足关系式 $\alpha + \beta + \gamma = 1$。如果光线方程为

$$P(t) = O + td \tag{6.58}$$

则我们可以得到方程组如下：

$$\begin{cases} O + td = \alpha a + \beta b + \gamma c \\ \alpha + \beta + \gamma = 1 \end{cases} \tag{6.59}$$

这样可以解出 α,β,γ,t 四个量，如果满足 $\alpha>0,\ \beta>0,\ \gamma>0$，则光线和三角面片相交。对相交的三角面片的 t，通过查找最小值的算法，找出最小的 t 值，则该 t 值对应于我们要求的交点。

最后，根据三角面片顶点构成的向量积求法线向量。

8. 获取交点所在面元辐射特性信息

首先，要确定交点与光源之间是否存在遮挡，可以预先计算每一点的遮挡信息，存储在"阴影图"中。同时假设在一段成像时间内这种遮挡信息不会改变，由于一景影像的成像时间不超过 10 秒，因此这种假设是合理的。存储不同的数字代表不同的遮挡情况，如 0 代表没有遮挡，1 代表天空光遮挡，2 代表太阳遮挡。一般情况下，存在太阳遮挡就一定存在天空漫射光遮挡，反之则不一定。因为漫射光被遮挡的比例不容易确定，为简化计算可只考虑太阳透射光遮挡的情况。如果没有预计算遮挡信息，就要从交点处发出阴影探测光线，确定交点处是否存在光源遮挡问题。显然这样做会大大增加计算量，因而，采用预计算的方法更为可行。

其次，获取观测时间地面接受的辐照度，包括太阳透射光和天空漫射光的辐照度两部分，与遮挡信息一样，一般预先计算生成查找表。

第三，临近地物反射特性及与目标地物表面法线关系，临近地物的存在相当于增加了辐照度水平，同样可以通过预先计算将临近地物对辐照度的贡献存储起来。

最后，通过输入地面模型几何-辐射间的映射关系查找交点的反射分布特性，一般为离散反射率序列。

反射率为成像波段的平均反射率，并且与观测方向无关，这时反射特性信息只有一个数值 ρ。

反射率为成像波段的平均反射率，与观测向量和观测点处法线向量夹角有关：

$$\rho(\theta_1),\rho(\theta_2),\cdots,\rho(\theta_n) \tag{6.60}$$

反射率与观测方向无关，与波段有关：

$$\rho(\lambda_1),\rho(\lambda_2),\cdots,\rho(\lambda_n) \tag{6.61}$$

反射率与观测向量和观测点处法线向量夹角、波段都有关：

$$
\begin{array}{c}
\rho(\theta_1,\lambda_1),\rho(\theta_1,\lambda_2),\cdots,\rho(\theta_1,\lambda_n) \\
\rho(\theta_2,\lambda_1),\rho(\theta_2,\lambda_2),\cdots,\rho(\theta_2,\lambda_n) \\
\vdots \\
\rho(\theta_m,\lambda_1),\rho(\theta_m,\lambda_2),\cdots,\rho(\theta_m,\lambda_n)
\end{array}
\tag{6.62}
$$

如果将上述式中的夹角 θ 变为决定观测向量空间方位的天顶角和方位角 (α,β)，组合还会更多，在此不一一赘述。

如果使用的反射率表与波长有关，如何表示该点的反射率信息，一种是记录每一中心波长的反射率；另一种是采用蒙特卡罗积分的思路，对各个波段的反射率进行随机抽样。

9. 获取入瞳辐亮度

前面的章节中已经讲到，从地面辐亮度到入瞳辐亮度经过了大气的透射衰减，大气导致的调制度下降，以及大气后向散射和大气反射增加了不含目标信息的信号，通过大气辐射传输软件可以预先计算不同大气状况(大气能见度、气溶胶浓度等)、太阳几何(太阳高度角、太阳方位角、日地距离)、观测几何(卫星高度角、卫星方位角、轨道高度、侧视角)等条件下，不同地面反射率对应的相机入瞳辐亮度。通过建立数据库，在仿真链路中只需根据仿真设置参数进行查找和插值就可以得到目标地物的入瞳辐亮度。

10. 积分区间内的平均辐亮度

获取了离散光线对应入瞳辐亮度后，需要通过积分获取积分时间内的平均辐亮度。这个积分不能是简单的对离散亮度取平均，这是因为：一方面光线对应的能量并不仅仅是光线发出点的能量，而是该点所在小面源的能量，它对总的能量的贡献应根据开始的抽样策略决定；另一方面，如果光线的密度与前面提到的点扩散函数无关，该点对总体能量的贡献应根据点扩散函数进行加权。上述两个方面也仅仅是从光敏面获取平均能量的角度说明问题，还有时间域上的积分、多级 CCD 延时积分、不同波段辐亮度的积分、观测地面元与入瞳构成的孔径角内不同反射方向等其他积分域上的积分问题。总之，这一步的目的是获取实验室测试意义上的平均入瞳辐亮度。

11. 传感器综合响应，输出数字影像

传感器的入瞳辐亮度和输出数字 DN 值之间理论上呈线性关系，但实际情况并非如此，首先这种线性关系只是在取样点稀疏的条件下近似成立，具体到一段小的辐亮度范围往往呈现阶梯状上升的趋势。出现这种现象的本质是传感器的辐射分辨率问题，即只有入瞳辐亮度变化超过一定范围才会出现输出 DN 值的相应变化，否则输出 DN 值总体上没有变化。其次，这种近似线性关系也与 CCD 在视场中的位置及 CCD 本身物理特性的差异有关，也与所在棱镜分光面有关，这就是 CCD 响应的不一致性问题。最后，同一入瞳辐亮度下与同一 CCD 对应的数字 DN 值在多次测试中的结果也不完全相同，其本质则是传感器的噪声分布特性。因此对传感器响应的模拟应包括整体响应特性、辐射分辨率特性、CCD 响应不一致性及传感器噪声分布特性这几个方面的模拟。

6.11 卫星影像仿真实验

基于前面设计的各环节数学建模方法和基于光线追踪的仿真链路编制仿真软件，对光线密度和采样方法与仿真精度的关系、静态 MTF 与影像分辨力的关系、姿态稳定度与影像分辨力的关系、不同积分级数下的 MTF-SNR 综合仿真与影像特性的关系进行仿真分析，实现了三线阵 TDI CCD 立体成像仿真。

6.11.1　光线出发点采样方法对比实验

基于光线追踪算法的卫星影像仿真本质上是一个离散采样算法，需要通过实验总结不同采样算法的优缺点，针对仿真的目标建立高效快速的采样算法是仿真算法快速高效的基础。本实验对光线在 CCD 光敏面上的采样、光线发出时间的采样进行研究。对不同的采样密度、均匀采样与随机采样等采样策略进行实验比较与分析。

1. 实验条件

轨道高度：505000 m；

CCD 尺寸：7 μm×7 μm；

焦距：1700 mm；

输入基础数据：1:10000DEM，1:10000 正射影像；

输入影像地面分辨率：0.5 m；

量化等级：10 bits。

对以下二个方面进行影像模拟实验分析：

(1)均匀采样条件下采样密度对影像偏差的影响；

(2)均匀采样与随机采样对影像偏差的影响。

对比的"基准"影像是高采样密度(如每个 CCD 对应 10000 条光线，积分时间离散为 100 段)下的仿真影像。以影像偏差的均值和标准偏差作为分析指标。

2. 实验结果分析

(1)均匀采样条件下采样密度对影像误差的影响。区域平均 DN 值为 324，设 SNR=30 dB，则平均 DN 值对应的噪声约合 10 DN 值。我们希望采样引起的误差不要超过系统噪声水平。通过这一组统计数据可以发现，采样数超过 4 以后，误差均值与均方差近似与采样密度成比例。这是因为我们输入的物方信号是通过一定分辨率的数字影像反演得到的，地面平坦时可以看作一个个能量方块构成的能量场。CCD 内能量的平均值是由采样点对应能量块的能量和它在 CCD 内的投影面积决定的。将采样密度提高就等于将投影面积的精度提高。如果误差标准偏差为 10DN 值，采样密度达到每 CCD 4×4 时就可以达到这一标准，也就是仿真影像和输入影像分辨率的比值。

超采样的基础采样密度为 4×4，超采样门限约合 20 个 DN 值(10 比特量化)，超采样策略是将采样密度增加一倍的采样策略下的仿真影像与整体采样密度为 8×8 的仿真影像差值。可以看出，采用超采样后，结果与采样密度为 8×8 时几乎没有区别。而出现误差的部分是由于 4×4 采样密度下仍然会出现信息遗漏(仿真影像与输入影像分辨率比例略大于4)，影响是否进行超采样的判断。

表 6.8　不同采样下的影像偏差

采样方法(密度)	偏差均值	偏差方差
1×1	14.93	20.86
4×4	5.23	7.76
8×8	2.51	3.76
16×16	1.22	1.88
4×4 超采样与 8×8	1.10	1.52

　　(2)均匀采样与随机采样对影像误差的影响。均匀采样使噪声更多体现为固定图形噪声，也就是噪声集中在能量变化明显的部分；Jitter 采样可以使误差更多地表现为均匀噪声的形式，但误差的均值和方差都变大了，不过这种变化并不明显；并且随着采样密度的增加，这种差异会越来越小。

表 6.9　均匀采样与随机采样影像偏差对比

采样方法(密度)	偏差均值	偏差方差
4 × 4	5.23	7.76
4 × 4 Jitter	5.54	8.17
8 × 8	2.51	3.76
8 × 8 Jitter	2.61	3.90

6.11.2　静态 MTF 对分辨率的影响

1. 实验参数设置

仿真使用的仿真参数为：

焦距：1700 mm；

CCD 尺寸：7 μm×7 μm；

积分级数：24；

轨道高度：505000 m。

　　使用的分辨率测试靶标有两种：一个为东西方向；一个为南北方向。设计参数对应的地面采样间隔约为 2 m，考虑到 MTF 退化、相位、观测角度等因素，实际的分辨率要低一些。设计靶标中每四个矩形长条为一组，每组中靶条宽度相同，几组靶条宽度分别为 2.5 m、3.0 m、3.5 m、4.0 m。即依次递增 0.5 m。输入靶标如图 6.22 所示。

(a) 东西方向靶标　　　　　　　　　　(b) 南北方向靶标

图 6.22　仿真输入的两个方向的分辨率鉴别靶标

　　光学系统的 MTF 由高斯点扩散函数反傅里叶变换得到，高斯点扩散函数获取方式为

$$\mathrm{PSF}_{i,j} = \exp[-(x^2 + y^2)/(2\sigma^2)]$$
$$x = i - 0.5w, \ y = j - 0.5w \tag{6.63}$$

式中，w 为 PSF 的有效宽度；σ 决定了 PSF 的作用范围。这里将 PSF 表示为离散二维矩阵，离散间隔应与光线密度对应，同时应注意空间频率问题。如将 CCD 划分成 4×4 的格网生成光线，则 PSF 的离散间隔为 1.75 μm，空间频率为 285 lp/mm，对应水平地面距离约为 0.5 m。

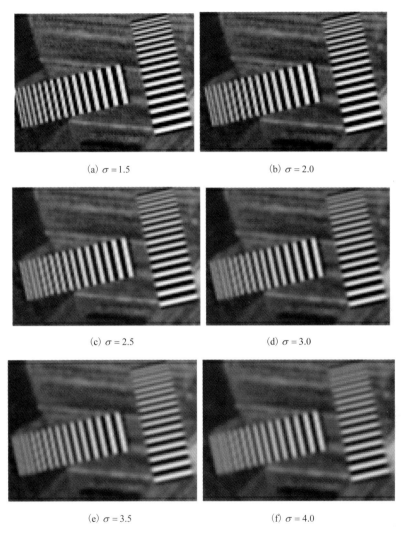

(a) $\sigma=1.5$　　　　　　　　　　(b) $\sigma=2.0$

(c) $\sigma=2.5$　　　　　　　　　　(d) $\sigma=3.0$

(e) $\sigma=3.5$　　　　　　　　　　(f) $\sigma=4.0$

图 6.23　点扩散函数与影像分辨能力对比图(放大 2 倍)

2. 实验结果分析

根据 σ 设置不同的 PSF，研究静态 PSF 对分辨率的影响。动态成像仅考虑沿轨方向的推扫运动，不考虑姿态运动、偏流角误差、速度失配等因素。可以看出，随着参数 σ 的增大，影像逐渐变得模糊。$\sigma>3.0$ 时可以看出分辨能力出现明显的下降，而对比度低于靶标的背景影像分辨率下降更加明显。

6.11.3　动态 MTF 对分辨率的影响

1. 实验参数设计

主要考虑姿态运动、偏流角、积分级数对影像分辨能力的影响。图 6.24 是高频颤振（100 Hz）比较剧烈的情况下（幅值 10^{-5} rad）单 CCD 影像和 24 级积分影像。图 6.25 是不同的姿态稳定度与影像分辨能力的对比情况。

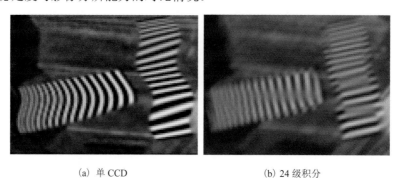

(a) 单 CCD　　　　　　　　(b) 24 级积分

图 6.24　颤振频率 100Hz，幅值 1e-5 弧度（放大 2 倍）

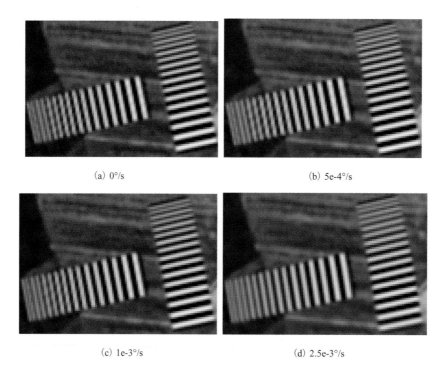

(a) 0°/s　　　　　　　　(b) 5e-4°/s

(c) 1e-3°/s　　　　　　　　(d) 2.5e-3°/s

图 6.25　不同姿态稳定度下的影像分辨能力（放大 2 倍）

2. 实验结果分析

从姿态运动与影像分辨能力的对比实验可以得出以下结论：第一，姿态稳定度本身并不是引起影像模糊的直接原因，姿态运动导致的多级 CCD 不能严格对准同一目标"成像"才是根本原因。最终影像的每个像素实际是多个不同的目标叠加的效果，模糊程度取决于这些叠加目标的重叠度。从扭曲的位置与出现严重模糊位置的对应情况可以看出，姿态变化剧烈的位置出现了严重的模糊。第二，姿态稳定度不超过 10^{-3} 数量级对分辨率影响不明显，沿轨方向已经有推扫运动的前提下再加上姿态运动的影响无明显变化。

6.11.4　不同积分级数下的 MTF-SNR 综合响应

1. 实验参数设计

实验采用实验二中的点扩散函数描述方法，只考虑光学点扩散函数，设置 σ =2.5，噪声仅考虑光子霰粒噪声。DN 值在低、中、高端分别为 25、400、900，对于线阵 CCD，噪声 DN 值幅值分别为 5、20、30，SNR 分别为 14、26、29，按泊松噪声加入。积分级数为 M 时信噪比乘以 $\sqrt{M}$。图 6.26 为积分级数 M 分别为 1、6、24、64 时的模拟影像。

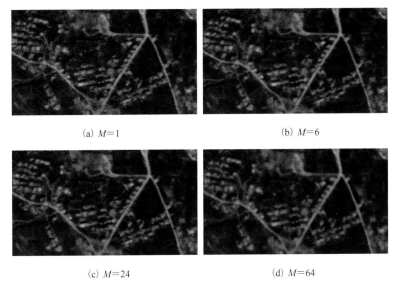

(a) M=1　　　　　　　　(b) M=6

(c) M=24　　　　　　　　(d) M=64

图 6.26　不同积分级数、SNR 下的模拟影像对比

2. 实验结果分析

通过不同积分级数下的影像对比可以看出，相比于线阵 CCD，多级积分条件下影像噪声明显降低，影像的分辨能力提高。但是随着积分级数的进一步提高，噪声的影响已经不再明显。相反地，动态成像造成的像移越来越大，引起的 MTF 下降使得影像逐渐模糊。

6.11.5　三线阵 TDI CCD 影像模拟

1. 仿真参数设置

焦距：1700 mm（前、正、后视相机）；

CCD：7 μm×7 μm（正视），10 μm×10 μm（前、后视）；

积分级数：24 级；

姿态稳定度：$5×10^{-4}$ (°)/s；

积分时间：0.285 ms（正视），0.483 ms（前、后视）；

基础采样密度：正视 9×9，前后视 15×15；

采样方法：超采样加白噪声 Jitter，超采样门限约合 20DN 值；

量化等级：10 bits；

信噪比：低亮度 30 dB，中亮度 36 dB，高亮度 46dB；

极限频率 MTF：前后视 0.20，正视 0.17；

输入基础数据：1∶10000DEM，1∶10000 正射影像。

太阳高度角：50°；

模拟观测时间：10:15（当地时间）；

模拟地区经纬度：东经 119.1°，北纬 34.5°。

2. 模拟结果分析

图 6.27 至图 6.29 为模拟的正视、后视、前视模拟影像，图 6.30 为前、后视模拟影像构成的立体影像。以上利用设计的 TDI CCD 相机在轨成像全链路仿真算法实现了前、正、后视相机的成像仿真，通过模拟影像可以直观的地判断影像的分辨能力、影像的层次感及不同视角下地形起伏的差异。通过设计定向参数或后处理定向参数得到准核线立体影像，可以在实际的测图环境下评价设计参数及成像环境对影像测图精度的影响，实现了卫星设计参数、成像环境等因素与卫星成像质量的直接关联。

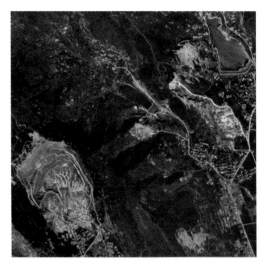

图 6.27　正视模拟影像

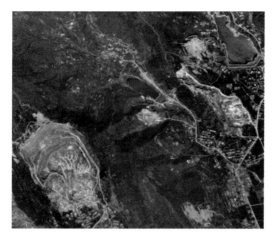

图 6.28　后视模拟影像

图 6.29　前视模拟影像

图 6.30　前、后视立体影像

第7章 仿真分析与验证

几何精度仿真分析是从轨道、姿态、内方位元素、时间等具体的物理量出发，根据其具体的物理意义构建仿真模型，其仿真过程以逼近实际成像过程为准，且具有明确的物理含义，需要说明的是，无论如何提高几何精度仿真中的轨道、姿态、内方位元素、时间等模型的精度，依然会和自然世界的实际情况存在差异，但是不影响定位精度分析，在仿真分析中主要考虑在接近真实模型基础上添加误差对最终定位精度的影响。

7.1 仿真精度和理论精度对比分析

理论精度是指通过严格的理论分析和公式推导来分析轨道、姿态、相机、时间误差等对影像几何定位精度的影响。仿真精度主要指利用仿真模型计算出来的误差精度。首先，可以根据理论公式，计算这些误差对定位精度的影响；然后，利用仿真模型来计算这些误差对定位精度的影响；最后，通过比较理论精度和实际的模型精度来分析这些误差源对定位精度的影响，并对建模的精度及可靠性给予评价。

为了便于后面的对比分析，采用实际资源三号卫星的轨道和设计参数，分为轨道、姿态、相机三大类分别进行罗列，仿真条件见表 7.1。在表 7.1 中，关于误差部分初步设为 0，在各个小节分析中会有针对性地说明向哪个误差指标添加相应的数值。

表 7.1 仿真精度分析参数表

项　目		数　值
轨道相关	仿真轨道中间时刻	2012 年 1 月 11 日 10 时 41 分 53 秒
	仿真时长/s	100
	初始位置(WGS84 系，m)	−2 807 817.3, 4 467 751.4, 4 407 651.8
	初始速度(WGS84 系，m/s)	−1 140.18, 4 968.37, −5 755.51
	轨道重力场阶数	5
	轨道输出频率/Hz	1
	定轨设备安装/m	0, 0, 0
	轨道系统误差/m	0
	轨道随机误差/m	0
	定轨设备安装误差/m	0, 0, 0
	定轨设备时统误差/s	0

续表

项 目		数 值
姿态相关	姿态稳定度/[(°)/s]	0
	初始姿态角[本体到轨道,(°)]	0, 0, 0
	姿态输出频率/Hz	4
	前后视俯仰角/(°)	22
	定姿设备安装/(°)	0, 0, 0
	姿态系统误差/(″)	0
	姿态随机误差/(″)	0
	定姿设备安装误差/(°)	0, 0, 0
	定姿设备时统误差/s	0
	平台颤振	无
	定姿设备颤振	无
相机相关	主距大小/m	1.7
	CCD 大小/mm	0.007
	探元个数	24576
	相机安装角/(°)	0, 0, 0
	相机偏心距/m	0, 0, 0
	相机安装角误差/(°)	0, 0, 0
	相机偏心距误差/m	0, 0, 0
	相机颤振	无
	相机内方位元素误差/像元	0, 0
	刺点误差/像元	0, 0
	相机时统误差/s	0

7.1.1 定轨误差分析

分别对表 7.1 中的 3 个方向的轨道添加对应的轨道随机误差(中误差),采用式(5.23)的仿真分析方法进行 100 次实验,统计 100 次仿真实验结果的最大值、最小值和中误差,并把中误差作为最终的仿真误差;同时,可以将上述轨道误差数值代入式(5.47)用于获得理论误差结果。将上述仿真误差结果和理论误差结果(根据第四章的推导公式计算)进行比较分析,以相互验证两者的正确性。

为了分析不同误差指标下两者的一致性,将轨道误差从 1 m 逐渐加大到 90 m。表

7.2 和图 7.1 为不同工况下仿真误差和理论误差结果的比较。图 7.1 和表 7.2 中的序号分别表示不同的工况。

表 7.2　轨道误差仿真与理论精度比较表

序号	轨道中误差/m			仿真结果/m			理论误差/m
	X	Y	Z	最小误差	最大误差	仿真误差	
1	1	1	1	0.01	2.58	1.56	1.55
2	5	5	5	0.00	15.42	7.79	7.76
3	10	10	10	0.02	28.40	15.569	15.51
4	20	20	20	0.06	57.72	31.13	31.03
5	30	30	30	0.74	92.38	46.69	46.54
6	40	40	40	0.47	107.26	62.25	62.05
7	50	50	50	0.28	170.12	77.82	77.57
8	60	60	60	0.22	163.36	93.38	93.08
9	70	70	70	0.28	191.98	108.94	108.60
10	80	80	80	0.04	294.72	124.51	124.11
11	90	90	90	0.35	239.98	140.07	139.62

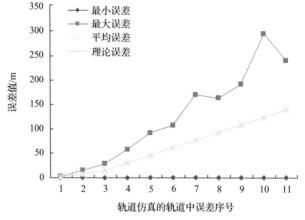

图 7.1　轨道仿真误差与理论误差比较图

由表 7.2 和图 7.1 可以看出，仿真结果的值和理论结果的值符合得比较好。另外，从上述仿真结果可以看出，轨道误差对定位精度的影响基本呈线性关系。

7.1.2　定姿误差分析

分别向表 7.1 中的 3 个方向的姿态添加对应的姿态随机误差(中误差)，采用式(5.23)的仿真分析方法进行 100 次实验，统计 100 次仿真实验结果的最大值、最小值和中误差，并把中误差作为最终的仿真误差；同时，可以将上述姿态误差数值代入式(5.47)用于获得理论误差结果。将上述仿真误差结果和理论误差结果(根据第 4 章的推导公式计算)进行比较分析，以相互验证两者的正确性。

　　为了分析不同误差指标下两者的一致性,将姿态误差从 1″ 逐渐加大到 5″。表 7.3 和图 7.2 为不同工况下仿真误差和理论误差结果的比较。图 7.2 和表 7.3 中的序号分别表示不同的工况。

表 7.3　姿态误差仿真与理论精度比较表

序号	姿态仿真中误差/(″)			仿真误差/m			理论误差/m
	YAW	ROLL	PITCH	最小误差	最大误差	仿真误差	
1	1	0	0	0.00	0.04	0.01	0.00
2	0	1	0	0.08	6.33	2.41	2.42
3	0	0	1	0.01	6.10	2.43	2.42
4	0.1	0.1	0.1	0.00	0.98	0.34	0.34
5	0.2	0.2	0.2	0.00	1.53	0.68	0.69
6	0.3	0.3	0.3	0.01	3.39	1.02	1.03
7	0.4	0.4	0.4	0.01	4.24	1.36	1.37
8	0.5	0.5	0.5	0.06	5.00	1.71	1.71
9	0.6	0.6	0.6	0.02	5.84	2.05	2.06
10	0.7	0.7	0.7	0.08	8.49	2.39	2.40
11	0.8	0.8	0.8	0.01	6.41	2.73	2.74
12	0.9	0.9	0.9	0.03	10.34	3.07	3.09
13	1	1	1	0.01	9.84	3.41	3.43
14	2	2	2	0.09	18.12	6.82	6.86
15	3	3	3	0.12	31.74	10.24	10.28
16	4	4	4	0.17	35.50	13.65	13.71
17	5	5	5	0.58	43.03	17.06	17.14

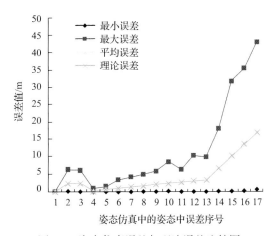

图 7.2　姿态仿真误差与理论误差比较图

　　由表 7.3 和图 7.2 可以看出,仿真结果的值和理论结果的值符合得比较好。在姿态测量误差方面,仿真精度和理论精度取得了闭合的试验结果,大致证明了此精度分析方法的正确性。从工况 5～13 及 13～17 的线性增长趋势可以看出，在小角度误差范围内，姿态误差对定位精度的影响基本呈现线性关系。另外，从工况 1 和工况 2～3 的定位精度比较结果可以看出，偏航角对定位精度的影响远远小于俯仰角和滚动角对定位精度的影响。

7.1.3　定姿设备安装误差分析

分别对表 7.1 中的 3 个方向的姿态添加对应的姿态安装误差，采用式(5.23)的仿真分析方法进行 1 次实验，得到最终的仿真误差；同时，可以将上述姿态误差数值代入式(4.47)用于获得理论误差结果。将上述仿真误差结果和理论误差结果进行比较分析，以相互验证两者的正确性。

为了分析不同误差指标下两者的一致性，将姿态安装误差从 1″逐渐加大到 10″。表 7.4 和图 7.3 为不同工况下仿真误差和理论误差结果的比较。图 7.3 和表 7.4 中的序号分别表示不同的工况。

表 7.4　测姿仪器安装仿真与理论精度分析比较表

序号	YAW/(″)	ROLL/(″)	PITCH/(″)	仿真误差/m	理论误差/m
1	1	0	0	0.01	0.00
2	0	1	0	2.41	2.42
3	0	0	1	2.43	2.42
4	1	1	1	3.41	3.43
5	2	2	2	6.82	6.86
6	5	5	5	17.06	17.14
7	10	10	10	34.14	34.28

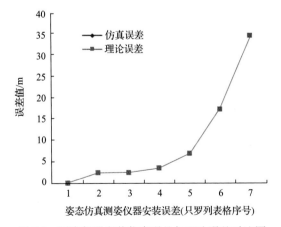

图 7.3　测姿仪器安装仿真误差与理论误差对比图

由表 7.4 和图 7.3 可以看出,测姿仪器姿态安装误差的仿真分析结果与理论分析结果符合得比较好。另外,从工况 1 和工况 2～3 的定位精度比较结果可以看出,旋偏角对定位精度的影响远远小于俯仰角和滚动角对定位精度的影响。测姿仪器安装误差是个系统误差,可以通过在轨几何检校进行消除。

7.1.4　相机安装误差分析

分别向表 7.1 中的 3 个方向的姿态添加对应的相机安装误差,采用式(5.23)的仿真分析的方法进行 1 次实验,得到最终的仿真误差;同时,可以将上述姿态误差数值代入式(4.47)用于获得理论误差结果。将上述仿真误差结果和理论误差结果进行比较分析,以相互验证两者的正确性。

为了分析不同误差指标下两者的一致性,将相机安装误差从 1″逐渐加大到 10″。表 7.5 和图 7.4 为不同工况下的仿真误差和理论误差结果的比较。图 7.4 和表 7.5 中的序号分别表示不同的工况。从图 7.4 和表 7.5 中可以得到和定姿设备安装误差一样的结论。

表 7.5　相机安装误差仿真与理论精度分析比较表

序号	YAW/(″)	ROLL/(″)	PITCH/(″)	仿真误差/m	理论误差/m
1	1	0	0	0.01	0.00
2	0	1	0	2.42	2.42
3	0	0	1	2.43	2.42
4	1	1	1	3.42	3.43
5	2	2	2	6.83	6.86
6	5	5	5	17.06	17.14
7	10	10	10	34.14	34.28

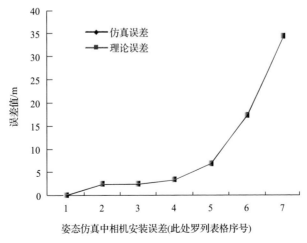

图 7.4　相机安装仿真误差与理论误差对比图

7.2　仿真精度和实际精度对比分析

试验数据为资源三号卫星于 2012 年 1 月 11 日获取的大连地区三线阵影像，影像覆盖大小为 50 km×50 km，地形为平原和丘陵。为了验证资源三号卫星的几何精度，利用 CORS，在地面量测了 18 个 GPS 点，其中两个点位附近为双点，精度优于 0.1 m，像点量测精度为 0.5 像元(表 7.6)。将此试验数据得到的平面定位精度和立体精度，与仿真精度进行对比分析。

表 7.6　资源三号卫星试验数据和地面数据基本信息

获取时间	2012 年 1 月 11 日 10 点 42 分
传感器	资源三号卫星前视、正视、后视相机
地区	大连地区
地形类型	平原和丘陵
资源三号卫星正视影像缩略图	控制点编号及点分布图

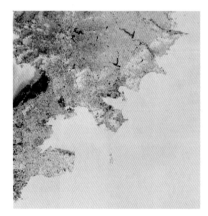 

7.2.1　平面定位精度分析

对带控条件下的平面定位精度进行分析，采用表 7.7 的仿真参数进行平面定位精度仿真，仿真过程进行 100 次，得到如图 7.5 所示的结果。

表 7.7　平面定位精度仿真分析参数表

项目		数值
轨道相关	仿真轨道中间时刻	2012 年 1 月 11 日 10 时 41 分 53 秒
	仿真时长/s	100
	初始位置(WGS84 系，m)	−2 807 817.3, 4 467 751.4, 4 407 651.8

	项目	数值
轨道相关	初始速度（WGS84 系，m/s）	−1 140.18,4 968.37, −5 755.51
	轨道重力场阶数	5
	轨道输出频率/Hz	1
	定轨设备安装/m	0, 0, 0
	轨道系统误差/m	0
	轨道随机误差/m	0.1
	定轨设备安装误差/m	0, 0, 0
	定轨设备时统误差/s	2×10^{-5}
姿态相关	姿态稳定度/[(°)/s]	5×10^{-4}
	初始姿态角[本体到轨道,(°)]	0, 0, 0
	姿态输出频率/(Hz)	4
	前后视俯仰角/(°)	22
	定姿设备安装/(°)	0, 0, 0
	姿态系统误差/(″)	0
	姿态随机误差/(″)	1
	定姿设备安装误差/(°)	0, 0, 0
	定姿设备时统误差/s	2×10^{-5}
	平台颤振	无
	定姿设备颤振	无
正视相机相关	主距大小/m	1.7
	CCD 大小/mm	0.007
	探元个数	24 576
	相机安装角/(°)	0, 0, 0
	相机偏心距/m	0, 0, 0
	相机安装角误差/(°)	0, 0, 0
	相机偏心距误差/m	0, 0, 0
	相机颤振	无
	相机内方位元素误差/像元	0.3, 0.3
	刺点误差/像元	0.3, 0.3
	相机时统误差/s	2×10^{-5}

仿真统计结果：平均值 2.8 m；最大值 8.00 m；最小值 0.04 m。

资源三号卫星该景的实际结果是 2.93 m。

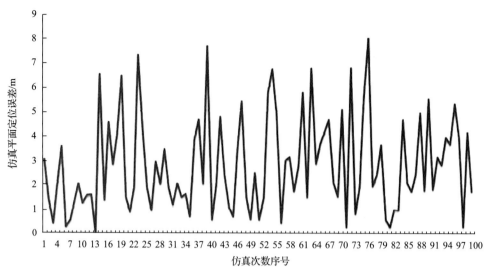

图 7.5　平面定位精度仿真分析结果统计图

从上述统计结果可以看出，平面定位仿真精度与资源三号卫星的试验影像平面定位精度一致，说明仿真参数设计和模型的正确性。

7.2.2　高程精度分析

对带控条件下的平面定位精度进行分析，采用表 7.8 的仿真参数进行平面定位精度仿真，仿真过程进行 100 次，得到如图 7.6 所示的结果。

表 7.8　平面定位精度仿真分析参数表

项目		数值
轨道相关	仿真轨道中间时刻	2012 年 1 月 11 日 10 时 41 分 53 秒
	仿真时长/s	100
	初始位置（WGS84 系，m）	−2 807 817.3, 4 467 751.4, 4 407 651.8
	初始速度（WGS84 系，m/s）	−1 140.18, 4 968.37, −5 755.51
	轨道重力场阶数	5
	轨道输出频率/Hz	1
	定轨设备安装/m	0, 0, 0
	轨道系统误差/m	0
	轨道随机误差/m	0.1
	定轨设备安装误差/m	0, 0, 0
	定轨设备时统误差/s	$2×10^{-5}$
姿态相关	姿态稳定度[(°)/s]	$5×10^{-4}$

项目		数值
姿态相关	初始姿态角[本体到轨道,(°)]	0, 0, 0
	姿态输出频率/Hz	4
	前后视俯仰角/(°)	22
	定姿设备安装/(°)	0, 0, 0
	姿态系统误差/(″)	0
	姿态随机误差/(″)	1
	定姿设备安装误差/(°)	0, 0, 0
	定姿设备时统误差/s	$2×10^{-5}$
	平台颤振	无
	定姿设备颤振	无
正视相机相关	主距大小/m	1.7
	CCD 大小/mm	0.007
	探元个数	24 576
	相机安装角/(°)	0, 0, 0
	相机偏心距/m	0, 0, 0
	相机安装角误差/(°)	0, 0, 0
	相机偏心距误差/m	0, 0, 0
	相机颤振	无
	相机内方位元素误差/像元	0.3, 0.3
	刺点误差/像元	0.3, 0.3
	相机时统误差/s	$2×10^{-5}$
前后视相机相关	主距大小/m	1.7
	CCD 大小/mm	0.010
	探元个数	16 384
	相机安装角/(°)	0, ±22, 0
	相机偏心距/m	0, 0, 0
	相机安装角误差/(°)	0, 0, 0
	相机偏心距误差/m	0, 0, 0
	相机颤振	无
	相机内方位元素误差/像元	0.3, 0.3
	刺点误差/像元	0.3, 0.3
	相机时统误差/s	$2×10^{-5}$

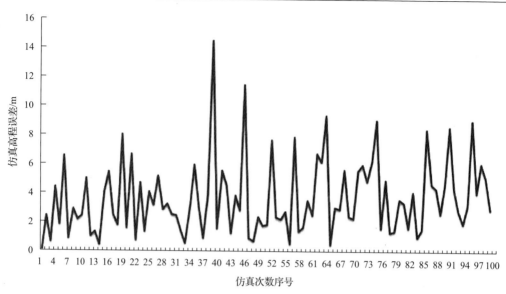

图 7.6　高程精度仿真分析结果统计图

　　仿真统计结果：平均值 3.62 m；最大值 14.38 m；最小值 0.39 m。

　　资源三号卫星该景的实际结果：2.07 m。

　　从上述统计结果可以看出，仿真高程精度基本能反映资源三号卫星在轨的情况，仿真高程精度比实际结果低的原因可能在于各类误差指标不准确、高程精度受交会作用影响等因素的相互作用。资源三号卫星实际结果基本在仿真结果的最大值和最小值之间。

第8章　影像压缩指标设计

卫星在太空运行时拍摄大量的影像，但由于数据传输速度的限制，常常需要对影像进行一定的压缩才能传输到地面,于是影像压缩便成为遥感卫星必须要解决的一个问题。为解决有限信道容量与海量数据传输及存储的矛盾,常常需要对原始遥感影像进行压缩。但由于经过压缩的影像往往会造成一定程度上的失真，因此需要对遥感影像的压缩质量进行评价。遥感影像压缩质量评价也是卫星遥感影像压缩的一个重要环节。通过对比原始遥感影像及压缩后的重建影像之间的差异，可以评价所采用的压缩算法对原始影像的影响，以及遥感影像压缩后的质量，从而为压缩算法的使用范围和应用能力提供理论依据，为主要压缩指标的设计提供参考。

遥感影像的压缩质量评价包括主观评价和客观评价，主观评价包括专家打分法和模糊综合评判方法等，客观评价主要包括构像质量评价和几何质量评价等。本章介绍遥感影像压缩主观质量评价、遥感影像压缩构像质量评价、遥感影像压缩几何质量评价以及影像压缩比分析4部分内容，重点分析资源三号卫星影像压缩的特点。

8.1　遥感影像压缩主观质量评价

遥感影像压缩的主观质量评价是指从影像判读者的主观感知出发，对影像压缩前后的质量差异进行评价，是人们进行遥感影像质量评价常用的方法，并且是检验客观评价指标是否与人类视觉一致的唯一标准(Lehmussola et al., 2005)。美国航空遥感界提出了美国国家图像解译度分级标准(national imagery interpretability rating scale，NIIRS)，该方法是将用户的任务需求与遥感影像质量联系起来，根据遥感影像解译专家的经验，将影像质量分为0~9级共10个等级，等级越高，说明压缩影像的可解译性越高(刘荣科等，2004)。

8.1.1　专家打分法

专家打分法，即主观平均得分法(mean option score，MOS)，是主观质量评价方法的一种，通常是通过选定特定数量的判读评价人员(既包括具有遥感影像判读知识背景和经验的专业人员，也包括普通的非专业人员)，评价人员按照给定的评定等级量化值，参照未压缩的原始影像，对压缩前后的影像进行对比或者在经压缩后的不同影像之间进行对比，观察影像之间的差异及畸变程度，并对其进行量化打分。对所有参与影像压缩质量评价的评分进行加和并求平均值,然后将其作为该影像压缩质量的最后评价得分(翟亮和唐新明，2011)。

目前，根据我国国家标准《数字测绘产品检查验收和质量评定》(GB/T 18316—2001)

的评定等级，将评价等级量表分为优秀、良好、合格、不合格 4 级，不同等级对应不同的分数，如图 8.1 所示。

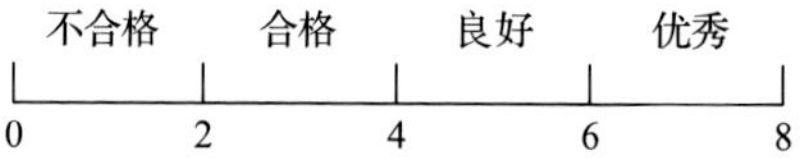

| 不合格 | 合格 | 良好 | 优秀 |

0　　　2　　　4　　　6　　　8

图 8.1　主观评价等级量化

8.1.2　模糊综合评判方法

专家打分法的认知主体是人，但由于人的主观感受往往是模糊的、多层次的，是不尽相同的，且由于遥感影像压缩质量受到多方面畸变因素的影响，因此要综合考虑人及其他影响因子的综合效果。模糊综合评判方法也称为模糊综合决策方法，是一种定性评价方法，是指在借鉴模糊数学思想的基础上，应用模糊决策理论进行影像质量评价(翟亮和唐新明，2011)。

模糊综合评判方法的主要思路如下：

1. 建立因素集和评价集

考虑遥感影像压缩质量的不同影响因素，即评价指标，提出因素集：

$$U = \left\{ u_1, u_2, u_3, \cdots, u_j, \cdots, u_m \right\}, \quad j = 1, 2, \cdots, m \tag{8.1}$$

式中，u_j 为第 j 个因素。

根据我国国家标准《数字测绘产品检查验收和质量评定》(GB/T 18316—2001)的评定等级——优秀(v_1)、良好(v_2)、合格(v_3)和不合格(v_4)，提出评价集：

$$V = \left\{ v_1, v_2, v_3, v_4 \right\} \tag{8.2}$$

因素集和评价集都是有限论域(论域指研究对象的全体)。每一个因素 u_j 对每一个评定等级都有一个隶属程度，即 u_j 对 $v_i(i=1,2,3,4)$ 的符合程度，记作 r_{ij}，$r_{ij} \in [0,1]$，其值可由式(8.3)确定

$$r_{ij} = \frac{u_j \in v_i \text{的频数}}{N} \tag{8.3}$$

式中，N 为样本总数；$u_j \in v_i$ 表示第 j 个元素属于第 i 个等级；N 越大，r_{ij} 就越具有代表性。

一个因素对所有评定等级的隶属度构成一个模糊向量 Y'，则第 j 个因素的模糊向量可以表示为

$$Y' = \left\{ r_{1j}, r_{2j}, r_{3j}, r_{4j} \right\} \tag{8.4}$$

所有因素的模糊向量构成一组模糊关系，记为模糊变化矩阵 $\boldsymbol{R}$：

$$\boldsymbol{R} = \begin{bmatrix} r_{11} & r_{21} & r_{31} & r_{41} \\ r_{12} & r_{22} & r_{32} & r_{42} \\ r_{13} & r_{23} & r_{33} & r_{43} \\ \vdots & \vdots & \vdots & \vdots \\ r_{1m} & r_{2m} & r_{3m} & r_{4m} \end{bmatrix} \tag{8.5}$$

2. 确定因素的权重分配

因为在 m 个因素中，每种因素对于影像质量的影响程度不同，所以必须给每个因素加上适当的权重，这些权重又构成一个模糊向量 $\boldsymbol{A}$：

$$\boldsymbol{A} = \{a_1, a_2, a_3, \cdots, a_j, \cdots, a_m\}, \quad j = 1, 2, \cdots, m \tag{8.6}$$

式中，a_j 为第 j 个因素的权重。将模糊矩阵 $\boldsymbol{R}$ 和模糊向量 $\boldsymbol{A}$，作一次模糊变换。

$$\boldsymbol{Y} = \boldsymbol{A} \cdot \boldsymbol{R} = \{a_1, a_2, a_3, \cdots, a_j \cdots, a_m\} \begin{bmatrix} r_{11} & r_{21} & r_{31} & r_{41} \\ r_{12} & r_{22} & r_{32} & r_{42} \\ r_{13} & r_{23} & r_{33} & r_{43} \\ \vdots & \vdots & \vdots & \vdots \\ r_{1m} & r_{2m} & r_{3m} & r_{4m} \end{bmatrix} = \{y_1, y_2, y_3, y_4\} \tag{8.7}$$

通过模糊变换得到模糊向量 $\boldsymbol{Y} = \{y_1, y_2, y_3, y_4\}$，其中 $y_i (i = 1, 2, 3, 4)$ 代表压缩影像总的质量对第 i 个等级的隶属度。

8.2　遥感影像压缩构像质量评价

构像质量是指影像的可理解性和可识别性，即遥感影像的判读质量。构像质量评价基本上分为两类：基于数学的方法和考虑人类感知能力的人类视觉系统（human visual system, HVS）(Kulhanek, 2005) 的评价方法。但目前第二类评价方法并不成熟（曹圣群等，2003；Chen et al., 2004；熊兴华，2004；Gastaldo et al., 2005），因此书中主要介绍基于数学的构像质量评价方法 (Ikram E. Abdou et al., 1986；李飞鹏，2003；马国锐等，2004；焦润海等，2005；Chin et al., 2002)。

8.2.1　影像特征分析

影像特征分析是指分别研究原始影像和压缩影像的性质和特点，分析随着压缩比的改变而引起的影像特征的变化，并提出相应的评价指标：灰度直方图、灰度平均值、灰度标准方差、灰度共生矩阵、角二阶矩、对比度和信息熵等。

1. 灰度直方图

灰度直方图是灰度级的函数，表示影像中每种灰度级的像素个数，反映每种灰度出现的频率。遥感影像的灰度分布范围反映了影像地物辐射量的大小区间。同一地区的不同影像，灰度范围越大，说明影像反映的地物信息越丰富（曾生根等，2001）。

2. 灰度平均值

灰度平均值是整个影像中所有像素灰度值的平均值，主要从整体层面反映影像的亮度，其计算公式为

$$\mu = \frac{1}{MN} \sum_{j=0}^{M-1} \sum_{i=0}^{N-1} f(i,j) \tag{8.8}$$

式中，M、N 为影像像元的行、列数量；$f(i,j)$ 为影像 (i,j) 位置处对应像元的灰度值。

3. 灰度标准方差

灰度标准方差反映了影像灰度的层次结构。在影像的比较分析中，灰度标准差越大，说明灰度的层次结构越丰富，在目视效果中地物越易于识别和分类，其计算公式为

$$\sigma = \sqrt{\frac{1}{MN} \sum_{j=0}^{M-1} \sum_{i=0}^{N-1} \left[\mu - f(i,j) \right]^2} \tag{8.9}$$

式中，M、N 为影像像元的行、列数量；$f(i,j)$ 为对应像元的灰度值；μ 为所有像元灰度值的平均值。

4. 灰度共生矩阵

在影像灰度表面，相隔一段距离的两个像素之间可用它们的联合统计分布表示影像的纹理信息（贾永红，2003）。灰度共生矩阵是从影像 (x,y) 灰度为 i 的像素出发，统计与距离为 δ、灰度为 j 的像素 $(x+\Delta x, y+\Delta y)$ 同时出现的概率 $f(i,j,\delta,\theta)$，其计算公式为

$$f(i,j,\delta,\theta) = \left\{ \left[(x,y),(x+\Delta x,y+\Delta y) \right] \middle| f(x,y)=i, f(x+\Delta x, y+\Delta y)=j \right\} \tag{8.10}$$

式中，$i=0,1,\cdots,L-1$，L 为影像的灰度级数；x，y 为影像中的像素坐标；$x=0,1,\cdots,M-1$；$y=0,1,\cdots,N-1$。

作为纹理分析的特征量往往不是直接用灰度共生矩阵，而是在此基础上计算二次统计量。为使二次统计量的表达更加清晰明了，常进行正规化处理，计算公式为

$$\hat{p}(i,j) = p(i,j)/R \tag{8.11}$$

式中，R 为正规化常数，含义为相邻点对的组合数。

5. 角二阶矩

角二阶矩(angular second moment)也称为能量，表示为灰度共生矩阵平方的和，是影像灰度分布均匀性的度量，当角二阶矩的值较大时，说明纹理较粗，反之说明纹理较细，其计算公式为

$$f_1 = \sum_{i=0}^{L-1} \sum_{j=0}^{L-1} \hat{p}^2(i, j) \tag{8.12}$$

式中，$\hat{p}(i, j)$ 为正规化后的统计量。

6. 对比度

影像的对比度(contrast)也就是影像的清晰度，主要反映了某像素与相邻像素的对比情况。对比度越大，说明纹理的沟纹越深，影像也就越清晰，视觉效果也就越好。反之说明纹理的沟纹越浅，影像也就越模糊，视觉效果也就越差，其计算公式为

$$f_2 = \sum_{n=0}^{L-1} n^2 \left[\sum_{i=0}^{L-1} \sum_{j=0}^{L-1} \hat{p}^2(i, j) \right] \tag{8.13}$$
$$|i - j| = n$$

式中，$|i - j| = n$ 为 i、j 的约束条件。

7. 信息熵

熵是反映影像信息丰富程度的一种度量方式，熵值越大，说明影像越复杂，信息量越大。信息熵是指信源的信息选择不确定度的测度，即为消除一定的不确定度而选择的与此不确定度相等的信息量(傅祖芸，2006)。按照香农信息论原理，其计算公式为

$$f_3 = -\sum_{i=0}^{L-1} p(x_i) \log_2 p(x_i) \tag{8.14}$$

式中，$p(x_i)$ 为 x_i 对应的概率。

8.2.2　影像对比分析

采取对比的手段，研究原始影像和压缩影像的差别，并对这种差别进行度量，从而评价压缩方法或者算法对原始影像的影响程度,辅助决策影像压缩采用的算法和压缩比。影像对比分析的主要指标包括差值、相似度和逼真度、相关系数和峰值信噪比。

1. 差值影像分析

差值影像是以像元为单元，计算每个像元对应的原始灰度值及重建影像的灰度值，然后做差并求绝对值，从而反映两者之间的差异。

2. 相似度和逼真度

影像相似度(image similarity，IS)和影像逼真度(image fidelity，IF)主要用于描述压缩前后的影像之间的一致性程度，其计算公式为

$$IS = \frac{\sum_{j=0}^{M-1}\sum_{i=0}^{N-1} f(i,j)g(i,j)}{\sqrt{\sum_{j=0}^{M-1}\sum_{i=0}^{N-1} f^2(i,j)}\sqrt{\sum_{j=0}^{M-1}\sum_{i=0}^{N-1} g^2(i,j)}} \tag{8.15}$$

$$IF = 1 - \frac{\sum_{j=0}^{M-1}\sum_{i=0}^{N-1}[f(i,j)-g(i,j)]^2}{\sum_{j=0}^{M-1}\sum_{i=0}^{N-1} f^2(i,j)} \tag{8.16}$$

式中，$g(i,j)$ 为待对比影像 (i,j) 位置处的灰度值。

3. 相关系数

影像的相关系数(correlation coefficient, CC)用于表示两个影像之间的相似程度，从而发现其差异的程度，其计算公式为

$$CC = \frac{\sum_{j=0}^{M-1}\sum_{i=0}^{N-1}[f(i,j)-\mu_f][g(i,j)-\mu_g]^2}{\sqrt{\sum_{j=0}^{M-1}\sum_{i=0}^{N-1}[f(i,j)-\mu_f]^2\sum_{j=0}^{M-1}\sum_{i=0}^{N-1}[g(i,j)-\mu_g]^2}} \tag{8.17}$$

式中，μ_f 为 f 影像的灰度平均值；μ_g 为 g 影像的灰度平均值。

4. 峰值信噪比

峰值信噪比(peak signal-to-noise ratio，PSNR)是对影像逼真程度的一种描述，影像压缩前后各像元的灰度差看作噪声，原始影像为信号，计算其信噪比，其计算公式为

$$PSNR = -10\lg\frac{MSE}{255^2} \tag{8.18}$$

式中，MSE 计算公式为

$$MSE = \frac{1}{MN}\sum_{j=0}^{M-1}\sum_{i=0}^{N-1}[f(i,j)-g(i,j)]^2 \tag{8.19}$$

8.3　遥感影像压缩几何质量评价

影像几何质量表达了遥感影像能够正确反映原始景物形状和大小的能力，几何质量的优劣决定了遥感影像可量测的程度。对于影像压缩的几何质量评价，国内外已开展不少相关研究。本节主要从影像匹配精度、数字表面模型精度及定位精度三方面进行评价。

8.3.1　影像匹配精度评价

影像匹配精度评价是指通过比较影像压缩前后特征点位置的变化(位移大小)来衡量压缩算法对于保持原始影像几何精度的能力，具体技术流程如图 8.2 所示。

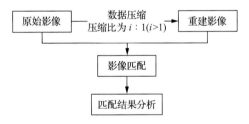

图 8.2　匹配精度评价方案

(1)利用点特征算子，如 Forstner 算子，提取目标灰度特征；
(2)通过利用高精度的、通用性较好的最小二乘算法进行匹配；
(3)基于最小二乘匹配结果，比较压缩影像上特征点位置的变化；
(4)计算所有特征点的 Δxy，选取阈值 0.1 像元，并逐个进行比较；
(5)统计所有 Δxy 优于 0.1 像元的特征点数。

其中，定义测试影像上特征点位的像素位置为 (x_f,y_f)，压缩影像上对应点位的像素位置为 (x_g,y_g)，利用 Δxy 来衡量影像匹配误差，计算公式为

$$\Delta xy = \sqrt{(x_f-x_g)^2+(y_f-y_g)^2} \tag{8.20}$$

8.3.2　数字表面模型精度评价

对于具有相同外方位元素的原始影像(立体像对)与压缩后的影像(立体像对),采用相同的软件自动生成数字地面模型 DSM,以原始影像所生成的 DSM 作为参照,将不同压缩比下的一系列 DSM 与其相比并计算差值,差值图像中每个格网点的值即为相对高程误差,通过分析相对高程误差,可以研究压缩算法对于自动生成的 DSM 精度的影响(翟亮和唐新明,2011),具体技术流程如图 8.3 所示。

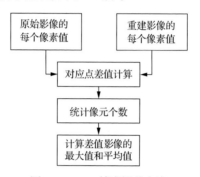

图 8.3　DSM 精度评价方案

相对误差计算指标包括高程误差、平均高程误差和均方根误差(中误差),具体计算公式为

$$\Delta Z_i = Z_i - Z_i^0, \quad (i = 1, 2, \cdots, n) \tag{8.21}$$

$$\overline{\Delta Z} = \frac{\sum_{i=1}^{n} \Delta Z_i}{n} \tag{8.22}$$

$$\mathrm{RMSE} = \sqrt{\frac{\sum_{i=1}^{n} \Delta Z_i^2}{n}} \tag{8.23}$$

式中,ΔZ_i 为高程误差;Z_i^0 为原始立体像对所生成的 DEM 中的每个格网的高程值;Z_i 为压缩立体像对所生成的 DEM 中每个格网的高程值;n 为 DSM 格网的数目;$\overline{\Delta Z}$ 为平均高程误差;RMSE 为中误差。

8.3.3　定位精度评价

定位精度误差主要是指通过检测一对同名点的点坐标,按误差公式计算的平面精度和高程精度。其主要评价指标包括 x 方向的定位精度(中误差)m_x、y 方向的定位精度(中误差)m_y、平面定位精度(中误差)m_{xy} 和高程定位精度(中误差)m_z。其中,m_x、m_y、

m_{xy} 和 m_z 的计算公式为

$$m_x = \sqrt{\dfrac{\sum\limits_{i=1}^{n}(X_i - X_{i0})^2}{n}} \qquad (8.24)$$

$$m_y = \sqrt{\dfrac{\sum\limits_{i=1}^{n}(Y_i - Y_{i0})^2}{n}} \qquad (8.25)$$

$$m_{xy} = \sqrt{m_x^2 + m_y^2} \qquad (8.26)$$

$$m_z = \sqrt{\dfrac{\sum\limits_{i=1}^{n}(Z_i - Z_{i0})^2}{n}} \qquad (8.27)$$

式中，X_i、Y_i 和 Z_i 分别为由被检测影像上获取的被检测点坐标值(m)；X_{i0}、Y_{i0} 和 Z_{i0} 分别为同名检测点坐标值(m)；n 为检测点数。

8.4　影像压缩比试验

8.4.1　主观评价试验与结果分析

1. 主观评价试验

将测试影像及其重建影像分为 16 组，每组 5 景影像，其中 1 景为未压缩的原始影像，其余 4 景为重建影像。以未压缩的原始影像为"参照"，分别将重建影像与原始影像进行对比，观察影像间的差异和畸变程度等，然后对影像质量进行评价。参加重建影像质量评价的人员既有遥感判读专家也有普通人员，共 20 名，所有人员视力或校正视力良好，观察条件为光线充足、明视距离 25～30 cm、相同的计算机显示设备等。

1) 主观评价指标的选定

在本书研究中，从以下几个方面评价重建影像质量。

(1) 信息丢失：原影像中的某些信息，如地理目标或地理目标的细部特征，在重建影像中丢失的现象；

(2) 几何畸变：重建影像中，地理目标的几何特征发生变形和扭曲的程度，如道路发生弯曲；

(3) 清晰度(锐度)：压缩算法往往具有平滑效果，导致边缘模糊，影像清晰度表示影像边缘清晰的程度；

(4)反差：指影像最大亮度与最小亮度的对比；

(5)色调：以全色影像为例，指影像上黑白深浅的程度。

2)评价级别的选定

根据上述的评价级别：优秀(v_1)、良好(v_2)、合格(v_3)和不合格(v_4)。为了便于理解，以取得较统一的认识，对每一个等级进行适当的文字说明，见表8.1。

表8.1　评价等级描述

评价级别	信息丢失	几何畸变	清晰度	反差	色调	总体描述
优秀	没有	没有	清晰	大	均匀	与原影像相比，几乎没有差别，失真极小，可以忽略不计
良好	较少	较小	较清晰	较大	较均匀	与原影像相比，略有下降，可以看出失真，但不影响判读，可以忽略
合格	少	小	一般	一般	一般	与原影像相比，能看出较明显的差别，但基本不影响判读，可以接受
不合格	多	大	不清楚	小	差	与原影像相比，严重失真，影响判读，不能接受

3)隶属度的确定

以测试影像——"高山地"为例，如图8.4所示。

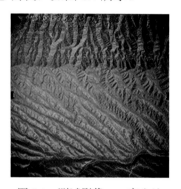

图8.4　测试影像——高山地

表8.2列出了采用JPEG2000压缩方法重建影像的评价结果。根据模糊评判方法原理，可以计算出各元素的隶属度，见表8.3。

表8.2　主观评价结果

指标	优秀	良好	合格	不合格	压缩比
信息丢失	16	4	0	0	
几何畸变	18	2	0	0	
清晰度	20	0	0	0	2：1
反差	18	2	0	0	
色调	16	4	0	0	

指标	优秀	良好	合格	不合格	压缩比
信息丢失	6	6	6	2	
几何畸变	4	6	10	0	
清晰度	8	12	0	0	4 : 1
反差	8	12	0	0	
色调	16	4	0	0	
信息丢失	6	2	10	2	
几何畸变	6	4	10	0	
清晰度	6	6	6	2	6 : 1
反差	8	10	2	0	
色调	10	4	6	0	
信息丢失	0	4	8	8	
几何畸变	0	2	6	12	
清晰度	6	6	6	2	8 : 1
反差	8	8	4	0	
色调	8	10	2	0	

表 8.3　各元素的隶属度

指标	优秀	良好	合格	不合格	压缩比
信息丢失	0.8	0.2	0.0	0.0	
几何畸变	0.9	0.1	0.0	0.0	
清晰度	1.0	0.0	0.0	0.0	2 : 1
反差	0.9	0.1	0.0	0.0	
色调	0.8	0.2	0.0	0.0	
信息丢失	0.3	0.3	0.3	0.1	
几何畸变	0.2	0.3	0.5	0.0	
清晰度	0.4	0.6	0.0	0.0	4 : 1
反差	0.4	0.6	0.0	0.0	
色调	0.8	0.2	0.0	0.0	
信息丢失	0.3	0.1	0.5	0.1	
几何畸变	0.3	0.2	0.5	0	
清晰度	0.3	0.3	0.3	0.1	6 : 1
反差	0.4	0.5	0.1	0	
色调	0.5	0.2	0.3	0	
信息丢失	0.0	0.2	0.4	0.4	
几何畸变	0.0	0.1	0.3	0.6	
清晰度	0.3	0.3	0.3	0.1	8 : 1
反差	0.4	0.4	0.2	0.0	
色调	0.4	0.5	0.1	0.0	

4）权向量的选取

每一项评价指标对影像质量的影响的大小不同，所以要为每一项评价指标加上合适的权重，要合理地做到这一点是很困难的。在综合考虑有关专家的意见后，根据相关经验，在评价中使用表 8.4 的权向量。

表 8.4 权向量表

指标	信息丢失	几何畸变	清晰度	反差	色调
权重	0.30	0.30	0.30	0.05	0.05

5）模糊变换矩阵的确定

根据表 8.3 和表 8.4 以及式(8.4)～式(8.6)，计算出相应的模糊变换矩阵和模糊向量，见表 8.5。

表 8.5 模糊变换矩阵和模糊向量

压缩比	模糊变换矩阵	模糊向量
2：1	$\begin{bmatrix} 0.8 & 0.2 & 0 & 0 \\ 0.9 & 0.1 & 0 & 0 \\ 1.0 & 0 & 0 & 0 \\ 0.9 & 0.1 & 0 & 0 \\ 0.8 & 0.2 & 0 & 0 \end{bmatrix}$	$[0.895 \quad 0.105 \quad 0 \quad 0]$
4：1	$\begin{bmatrix} 0.3 & 0.3 & 0.3 & 0.1 \\ 0.2 & 0.3 & 0.5 & 0 \\ 0.4 & 0.6 & 0 & 0 \\ 0.4 & 0.6 & 0 & 0 \\ 0.8 & 0.2 & 0 & 0 \end{bmatrix}$	$[0.33 \quad 0.4 \quad 0.24 \quad 0.03]$
6：1	$\begin{bmatrix} 0.3 & 0.1 & 0.5 & 0.1 \\ 0.3 & 0.2 & 0.5 & 0 \\ 0.3 & 0.3 & 0.3 & 0.1 \\ 0.4 & 0.5 & 0.1 & 0 \\ 0.5 & 0.2 & 0.3 & 0 \end{bmatrix}$	$[0.315 \quad 0.215 \quad 0.41 \quad 0.06]$
8：1	$\begin{bmatrix} 0 & 0.2 & 0.4 & 0.4 \\ 0 & 0.1 & 0.3 & 0.6 \\ 0.3 & 0.3 & 0.3 & 0.1 \\ 0.4 & 0.4 & 0.2 & 0 \\ 0.4 & 0.5 & 0.1 & 0 \end{bmatrix}$	$[0.13 \quad 0.225 \quad 0.315 \quad 0.33]$

由表 8.5 中的模糊向量可以很容易地得出重建影像的质量等级。例如，对于测试影像图 4.5，采用 JPEG2000 算法，在压缩比为 4：1 的情况下，重建影像对于"优秀""良好""合格"和"不合格"的隶属度分别为 0.33、0.4、0.24 和 0.03，说明该重建影像质

量为"良好"。同理,可以得出其他重建影像的质量等级。

2. 主观评价结果分析

综合主观评价结果,通过全面分析,总体上可以得出以下主要结论。

(1)随着压缩比的增加,重建影像质量不断下降;

(2)在压缩比不超过 4∶1 的情况下,所有重建影像的质量均可以达到合格及以上的等级;

(3)在压缩比不超过 2∶1 的情况下,影像压缩效果较好,与原始影像差别不大。

8.4.2　构像质量评价试验与结果分析

本节将从应用的角度出发,研究数据压缩对重建影像构像质量的影响。遥感影像的计算机分类是遥感影像应用的一个重要领域,本节将通过一系列实验,对测试影像及其重建影像进行分类,得出压缩比与分类质量的关系。

本书选取了平地、丘陵、山地等不同地形的遥感影像作为测试影像,如图 8.5 所示。

(a) 平地(包括房屋、道路、植被和土地覆盖等)　　　(b) 丘陵(包括道路、湖泊和土地覆盖等)

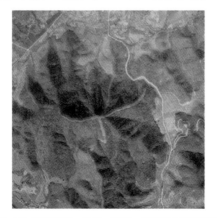

(c) 山地(包括道路、房屋、道路、植被和土地覆盖等)

图 8.5　测试影像

所有的测试影像有着丰富的纹理信息：山地的纹理信息最丰富，信息熵最大，平地的信息熵最低，见表 8.6。

表 8.6　测试影像的信息熵

测试影像	信息熵
平地	2.832
丘陵	3.006
山地	3.433

利用 JPEG2000 压缩算法，对图 8.5 中的测试影像进行压缩，得到压缩比为 2∶1、4∶1、6∶1、8∶1、10∶1、12∶1、16∶1、20∶1 和 30∶1 的一系列压缩重建影像。

基于分类精度评价方法，采用常见的 MLC 分类方法对影像进行监督分类。图 8.6～图 8.9 给出了压缩比 6∶1 情况下的分类变化情况示例。

(a) 原始影像

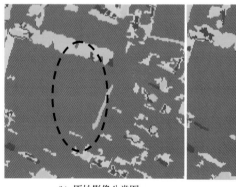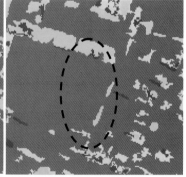

(b) 原始影像分类图　　　　　　(c) 重建影像分类图

图 8.6　数据压缩对影像分类的影响示例一

(a) 原始影像

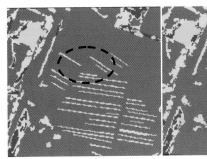

(b) 原始影像分类图　　　　　　(c) 重建影像分类图

图 8.7　数据压缩对影像分类的影响示例二

(a) 原始影像

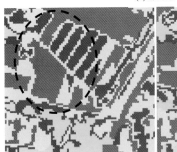

(b) 原始影像分类图　　　　　　(c) 重建影像分类图

图 8.8　数据压缩对影像分类的影响示例三

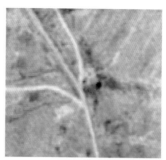

(a) 原始影像

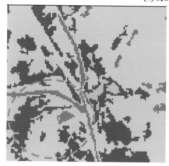

(b) 原始影像分类图

(c) 重建影像分类图

图 8.9　数据压缩对影像分类的影响示例四

从图 8.6～图 8.9 中可以发现，重建影像分类图与原始影像分类图相比，影像分类情况均有明显变化(图 8.6～图 8.9 中虚线范围内)，即出现了分类的不一致性，说明影像有损压缩对于影像分类结果是有影响的。

表 8.7 给出了不同压缩比情况下的分类精度情况。图 8.10 为压缩比和分类精度的关系图。

表 8.7　不同压缩比情况下的分类精度

压缩比	Kappa 系数		
	平地	丘陵	山地
2：1	0.978	0.973	0.955
4：1	0.894	0.890	0.881
6：1	0.854	0.853	0.834
8：1	0.825	0.823	0.803
10：1	0.824	0.823	0.800
12：1	0.821	0.821	0.790
16：1	0.739	0.738	0.725
20：1	0.644	0.619	0.610
30：1	0.618	0.602	0.595

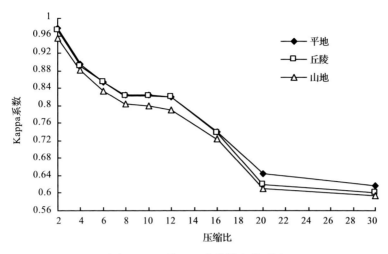

图 8.10　压缩比和分类精度关系图

通过开展上述试验，可以得出以下结论。

(1) 随着压缩比的增大，分类精度越来越低，尤其是在压缩比较高的情况下，分类精度损失严重。在压缩比为 10∶1 左右时，分类精度变化不是很明显。这表明 JPEG2000 在中倍压缩比的情况下，能够较好地保持影像分类精度。

(2) 对于不同的地形类别，影像压缩有着不同的影响，即 JPEG2000 有损压缩的影响是"场景相关的"(scene-dependent)。例如，山地具有最高的信息熵，JPEG2000 有损压缩对其影响最大。分析其原因是由于 JPEG2000 的平滑效应导致纹理信息丰富的影像损失了较多的细节纹理或边缘信息。

8.4.3　数字表面模型精度评价实验

利用原始影像立体像对及其一系列重建影像立体像对自动生成 DSM，生成的 DSM 格网分辨率为 25m，由于其边缘地区包含一些空值，需要进行裁切，裁切后的 DSM 相关描述见表 8.8。

表 8.8　DSM 描述

地区	格网分辨率/m	DSM 大小(宽度×高度)
平地	25	78×150
丘陵	25	70×119
山地	25	67×126
高山地	25	54×107

从图 8.11 可以看出，重建立体像对生成的 DSM 基本上保持了原始立体像对生成的 DSM 的形状，并且所有的 DSM 都比较符合真实地形的情况：北部地势相对南部地势偏低一些，并且由北向南地势逐渐偏高。

为了进一步确定 DSM 的精度，将所有重建立体像对生成的 DSM 分别与原始立体像对生成的 DSM 进行高程差运算，得出 DSM 差值影像，如图 8.12 所示，其中负值表示在某个格网上所对应的重建立体像对生成的 DSM 的高程值相对于原始立体像对生成的 DSM 的高程值小一些，正值表示相反的情况。

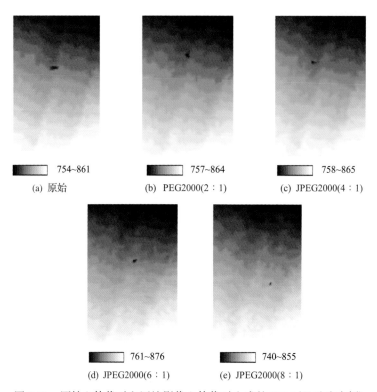

(a) 原始　754~861　　(b) PEG2000(2∶1)　757~864　　(c) JPEG2000(4∶1)　758~865

(d) JPEG2000(6∶1)　761~876　　(e) JPEG2000(8∶1)　740~855

图 8.11　原始立体像对和压缩影像立体像对生成的 DSM（以丘陵为例）

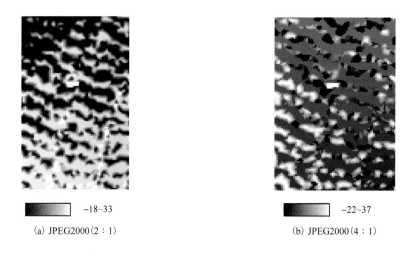

(a) JPEG2000(2∶1)　−18~33　　(b) JPEG2000(4∶1)　−22~37

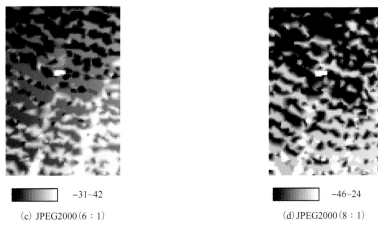

(c) JPEG2000(6:1)　　　　　　　　　　　(d) JPEG2000(8:1)

图 8.12　原始立体像对和压缩影像立体像对生成的 DSM 的差异(以丘陵为例)

从差值影像上能够清楚地发现不同区域误差大小情况,通过对比所有的差值影像可以发现,在同一地区的影像上,误差特别大的点(极值点)一般出现在阴影地区、坡度较大的峭壁和较深的山谷等,在这些地区同名点寻找困难,从而造成影像匹配精度差,进而引起较大的误差。由于这些极值点的数目不是很多,所以对于整体误差的影响并不显著。通过对差值影像进行统计,能够得到 DSM 平均高程误差和中误差,见表 8.9 和表 8.10。

表 8.9　DSM 平均高程误差

压缩比	平均高程误差/m			
	平地	丘陵	山地	高山地
2:1	−0.6	0.3	−2.5	−3.4
4:1	−1.9	5.4	1.3	−4.1
6:1	0.4	8.4	−4.6	2.8
8:1	3.0	−9.5	11.1	8.3

表 8.10　DSM 中误差

压缩比	中误差/m			
	平地	丘陵	山地	高山地
2:1	3.0	3.2	7.1	6.4
4:1	3.8	5.8	7.3	8.8
6:1	3.6	9.4	9.6	10.2
8:1	4.1	10.1	13.2	15.3

从表 8.9 和表 8.10 中可以看出:

(1)总体上,随着压缩比的增加,RMSE 呈上升趋势,即压缩比越大,自动生成的 DSM 精度越低;

(2)相同压缩比条件下，地形起伏较大、地形复杂地区(山地和高山地)的 RMSE 偏高。

通过考察匹配精度评价和自动生成 DSM 精度的关系，可以得出一致的结论：相同压缩比条件下，地形起伏变化大、地形复杂地区的影像匹配效果差，同时这些地区自动生成的 DSM 的精度也要低一些。

面向遥感影像测图精度要求，根据《1∶10 000、1∶50 000 数字高程模型技术指标》(CH/T 1008—2001)，见表 8.11，可以通过将表 8.11 中的内容与技术指标逐项比较，得出压缩影像立体像对自动生成的 DSM 精度的满足情况，见表 8.12。

表 8.11　1∶50 000 数字高程模型技术指标

项目	参数
格网尺寸	25 m
高程数据取位	1 m
高程中误差(一级)	平地 3 m，丘陵地 5 m，山地 8 m，高山地 14 m
高程中误差(二级)	平地 4 m，丘陵地 7 m，山地 11 m，高山地 19 m
高程中误差(三级)	平地 6 m，丘陵地 10 m，山地 16 m，高山地 28 m

表 8.12　精度满足性分析

地形	2∶1	4∶1	6∶1	8∶1
平地	2	2	2	3
丘陵	1	2	3	0
山地	1	1	2	3
高山地	1	1	1	2

注：表中数据"0"表示不满足 1∶50 000 数字高程模型高程中误差要求；"1"表示满足 1∶50 000 数字高程模型高程中误差(一级)要求；"2"表示满足 1∶50 000 数字高程模型高程中误差(二级)要求；"3"表示满足 1∶50 000 数字高程模型高程中误差(三级)要求。

从上述实验分析可知：对于 JPEG2000 压缩算法，压缩比不大于 6∶1 情况下，由压缩立体像对自动生成的 DSM 可以满足规范的高程中误差(三级)要求。

8.4.4　定位精度评价实验

基于 JX4CDPW 平台进行摄影测量点定位实验，通过统计检测点和被检测点坐标，可以得出定位精度和压缩比的关系。表 8.13～表 8.16 分别给出了平地、丘陵、山地和高山地的精度分析；图 8.14 和图 8.15 则分别反映了平面定位精度和高程定位精度与压缩比之间的关系。

表 8.13　摄影测量定位精度（平地）

压缩比	平地/m			
	m_x	m_y	m_{xy}	m_z
2：1	3.3	3.8	5.0	1.6
4：1	2.9	4.4	5.2	1.7
6：1	4.3	3.4	5.5	2.0
8：1	4.6	3.8	6.0	3.9

表 8.14　摄影测量定位精度（丘陵）

压缩比	丘陵/m			
	m_x	m_y	m_{xy}	m_z
2：1	4.5	4.5	6.4	1.6
4：1	3.4	5.8	6.7	6.0
6：1	5.8	5.9	8.3	7.4
8：1	6.4	5.9	8.7	13.0

表 8.15　摄影测量定位精度（山地）

压缩比	山地/m			
	m_x	m_y	m_{xy}	m_z
2：1	4.5	6.0	7.5	2.6
4：1	4.3	7.0	8.2	4.2
6：1	5.1	8.1	9.5	8.1
8：1	13.8	3.4	14.2	9.6

表 8.16　摄影测量定位精度（高山地）

压缩比	高山地/m			
	m_x	m_y	m_{xy}	m_z
2：1	5.1	3.8	6.4	5.4
4：1	6.4	4.9	7.0	8.0
6：1	7.8	2.9	8.4	7.4
8：1	9.3	9.3	13.2	13.5

通过对图 8.13 和图 8.14 进行分析，可以得出：

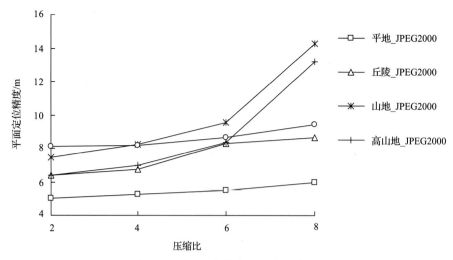

图 8.13　平面定位精度和压缩比关系图

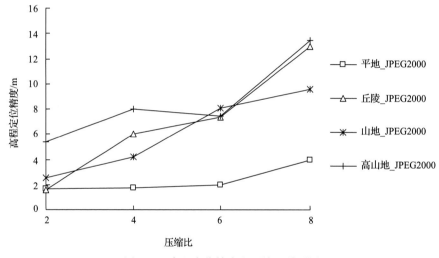

图 8.14　高程定位精度和压缩比关系图

(1)总体上，随着压缩比的增加，平面和高程中误差越来越大，即平面定位精度和高程定位精度越来越低，这是因为影像的压缩比越大，影像几何畸变越大，影像越加模糊，同名点寻找越加困难，量测精度也越低。

(2)对于不同的地形类别，山地和高山地的精度衰减速度要高于丘陵和平地，其中平地的衰减速度最慢。从定位精度考虑，地形起伏较大、地形复杂的地区受压缩算法的影响较大，这与从自动生成 DSM 精度方面所得出的结论是一致的。

根据《1∶25 000、1∶50 000、1∶100 000 地形图航空摄影测量数字化测图规范》(GB/T 17157—1997)，可以将其与表 8.13～表 8.16 逐项比较，得出重建影像立体像对摄影测量定位点精度的满足情况，见表 8.17。

表 8.17　精度满足性分析

地形	2：1	4：1	6：1	8：1
平地	√	√	√	×
丘陵	√	×	×	×
山地	√	√	×	×
高山地	√	√	√	√

注："√"和"×"分别表示满足和不满足地形图航空摄影测量数字化测图精度要求。

从表 8.17 中可知，对于 JPEG2000 压缩算法，压缩比不大于 4：1 的情况下，重建影像立体像对摄影测量定位点精度满足规范要求；在测绘生产中，可以根据对测图精度要求的不同，选定合适的压缩方法，以减少数据量的存储和传输。

根据本书的研究成果，针对资源三号卫星(高分辨立体测图卫星)、1m/4m 高分辨率卫星等星上有损压缩指标的选取，在保证影像失真不影响判读质量并满足测绘生产、地质调查与资源评价、土地利用调查与监测等应用需要的情况下，笔者认为，如果采用 JPEG2000 压缩算法，可以接受的压缩比不应高于 4：1。

第9章　仿真测图及精度分析

为验证资源三号卫星的测图能力和测图精度，采用江苏连云港地区和河南嵩山地区的仿真影像进行立体测图，以对设计指标进行验证。

9.1　连云港试验区验证

试验区覆盖连云港及其周边，中央经线为 119.156 58°E，试验区以水域、耕地、居民地为主，零星点缀海拔在 200~300 m 的山上，平均高程约为 5 m。

为了验证资源三号卫星受姿态稳定度的影响，在姿态稳定度分别为 0.0001(°)/s 和 0.0005(°)/s 时，进行三线阵仿真，其仿真得到的影像集分别对应 1E 和 5E(1E 和 5E 表示相机稳定性等级)。前后视相机仿真影像的空间分辨率为 4 m，正视仿真影像的分辨率为 2.5 m。其仿真参数见表 9.1。

表 9.1　连云港地区仿真条件参数

平台载荷项	参数
轨道参数	轨道高度：505.984 km 位置随机误差：0.1 m(1σ) 速度随机误差：0.05 m(1σ) 采样步长：1 s
姿态参数	姿态稳定度：0.0001(°)/s 和 0.0005(°)/s 输出频率：4 Hz 添加偏流角校正 测姿随机误差：1″(1σ) 测姿系统误差：0″(1σ)
正视相机参数	焦距：1.7 m 像元数 24 576 像元大小：7 μm 俯仰安装角：0°
前视相机参数	焦距：1.7 m 像元数 16 384 像元大小：10 μm 俯仰安装角：23°
后视相机参数	焦距：1.7 m 像元数 16 384 像元大小：10 μm 俯仰安装角：−23°

　　依据资源三号卫星设计指标，在建立轨道模型和姿态模型的基础上，对相机的内方位元素和行积分时间进行建模，构建资源三号卫星仿真影像的成像几何模型,并计算其相应的 RFM。在此基础上，以高精度 DEM 和 DOM 作为地面基准数据，通过几何纠正反解法，计算出仿真影像对应的像元位置，并进行灰度内插得到仿真影像。为了验证在该姿态稳定度条件下资源三号卫星所能达到的精度水平，试验中采用了基于像方仿射变换的平差模型，分别对影像进行带控制点的区域网平差和无控制点的区域网平差。依据仿真的影像文件与该地区高精度的 DEM 和 DOM，共采集 25 个控制点，控制点分布如图9.1 所示。

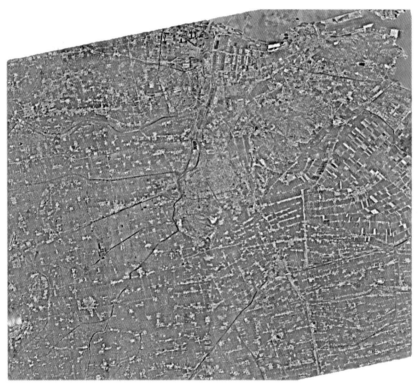

图 9.1　控制点分布示意图

　　针对上述数据，分别采用无控制点、1 个控制点、3 个控制点、5 个控制点和 20 个控制点进行区域网平差分析。当采用无控制点时，资源三号卫星模拟影像的 5E 平面定位精度为 1625.453 m，高程精度为 8.252 m。当采用 1 个控制点时，平面精度大幅提升到 723.014 m；当采用 3 个控制点时，检查点平面精度为 8.869 m，高程精度为 3.861 m。当控制点进一步提升到 4 个、5 个，甚至 20 个时，检查点精度并没有显著提升。这是由于影像中的主要误差来自于姿态的系统误差，当采用 3 个控制点时，则可以对姿态的系统误差进行精确补偿。然而，当控制点数目进一步提升时，由于姿态稳定度的限制，检查点的结果并没有继续提升。因此，检查点的精度稳定到平面 8 m 左右、高程 3.5 m 左右。平差结果见表 9.2。

表 9.2　资源三号卫星模拟影像 5E 数据精度统计结果

控制条件	连接点中误差(像元)	控制点误差/m				检查点误差/m			
		X	Y	平面	Z	X	Y	平面	Z
无控制	1.36					358.881	1585.339	1625.453	8.252
1 个控制点	2.367	0	0.001	0.001	0.009	163.442	704.298	723.014	10.722
3 个控制点	1.54	0.001	0.001	0.001	0.003	2.427	8.531	8.869	3.861
4 个控制点	1.6	0.158	6.011	6.013	0.537	2.649	7.422	7.881	3.228
5 个控制点	1.707	1.508	5.278	5.489	0.903	3.481	6.393	7.279	3.551
20 个控制点	2.009	1.645	5.82	6.048	4.268	2.288	7.818	8.145	3.612

对于 1E 的数据来说,其系统误差与 5E 相近,因此在无控制点时,平面中误差为 1624.031 m,高程中误差为 7.804 m。当采用 1 个控制点时,其有所提升。当控制点数达到 3 个及 3 个以上时,其平面精度为 6 m 左右,高程精度为 3 m 左右,见表 9.3。1E 的数据相比于 5E 的数据,其精度更高。由此说明,姿态稳定度高时,影像的精度将更高。特别是在带控制平差时,其姿态稳定的情况下,平差精度要更优。

表 9.3　资源三号模拟影像 1E 数据精度统计结果

控制条件	连接点中误差(像元)	控制点误差/m				检查点误差/m			
		X	Y	平面	Z	X	Y	平面	Z
无控制	1.019					358.949	1583.866	1624.031	7.804
1 个控制点	1.87	0.000	0.001	0.001	0.003	147.405	630.071	647.084	10.515
3 个控制点	1.338	0.001	0.001	0.001	0.001	2.752	6.345	6.916	2.714
4 个控制点	1.421	0.658	2.849	2.924	5.709	3.458	5.425	6.433	2.946
5 个控制点	1.251	1.362	3.582	3.832	1.7	3.184	4.649	5.635	3.024
20 个控制点	1.537	1.858	4.238	4.627	2.663	1.417	5.220	5.409	2.118

在完成空三平差后,基于密集匹配即可生成大量同名点,生成同名点的情况如图 9.2 所示。

为了消除地表建筑和植被的影响,剔除错误匹配点,因此对匹配结果进行滤波。滤波后的点云图如图 9.3 所示。从滤波后的影像图中可以看出,在影像的下部存在显著的横条纹现象,存在这种现象的主要原因是姿态上引入的随机误差造成了模型误差,从而造成最终生成的 DEM 不准确。

基于滤波后的点云进行构 TIN,通过 TIN 转格网,最终生成 DEM。连云港地区生成的 DEM 如图 9.4 所示,从图中可以看出,基于仿真影像可以较好地实现 DEM 的生产。

图 9.2　连云港自动匹配生成密集点云图

图 9.3　连云港点云滤波后示意图

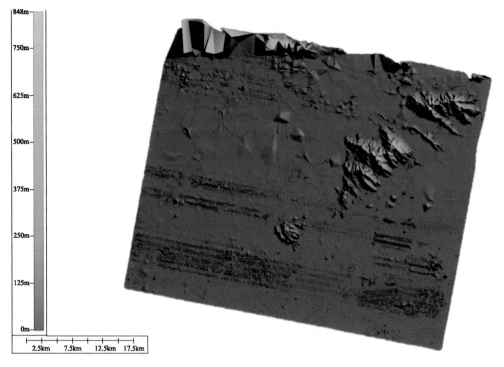

图 9.4　连云港地区仿真数据生成 DEM 示意图

　　基于上述生成的 DEM 及平差后的正视影像数据，可进一步应用于 DOM 产品的制作。该地区生成的 DOM 如图 9.5 所示，从图 9.5 中可以看出地形得到了较好的改正，影像中不存在拉花的现象。基于仿真影像进行了线划图提取，如图 9.6 所示。

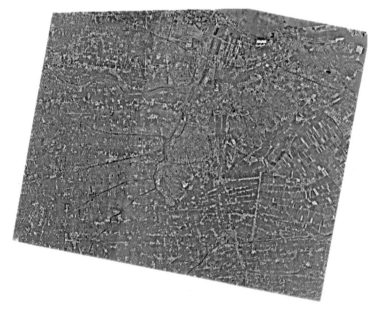

图 9.5　连云港地区正视影像生成 DOM 示意图

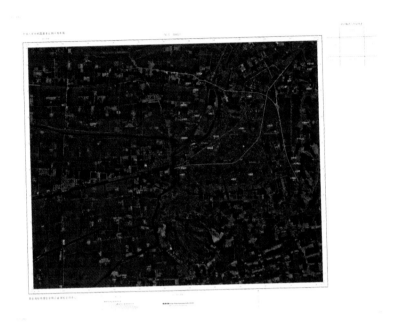

图 9.6　连云港地区线划示意图

9.2　嵩山试验区仿真验证

为了验证资源三号卫星各级产品的生产及最终处理精度，本节采用嵩山地区的高精度 DEM 和 DOM 进行仿真和精度验证，以模拟经过几何检校后的产品精度。仿真条件见表 9.4。

表 9.4　嵩山地区仿真条件参数

平台载荷项	参数
工程总体配置	观测地区：34.76°N，113.65°E 起始成像时间：20101031:102100.00 起始成像姿态：0°、0°、0°
轨道参数	轨道高度：505.964 km 轨道偏心率：0.0001 轨道倾角：97° 近地点幅角：90° 大气阻力系数：2.2 面质比：0.007 轨道重力场阶数：3 轨道积分时间：100 s 轨道积分步长：1 s 轨道误差：0

续表

平台载荷项	参数
姿态参数	姿态初始值：全 0 姿态稳定度：0.0002 (°)/s 设备安装：全 0 高频颤震：全 0 相机安装误差：1″ 星敏安装误差：1″ 星敏观测误差：1″ 姿态输出频率：4 Hz
相机仿真条件	相机主点 $x0$:2.48 mm，　$y0$:0 mm，　　f:1.7 m CCD 起始点偏移 x：-86.016 mm，　　y：0 mm CCD 像元大小：　7μm CCD 长度：172.032μm CCD 倾斜角：0° 内方位元素误差均为 0
影像仿真条件	起始行：0 总行数：24 575

依据资源三号卫星设计指标，在建立轨道模型和姿态模型的基础上，对相机的内方位元素和行积分时间进行建模，构建资源三号卫星仿真影像的成像几何模型，并计算其相应的 RFM。在此基础上，以高精度 DEM 和 DOM 作为地面基准数据，通过几何纠正反解法，计算出仿真影像对应的像元位置，并进行灰度内插得到仿真影像。嵩山地区几何仿真结果如图 9.7 所示。

(a) SC 正视　　　　　(b) SC 前视　　　　　(c) SC 后视

图 9.7　资源三号卫星嵩山地区仿真结果示意图

在完成仿真的基础上，基于采集的控制点，对影像的平面精度和高程精度进行验证。平面精度，即通过手动选取控制点的像点坐标和已知的高程坐标，计算其对应的地面坐标，并以该坐标与实际坐标的差值作为平面精度，见表 9.5。该地区平面中误差为 6.638 m，其中 X 方向为 5.136 m，Y 方向为 4.205 m。通过获取的立体影像及其像点坐标，直接进行空间前方交会，其平面精度为 3.367 m，其中 X 方向为 2.490 m，Y 方向为 2.267 m，高程中误差为 8.602 m。

表 9.5　嵩山地区平面精度及高程精度分析

精度	平面精度/m		高程精度/m
平面精度分析	6.638	X: 5.136	—
		Y: 4.205	
立体精度分析	3.367	X: 2.490	8.602
		Y: 2.267	

　　基于正视影像的传感器校正产品，完成了 GEC、eGEC、GTC 影像的生产和精度分析。各级影像如图 9.8 所示。

(a) GEC下视　　　　　　　(b) eGEC下视　　　　　　　(c) GTC下视

(a) GEC 正视　　　　　　　(b) eGEC 正视　　　　　　　(c) GTC 正视

图 9.8　资源三号卫星嵩山地区高级产品示意图

　　其各级产品的 RFM 替代精度见表 9.6。从表 9.6 中可以看出，资源三号卫星传感器校正产品 RFM 替代精度优于 0.01 个像元，而 GEC 替代 SC 和 eGEC 替代 SC 的精度均优于 0.01 个像元，因此 RFM 替代几何无损。

表 9.6　嵩山地区 RFM 替代精度表

产品	类型	X/像元		Y/像元		平面/像元	
		max	RMS	max	RMS	max	RMS
SC	前视控制点	−0.000 12	0.000 05	0.000 06	0.000 03	0.000 12	0.000 06
	前视检查点	−0.00012	0.000 06	0.000 06	0.000 03	0.000 13	0.000 07
	后视控制点	−0.000 12	0.000 06	−0.000 06	0.000 03	0.000 13	0.000 07
	后视检查点	−0.000 11	0.000 06	−0.000 06	0.000 03	0.000 11	0.000 07
GEC	正视控制点	−4.976e-004	7.701e-005	−1.250e-002	1.554e-003	1.251e-002	1.556e-003

	正视检查点	−4.015e-004	6.788e-005	−9.528e-003	1.368e-003	9.535e-003	1.370e-003
eGEC	正视控制点	−5.343e-004	7.713e-005	−1.251e-002	1.564e-003	1.252e-002	1.566e-003
	正视检查点	−3.989e-004	6.793e-005	−9.537e-003	1.377e-003	9.544e-003	1.378e-003

由表 9.7 可以看出，各级影像精度均达到要求，且 GEC、eGEC、GTC 影像的平面定位精度依次提高，与理论相符。

表 9.7　平面定位精度（正视）　　　　　　　　　（单位：m）

产品	X	Y	平面
GEC	4.556	2.107	5.020
eGEC	2.189	1.234	2.513
GTC	0.687	1.132	1.325

利用前、后、正视 SC 影像进行多片平差处理，分为带控制点和不带控制点两种处理方案。带控制点方案中共有 14 个控制点和 7 个检查点，不带控方案中共 21 个检查点，保证了足够的点数且点位均匀分布。点位分布如图 9.9 所示。

图 9.9　嵩山地区控制点与检查点分布示意图

由表 9.8 可以看出，两种方案得到的定向精度均优于 0.5 个像元，达到精度要求。

由表 9.9 可以看出,在带控情况下,控制点和检查点的平面、高程精度相差较小,均在 1m 左右,达到平差精度要求。在不带控情况下,检查点平面精度在 3.6 m,高程精度优于 1 m。

表 9.8 定向精度 (单位:像元)

产品	X	Y	平面
带控	0.324	0.325	0.459
不带控	0.213	0.215	0.302

表 9.9 平差精度 (单位:m)

项目		X	Y	平面	高程
带控	控制点	0.733	0.555	0.919	0.807
	检查点	0.473	0.840	0.964	1.179
不带控	检查点	1.782	3.130	3.602	0.997

9.3 结 论

基于资源三号测绘卫星设计指标,将江苏连云港地区高精度 DEM 和 DOM 作为参考数据,在不同姿态稳定度的假设下分别进行几何成像仿真。在未进行几何检校时,直接进行无控平差,两种姿态稳定度的影像定位精度在千米级。采用 3 个以上控制点参与平差时,其精度能满足 1:5 万测图精度需求,当控制点达到 3 个时,增加控制点不能进一步提高平差精度,且通过对比两种姿态稳定度的平差精度可以看出,资源三号测绘卫星的带控制点区域网平差精度与姿态稳定度高度相关。

在假设进行几何检校消除了影像中安装角误差的前提下,基于河南嵩山地区的影像进行成像几何仿真,并制作各级影像产品,评价并分析各级影像产品的精度。资源三号测绘卫星的传感器校正产品、系统几何纠正产品与精纠正产品的 RFM 替代精度优于 0.01 个像元,模型替代精度不损失。在姿态稳定度为 0.0002(°)/s、星敏陀螺的定姿精度优于 1″ 时,影像的平面精度为 6.6 m,直接交会的平面中误差为 3.36 m,高程中误差为 8.6 m。而各级产品的直接定位精度 GEC、eGEC 和 GTC 影像的平面定位精度依次提高。在上述仿真条件下,资源三号卫星定向精度均优于 0.5 个像元,达到精度要求。在带控情况下,控制点和检查点的平面、高程精度相差较小,均在 1 m 左右,达到平差精度要求。在不带控情况下,检查点平面精度在 3.6 m,高程精度优于 1 m。因此,资源三号卫星在达到仿真条件的姿态稳定时,其精度能满足 1:5 万测图要求。

第10章　资源三号卫星在轨测试与验证

10.1　在轨测试要求

2012年1月9日，资源三号卫星发射升空。卫星准确进入预定轨道，卫星平台和载荷设备工作正常。在飞行控制结束后，卫星的在轨测试随即展开。在轨测试的主要目的是对卫星及其相关系统能否达到设计要求、对立体测图精度进行考核，是卫星工程能否实现的重要依据，在轨测试的前提是卫星的运载系统、发射系统满足卫星研制总要求，测控系统可正常地控制卫星在轨测试，主要涉及卫星系统、应用系统、地面系统和测控系统，一方面考核卫星是否达到设计要求；另一方面积累关键在轨工作参数，为卫星应用奠定基础。

资源三号卫星在轨测试项目主要包括卫星对工程参数、地面系统关键指标、应用系统关键指标进行考核，同时对数据获取能力、数据传输链路的正确性进行测试，确保卫星在轨测试结束后卫星及相关系统处于良好的工作状态。

在轨测试过程中，针对资源三号卫星在轨测试过程中获取的完整数据，开发了专用测试软件，研制了专用测试设备，以此为基础进行综合分析。在轨测试围绕在轨测试大纲规定的内容，对各个考核指标的测试时间、测试方法、测试结果及结论、量化指标测量结果精度进行分析，以及对测试过程中存在的问题及解决情况进行系统阐述，对关键项目进行详细分析，同时对满足1∶5万测图精度和1∶2.5万更新进行实际验证，为充分、合理评价卫星测图精度提供详实的测量结果。

依据卫星设计指标和应用需求，资源三号卫星在轨测试的目标主要包括以下几个方面：

(1) 对卫星系统功能、性能是否满足《资源三号卫星工程研制总要求》进行验证；

(2) 对地面系统、应用系统、测控系统能否满足《资源三号卫星工程研制总要求》精度要求进行验证；

(3) 对影像数据、测控数据等传输信道接口正确性进行验证；

(4) 通过卫星在轨测试，对卫星运行相关参数和有效载荷参数设置进行适应性调整；

(5) 进行几何、辐射标定，获取标定参数，为测绘产品生产提供校正系数；

(6) 对卫星立体测图精度进行验证；

(7) 对试验项目进行测试、评价；

(8) 对卫星在轨工作的功能和指标进行评价、考核；

(9) 初步形成卫星在轨运行管理方案。

在轨测试需要依据卫星状态和限制条件，根据在轨测试目标，开展在轨测试工作。在轨测试的要求如下：

(1) 在卫星准确入轨并完成飞行控制后，卫星设备正常工作、轨道和姿态满足要求后，开展卫星在轨测试工作；

(2) 对《资源三号测绘卫星工程研制总要求》规定的功能、性能技术指标中，与在轨运行相关的可测试项目进行全面覆盖测试；

(3) 充分考虑卫星安全，规避风险；

(4) 尽量缩短测试周期，涉及可靠性、寿命等长期运行才能获取的指标可在应用后期做工程评价；

(5) 对在轨期间不可直接测量的关键指标，需要获取研制过程中的结果，进行追溯，将其作为考核内容与在轨直接测试结果共同评价；

(6) 在卫星进入在轨试验飞行状态后，原则上在设备主份工作状态进行功能和指标测试，在必要时可以进行备份测试；

(7) 在进行卫星状态调整和载荷参数调试后，对受到影响的关键项目必须进行重复测试；

(8) 对于测试周期长、评价要求高的项目，如在轨动态 MTF、地面分辨率、辐射定标精度、几何精度标定等，应在完成相关星上设备的状态调试后进行。

10.2　方法和内容

卫星在轨测试按照卫星在轨运行阶段进行划分。卫星准确入轨后，经过飞行控制和调试，对卫星轨道、卫星服务系统工作状态、载荷功能与工作模式、卫星参数调整功能、姿态确定精度、卫星工作模式等指标和功能，按照卫星飞行控制程序完成测试内容。

在轨测试主要分为卫星工程参数测试、卫星业务测试、相关系统指标测试 3 部分。测试主要从功能测试和指标测试两方面展开。其中，卫星功能测试是针对卫星在轨工作的状态进行测试，确保卫星可靠运行；卫星指标测试是针对卫星在轨测试期间的各项量化指标进行测量结果的精度评价。

10.2.1　卫星工程参数测试

在卫星工程参数测试中，对卫星服务系统、卫星有效载荷功能与工作模式、相机参数调整功能、卫星工作模式检查，以及正交双圆极化频分复用传输试验项目进行全面测试评估。经过测试分析，各项功能和指标满足在轨测试大纲要求，符合卫星设计要求。卫星工程参数测试内容见表 10.1。

表 10.1　卫星工程参数测试内容

测试项目	测试内容	指标测试	功能测试
卫星服务系统	一次电源供电能力		√
	二次电源工作电压		√
	双频 GPS 定位功能和性能		√
	USB 测控信道性能		√
	实时遥测及组合遥测功能		√

测试项目	测试内容		指标测试	功能测试
卫星服务系统		卫星校时功能		√
		数据注入功能		√
卫星有效载荷功能与工作模式	有效载荷工作模式测试	影像数据4∶1记录功能	√	
		影像数据2∶1记录功能		√
		GPS原始数据回放功能		√
	下行数据	AOS数据格式及完整性		√
	数传下行通道性能测试	数传下行射频频率	√	
		数传天线有效全向辐射功率	√	
		数传下行调制频谱	√	
		数传下行码速率	√	
	固存有效容量		√	
	星地系统误码率		√	
相机参数调整功能	相机参数调整	增益调整功能		√
		积分级数调整功能		√
卫星工作模式检查	测绘实传模式			√
	资源实传模式			√
	高精度实传模式			√
	测绘记录模式			√
	资源记录模式			√
	服务数据记录模式			√
	边记边传模式			√
	数据回放模式			√
	侧视成像工作模式(侧摆范围和精度)			√
试验项目测试	正交双圆极化频分复用传输			√

1. 卫星轨道参数

卫星轨道参数的在轨测试主要采用卫星测控系统获取的卫星轨道精测数据，对轨道进行符合，获取卫星在轨运行期间的轨道分析数据，对卫星入轨和调轨后的轨道状态是否满足设计和轨道控制要求进行验证。

资源三号卫星入轨后，经西安卫星测控中心测算，得到了卫星入轨点，即星箭分离点的基本参数和详细轨道参数。经过测试表明，卫星实际分离点的经纬度、轨道高度、速度与理论设计值一致，卫星入轨后的轨道根数满足设计要求，卫星准确进入预定轨道。资源三号卫星在运行第69圈测控弧段外进行了第1次轨道控制。西安卫星测控中心对轨控前后卫星轨道的测算结果显示，轨道调整正常，卫星遥测参数显示轨控过程中卫星姿态正常，调整后轨道参数满足要求。

2. 卫星服务系统测试

卫星服务系统测试包括一次电源供电能力、二次电源供电、功率平衡情况、USB 测控信道性能、卫星校时功能、数据注入功能、实时遥测及组合遥测功能等内容。

在轨测试中，首先根据卫星各种工作模式下的一次电源供电电压、电流的遥测数据，卫星光照区和地影区的供电电压、电流的遥测数据，分析并评定一次电源满足卫星用电需求的能力。然后，根据卫星二次电源供电电压的遥测数据，监测和分析卫星二次电源功能和性能是否满足卫星的供电要求，根据卫星测控的工作情况及遥测数据情况，判断设备的工作状态是否正常，通过监视各分系统遥测参数，判断数管分系统输出实时遥测和组合遥测的正确性。

针对卫星校时功能，卫星发射前进行集中校时，将卫星时间与 GPS 时间对齐，在入轨后第 9 圈设置 GPS 自主校时使能，数管遥测 GPS 自主校时变为"使能"，通过遥测数据判读卫星校时执行情况。

针对数据注入、实时遥测及组合遥测功能，通过指令及数据发送后的遥测变化情况，判断数据上注功能是否正常，包括甲/乙机遥控通道和数据模块工作状态、CTU ON/OFF 指令计数、CTU ML 指令计数、CTU 总线指令计数、RTU ON/OFF 指令计数，GPS 数据注入计数、AOCC 数据注入计数、应急控制器数据注入计数及数传天线数据注入计数。

依据上述的在轨测试方法，对卫星太阳电池阵输出能力、蓄电池充放电能力、功率平衡情况、卫星各种工作模式下供电情况、二次电源工作电压情况、实时遥测及组合遥测功能、USB 应答机、卫星校时功能、数据注入功能等进行测试分析。

测试结果表明，资源三号卫星基本状态建立后，电源系统的一次母线电源特性、充放电功能、太阳电池阵的发电能力和各二次电源工作电压都满足设计要求，蓄电池充放电功能正常，能够满足不同工作模式下的负载用电和蓄电池充电，并且具有一定的余量。

在轨测试期间，在 4∶1 测绘实传、高精度测绘实传、地影期数据回放模式、边记边传模式、4∶1 测绘记录、2∶1 资源实传各个工作模式下，母线电压均在规范要求范围内满足设计要求。分系统所属一次电源和二次电源的硬件产品在轨测试期间工作稳定、性能可靠，各项参数均符合设计规范要求。卫星一次电源供电能力符合规范要求，能够满足整星供电需要，卫星各路二次电源的电压值稳定在设计范围内。

利用在轨运行期间对各分系统遥测参数的监视和判读表明，数管分系统采集遥测参数正常，组帧、下传正确，即数管分系统实时遥测及组合遥测功能正常。数管分系统接收上行注入数据进行转发、分配执行的功能正常，相应遥测变化正确。

卫星入轨后，各遥测参数判读正常，卫星上行和下行遥测功能正常。USB 应答机发射机输出功率满足设计指标要求，也满足测控站接收卫星下行遥测信号的要求。

通过实时和延时遥测，监视 GPS 与星上时差，当时差超过 0.125 ms 时，自主进行校时，GPS 与星上时差维持在不大于 0.15 ms 的范围内，GPS 自主校时功能执行正确。

3. 数传下行通道及接收性能测试

数传下行通道及接收性能测试包括数传下行通道性能测试和星地系统误码率测试，数传下行通道性能测试包括双圆极化频率复用传输与接收，星地系统误码率，同时测试地面系统跟踪和接收起始仰角。

下行通道性能测试中，卫星发射单载波信号，地面接收站在传输弧段内，完成地面接收机载波频率测试；在实传模式下，地面站检查数传信号码速率及调制频谱。星地系统误码率测试中，卫星通过固存输出 PN 码，地面接收站接收解调，统计星地系统的误码率。按照地面系统跟踪情况，结合接收频谱，分析得到地面系统跟踪、接收起始仰角。

资源三号卫星首次采用了双圆极化频率复用数传模式，单通道码速率高达 450 Mbps，双极化频率复用数据传输速率达 900Mbps。下行通道性能测试中，星地天线互相跟踪正常，单通道状态和双极化复用状态下，星地数传链路状况良好。在单载波状态下，两个通道的数传信号载波频率均为 8.212GHz，满足规范要求；在实传模式下，两个通道的数传信号码速率均为 450Mbps，且调制频谱均为 Sinc 函数形状，满足规范要求。数传下行通道性能满足规范要求，星地系统误码率优于 1×10^{-7} 指标要求。

资源三号卫星自成功发射后，北京密云、新疆喀什、海南三亚三个接收站一直承担着卫星的日常接收和在轨测试任务。在轨测试期间接收成功率在 98%以上。

4. 卫星工作模式检查

卫星工作模式包括测绘实传模式、资源实传模式、高精度实传模式、测绘记录模式、资源记录模式、服务数据记录模式、边记边传模式、数据回放模式及偏流角修正。

在实施过程中，需要通过上行数据块或指令组调用进行卫星各工作模式的测试，通过提取辅助数据的特定内容，进行数据编目、归档并检查辅助数据的正确性，通过传感器校正产品生产，检查影像数据正确性，其他数据均采用结合数据处理的过程软件实现正确性验证。

在轨测试过程中，分别进行了力学参数回放、4∶1 测绘实传、高精度测绘实传、边记边传、侧摆 2∶1 资源实传、4∶1 测绘记录、4∶1 资源记录、单站遥感数据回放、GPS 原始数据回放、固存记录和回放服务数据等有效载荷短期工作模式的测试。各模式工作时遥测均正常，地面站可以正确接收并解调相关的遥感数据和服务系统数据，影像质量优良，辅助数据解析正确。卫星各有效载荷工作模式工作正常，卫星有效载荷各分系统运行正常、状态稳定。

5. 固存有效容量

根据用户所选定的区域，卫星有效载荷多次进行成像记录模式，卫星过境时有效载荷数据回放，根据地面接收到的数据量检查固存有效容量。

通过遥测观测，固存 1 和固存 2 均在 450 Mbps 速率下记录了分钟的数据后，容量存满，记录地址卷回 0 开始循环存储。因此，固存 1 和固存 2 的容量均至少为 750 Gbit，满足了不少于 500 Gbit 的指标要求。

6. 卫星有效载荷功能

卫星有效载荷功能测试包括调焦、增益、积分级数、动态箝位、数字增益调整测试内容。

该部分功能测试主要是结合卫星成像质量判读，确定三线阵相机和多光谱相机在轨调焦方案、增益调整方案、动态箝位调整方案、数字增益调整方案，上传指令执行完成后，检查卫星影像和辅助数据记录的执行情况，以此为依据，对卫星有效载荷调整功能进行测试。

依据上述测试方法，对三线阵相机和多光谱相机分系统进行了 3 次调焦测试，调焦遥测电压表明，三线阵相机和多光谱相机调焦功能正常，焦面位置遥测电压正确，并以第 3 次调焦后的焦面位置为在轨测试期间的最终焦面位置。同时，利用相机初始化指令，将三线阵相机与多光谱相机积分级数和增益设置进行了调整，相机增益和级数遥测表明，增益、积分级数动态箝位、数字增益状态执行正确，符合调整要求。

10.2.2　卫星业务测试

针对卫星关键载荷精度能否达到应用要求，轨道精度、姿态精度能否满足应用要求进行测试，对三线阵相机、多光谱相机及星上姿态测量设备位置保持精度是否满足要求进行测试。卫星业务测试是实现卫星测绘精度的关键测试内容。

卫星业务测试内容见表 10.2。

表 10.2　卫星业务测试内容

测试项目	测试内容及要求	指标测试	功能测试
卫星下传数据完整性测试	卫星按照指令获取指定地区的三线阵立体影像和多光谱影像及其辅助数据的完整性		√
偏离星下点实时成像传输	偏摆范围、数据传输正确性确认		√
	侧摆精度	√	
卫星星下点成像覆盖范围	单景平面幅宽，前、后视影像重叠度，前、后视立体成像幅宽，基高比，相邻立体影像旁向重叠范围	√	
三线阵、多光谱相机成像指标	包含地面分辨率、辐射分辨能力、辐射定标精度、MTF、光谱宽度		√
卫星姿态精度	惯性姿态测量精度、姿态控制及稳定度精度 无地面控制点的平面、高程定位精度 有地面控制点的平面、高程定位精度		√
	星敏感器输出数据有效性确认、陀螺仪输出数据有效性确认		√
	偏移矩阵计算与检查		√
轨道测量	GPS 数据有效性，轨道元素、轨道定位精度等		√

1. 卫星下传数据完整性测试

卫星下传数据完整性测试项目包括 AOS 数据格式及完整性、立体影像和多光谱影像及其辅助数据完整性，是包括检查资源三号卫星通过数传分系统下传的三线阵相机影像数据、多光谱相机影像数据，以及时间码、帧计数、GPS 数据、AOCC 姿态数据、相机温度遥测数据等辅助数据的完整性。

具体测试方法是按照接口文件的约定，提取部分卫星下传辅助数据对卫星原始数据进行编目；检查影像体及辅助数据的完整性、检查编目浏览图及影像的完好性、检查成像时间参数数据的完好性、检查轨道参数数据的完好性、检查姿态参数数据的完好性。

三线阵立体相机和多光谱相机的影像体、辅助数据完整性的测试结果表明，资源三号三线阵相机影像数据、多光谱相机影像数据，以及时间码、帧计数、GPS 数据、AOCC 姿态数据、相机温度遥测数据等辅助数据完整，符合《资源三号卫星与应用系统接口规范》的相关规定。测试初期，由于各系统处于调试期，部分出现的影像数据存在少量的异常数据丢失、乱码等，辅助数据中积分时间、轨道参数、姿态参数存在丢帧、错位等异常错误，通过相关系统针对接收及后期处理、检查软件的优化调整，问题得到顺利解决。

2. 三线阵、多光谱相机地面像元分辨率、地面分辨率

三线阵、多光谱相机地面像元分辨率测试的过程如下：首先，通过各个相机的内方位元素、卫星轨道数据、姿态数据，计算一景影像的 4 个角点在平均高程面上的经纬度坐标；然后，取起始行的球面距离平均数，除以每行 CCD 像元数，即得到 CCD 方向上的分辨率，取轨道方向上的两个球面距离的平均数，除以行数，即得到轨道方向上的分辨率。

三线阵、多光谱相机地面分辨率测试主要是通过地面布设专用高对比度辐射状分辨率靶标，使最低空间频率满足多光谱相机 10m 分辨率的需求，再通过分辨极限位置定位、靶标设计参数、地面测量结果综合分析得到，具体实现过程如下。

(1)确定辐射状靶标在影像上的中心位置。辐射靶标的两条边线的交点为扇形原点，即靶标的中心位置。

(2)确定靶标影像上能分辨出黑白条纹的位置。基于一定的算法，采用软件来自动获取能分辨出黑白相间条纹的位置。

(3)利用成像时的比例关系与地面靶标的实际参数，联合解算出相机在轨时的地面分辨率，具体如下。

首先，计算出靶标边缘到靶标中心的距离

$$L_{\max} = \sqrt{(x_{\mathrm{e}} - x_{\mathrm{o}})^2 + (y_{\mathrm{e}} - y_{\mathrm{o}})^2} \tag{10.1}$$

式中，$L_{\max}$ 为靶标边缘到靶标中心在影像上的长度（像元）；x_{e}、y_{e} 为靶标边缘在影像上的位置；x_{o}、y_{o} 为靶标中心在影像上的位置。

然后，检测判读出可以刚好被分辨的位置，检测其到靶标中心的距离

$$L_{div} = \sqrt{(x_{div} - x_o)^2 + (y_{div} - y_o)^2} \tag{10.2}$$

式中，L_{div} 为刚好分辨的位置到靶标中心在影像上的长度（像元）；x_{div}、y_{div} 为靶标刚好可以被分辨的影像位置；x_o、y_o 为靶标中心在影像上的位置。

最后，通过地面靶标参数检测成像系统的在轨地面分辨率。

$$R_g = R_{adius} \cdot \frac{L_{div}}{L_{max}} \cdot B \tag{10.3}$$

式中，R_g 为成像系统在轨地面分辨率检测结果；R_{adius} 为地面靶标的最大半径，测试参数为 72.8 m；B 为地面靶标的弦径比，测试参数为 1/26。

由此得到，前正后视像元分辨率测试结果及前正后视地面分辨率测试结果，表明各相机地面分辨率与像元分辨率基本相当，总体符合指标要求。

3. 三线阵、多光谱相机动态范围和信噪比

相机动态范围的测试通过试验室辐射定标数据，结合在轨测试期间的同步辐射定标试验结果分析和处理，得到对应成像条件下的影像灰度，以特征地物在影像中的灰度处于系统相应线性区间为依据。

相机系统信噪比的定义为：在规定试验环境条件下，相机系统输出的信号幅值 U_m 与其均方根噪声幅值 U_n 之比。以 dB 为单位表示信噪比（SNR），其定义为

$$S/N = 20\lg\left(\frac{U_m}{U_n}\right) \tag{10.4}$$

相机信噪比的测试是以在轨测试期间地面同步辐射测量数据为依据，通过布设均匀靶标，获取影像，通过统计各个灰度等级的影像灰度采样列向方差，得到对应成像条件下的信噪比。

测试结果表明，在中等辐亮度条件和低辐亮度条件下，相机信噪比均优于技术指标要求。在动态范围为 70°，反射率为 0.6 的条件下，由于国内成像条件不存在，无法测试，按相机标定结果进行分析，可以达到设计要求。

4. 卫星星下点成像覆盖范围

成像覆盖范围包括单景平面和立体覆盖范围，前、后视立体影像重叠度，相邻立体影像旁向重叠、交会角、基高比。

测试过程中首先选定区域，通过地面控制点精测数据，在影像上进行精确定位，从而统计、分析单景平面覆盖范围，通过前后视影像重叠度，计算立体覆盖范围；通过获取相邻轨道高质量影像及形成的立体影像，获取相邻立体影像旁向重叠；交会角通过同名点测量得到；通过获取前后视相机交会角，计算得到基高比。

　　地面控制数据分析结果表明，在北纬 40°的条件下，资源三号卫星前、后视立体影像重叠度为 96.4%，相邻立体影像旁向重叠为 40.7%；单景平面前视影像覆盖宽度为 52.34 km，后视影像覆盖宽度为 52.21 km，正视影像覆盖宽度为 50.767 km；立体覆盖宽度为 52.12 km；多光谱相机覆盖宽度为 50.840 km。单景影像覆盖宽度、立体覆盖宽度，前后视重叠宽度、相邻立体影像旁向重叠满足要求。通过计算前后视相机交会角，推算基高比为 0.8827，满足资源三号卫星研制总要求。

5. 卫星成像指向精度

　　卫星成像指向精度测试是利用星上实时下传星体三轴轨道角速度遥测数据，分别统计不同侧摆情况下卫星的指向精度，通过地面判读对卫星在轨指向精度进行评价。

　　卫星在侧摆–10°、引入偏流角修正的状态下，对卫星侧摆横滚姿态角度遥测数据进行统计发现，横滚姿态角遥测值均为 0。需要说明的是，星上遥测的姿态信息最低码当量为 0.005 73°，小于该值则遥测显示为 0。因此，根据实际遥测值可知，卫星在轨星敏定姿期间侧摆机动指向精度优于 0.005 73°，满足≤0.1°的指标要求。

6. MTF 测试

　　MTF 测试内容包括三线阵、多光谱相机实验室静态 MTF、在轨动态 MTF 测试。

　　MTF 测试分为相机系统实验室静态 MTF 测试方法和在轨 MTF 动态测试。

　　静态 MTF 测试将 CTF 变换得到 MTF，相机镜头与焦面对接完成后，采用静态靶标法，对系统的静态调制传递函数进行测量，使用 25 lp/mm 空间频率（多光谱）、50 lp/mm 空间频率（三线阵前后视）、71.5 lp/mm 空间频率（正视相机）黑白相间的高对比靶标，将其安放在平行光管的焦面处，作为物目标，利用图采软件测试计算出系统 MTF。

　　在轨 MTF 测量时，为解决数字成像系统采样点不足的问题，采用刃边与扫描方向保持一个小夹角的方式来增加刃边的采样数据点，从而保证从一个扫描行到另一个扫描行的刃边位置有亚像元的位移，通过对不同扫描行的采样数据沿刃边方向进行位置配准，可得到足够的采样点，进而完成 MTF 测量。测量步骤如下。

　　第一步　提取"刃边"。找到具有一定反差的两块相邻的均匀亮暗地物的边界；根据边缘成像的灰度分布，对选出的边界影像使用二维拉普拉斯算子进行二维差分，找出刃边的位置；用最小二乘法拟合出直线刃边中的绿色直线，提取亚像素边缘位置，对亚像素点沿着刃边的方向投影得到一条离散的刃边。

　　第二步　依据亚像素边缘位置提取采样数据，选用适当的函数，通过最小二乘法拟合出边缘扩展函数曲线，对拟合后得到的函数进行等间隔插值，得到边缘扩散函数的亚像元离散点。

　　第三步　对边缘扩展函数离散点差分得到线扩散函数。刃边两侧均匀区域的采样点越多，得到的 MTF 曲线越好，对线扩散函数进行归一化，可以有效地减少噪声的影响，在此应平衡两者的关系选择合适的采样点数。

　　第四步　对归一化的线扩散函数进行离散傅里叶变换，取变换之后各分量的模，并以 0 频率处的 MTF 值为基准作归一化处理，从而得到对应的 MTF 序列。

为保证在轨测试 MTF 的测试精度，在轨测试实施过程中，地面采用高对比度的靶标(低反射率为 6%，高反射率为 60% 的靶标)，组成靶标方案，刃边直线度严格控制，同时按照针对多光谱相机能够满足 3 个像元扩展宽度的低反射率靶标宽度考虑，刃边为沿轨和垂轨的组合，分别与轨道方向呈 10° 夹角。同时，为校准计算方法，在刃边靶标范围内布设针对正视相机为 60 lp/mm 的五线靶标作为 MTF 符合检查使用。

利用相机系统实验室静态 MTF 测试方法对资源三号卫星多光谱相机 B1、B2、B3 和 B4 谱段，三线阵相机进行了静态 MTF 测试，结果表明，相机传函满足设计要求。利用在轨动态 MTF 刃边测量结果进行分析表明，测量精度优于 0.02。三线阵相机、多光谱相机在轨动态 MTF 均大于 0.1，满足研制总要求。

7. 辐射定标

资源三号辐射定标分别用辐射校正产品计算校正后影像的广义噪声，据此来评估相对辐射校正的精度。测试的指标为广义噪声，其定义为选取尽可能大的均匀区域，计算出每列(飞行方向)影像的均值和该区域均值，再计算两者的误差，并求出误差与区域均值的比值，该项误差即为广义噪声。评价方法可分为以下 5 个步骤。

第一步　选取经过辐射校正的若干包含均匀地物的 1 级产品影像。

第二步　对若干亮度类型的影像选取 m 行 n 列(测试中选取 300 行 300 列)的均匀子影像。

第三步　对所选取的第 k 块影像，首先计算该影像的均值 Ave_k，然后计算列像元 DN 值的绝对误差 E_k 及相对误差 RE_k：

$$\mathrm{Ave}_k = \frac{\sum\limits_{j=1}^{n}\sum\limits_{i=1}^{m}\mathrm{DN}_{kij}}{m \cdot n} \tag{10.5}$$

$$E_k = \frac{\sum\limits_{j=1}^{n}\left|\left(\sum\limits_{i=1}^{m}\mathrm{DN}_{kij} / m\right) - \mathrm{Ave}_k\right|}{n} \tag{10.6}$$

$$\mathrm{RE}_k = E_k / \mathrm{Ave}_k \tag{10.7}$$

第四步　计算所有子图所在像元的相对辐射校正精度 E：

$$E = \frac{\sum\limits_{k=1}^{N}\mathrm{RE}_k}{N} \times 100\% \tag{10.8}$$

式中，N 为子块影像的数目。

第五步　对处理后的影像进行验证。

$$E = \frac{\sum\limits_{k=1}^{N} |\mathrm{ave}E_k - \mathrm{ave}E_{k+1}|}{N-1} \times 100\% \qquad (10.9)$$

辐射定标测试分析发现，前视、后视、正视相机影像相对辐射校正广义噪声均值分别为 0.24%、0.14%和 0.22%，多光谱相机影像蓝、绿、红、近红外 4 个谱段相对辐射校正广义噪声均值分别为 0.21%、0.33%、0.40%和 0.32%。经过地面同步测试，完成初步绝对辐射校正后，影像融合与合成得到极大改善。

8. 三线阵、多光谱相机光谱宽度

三线阵、多光谱相机光谱宽度的测试主要采用分光光度计和透过率测试设备，分别测量光学带通滤光片、光学系统光谱透过率，联合处理后形成光学光谱带通曲线，按照透过率最大值的 50%对长波通和短波通进行定位，得到以最大透过率 50%的光谱波长，以此定位光谱宽度。该测试是在卫星发射前相机研制阶段进行，结果表明，三线阵相机和多光谱相机光谱宽度满足设计要求。

9. 卫星姿态精度

卫星姿态精度测试包括资源三号卫星姿态指向精度检查、星敏陀螺输出原始数据有效性检查、卫星偏流角修正精度检查、姿态稳定度检查。

姿态指向精度检查利用星上实时下传星体三轴轨道角速度遥测数据，分别统计侧摆和不侧摆两种情况下卫星的指向精度，通过地面判读对卫星在轨指向精度进行评价。

原始星敏陀螺数据有效性测试包括以下 3 项内容。

1) 原始星敏陀螺数据的完整性确认：采用对星敏原始 q 值、星图数据进行解包，统计原始数据中出现误码的帧所占的比例。基于陀螺数据下传频率，检查对应时刻的数据完整性。

2) 星敏 q 值有效性确认：根据时标对应关系，利用解包后星敏原始 q 值数据，进行双矢量定姿，并与星上辅助数据进行对比，检验数据正确性。

3) 陀螺数据有效性确认：基于陀螺模型和陀螺特性参数，将下传的陀螺原始脉冲数转换为角速度数据。取一段时间内，以星敏感器某一时刻输出为基准，对陀螺角速度积分，得到该段时间内任一时刻的姿态。将其与对应时刻的星敏感器数据进行比对，确认陀螺输出的有效性。

卫星偏流角修正精度检查是通过卫星实时下传的数字量遥测信息，统计一段时间内的偏航轴姿态角，同时根据该时间段内的卫星轨道位置信息，计算得出相应时刻的理论偏流角修正值，将上述两者相减，得到偏流角修正的误差值，以评价卫星在轨的偏流角修正精度指标。

姿态稳定度测试由应用系统和卫星系统分别进行分析。应用系统测试中采用基于星上原始陀螺数据，减去理论偏流角速度；计算姿态稳定度，判断是否满足姿态稳定度精度要求；卫星遥测数据同样可以对姿态稳定度进行测试，星上通过三浮陀螺实时测量星体三轴姿态角速度，并将测量得到的角速度值编排在数字量遥测中下传地面。通过地面判读星体三轴姿态角速度的遥测数值，对卫星在轨姿态稳定度进行评价。

卫星在侧摆情况下，引入偏流角修正状态下的星体侧摆横滚姿态角度遥测进行统计，横滚姿态角遥测值基本为 0，星上遥测的姿态信息最低码当量为 0.005 73°，小于该值则遥测显示为 0。因此，根据实际遥测值可知，除第一个采样值大于 0.005 73°显示输出外，卫星姿态指向精度小于 0.005 73°(3σ，以正视相机为基准修正)，均满足≤0.1°的精度要求。

卫星发射后在相机成像期间实时下传原始姿态测量数据，地面接收后对下传的姿态数据进行解包处理，抽取共计 28 轨 52 912 帧的姿态数据包进行处理，根据处理结果，52 912 帧的姿态数据包数据校验正确，无误码及丢码现象，数据完整有效，说明原始星敏、陀螺数据不存在异常丢帧的情况，均正常。

相机成像期间，卫星实时下传原始星图数据，地面接收后对星图数据进行解包处理，共抽测 2 轨共 2194 帧的星图数据包，根据处理结果，星图数据包数据校验正确，无误码及丢码现象，数据完整有效，星敏陀螺数据完好率>99.9%，数据均有效，满足姿态后处理要求。基于原始星敏 q 值双矢量定姿结果，与星上辅助姿态进行对比发现，两者相差基本在角秒级，说明原始星敏 q 值数据的有效性。确定起始时刻，陀螺积分后与星敏姿态对比表明，两者差值很小，说明原始陀螺角速度有效。

根据星上遥测数据结果，给出卫星期望偏流角及实际偏流角，计算两者差值，偏流角修正精度最大值为 0.008°，最小值为 0°，均值为 0.002 4°，满足≤0.1°(三轴，3σ)的指标要求。

在卫星引入星敏定姿，建立高精度对地定向三轴稳定姿态后，通过星体三轴姿态角速度遥测对卫星在轨稳定度情况进行统计。横滚角(roll)姿态稳定度为 $1.232\times10^{-4}(°)/s(1σ)$，俯仰角(pitch)姿态稳定度为 $1.541\times10^{-4}(°)/s(1σ)$。由于偏航轴(yaw)没有消除偏流角，通过带宽可以看出，偏航轴稳定度基本小于 $3\times10^{-4}(°)/s(3σ)$，满足≤$5\times10^{-4}(°)/s$ 的指标要求。

10. GPS 轨道测量

GPS 轨道测量测试内容包括资源三号卫星 GPS 数据完整率测试、资源三号卫星星载 GPS 原始观测数据质量测试、资源三号卫星轨道定位(接收机自主定轨)精度测试等。

数据完整率测试以 2012 年 3 月 3~17 日 GPS 原始数据为测试对象，统计分析观测值丢失数目与总观测值数的比例。每个观测值中共有 C/A 码伪距 C_1、P 码伪距 P_1 和 P_2、载波相位 L_1 和 L_2 五个观测量，当 C_1、P_1、P_2、L_1 和 L_2 中有一项缺失时，即认为该观测值不符合要求。

星载 GPS 原始观测数据质量测试方法是依据 IGS 对地面站的 GPS 观测数据预处理的统计标准，从卫星可见性、L_1 和 L_2 载波的多路径观测误差 3 个方面对 GPS 原始数据质量进行综合评定。

轨道定位(接收机自主定轨)精度测试则是把精密定轨的后处理轨道当作真实轨道，将卫星传输至地面接收站的星上定位数据进行内插处理，并与精轨数据进行比较，获取对星上定位数据的精度评估结果。

经过长时间的数据统计和测试分析，资源三号卫星 GPS 数据完整率达到 93.88%，满足卫星应用系统的业务化运行需要；资源三号卫星星载 GPS 接收机 97%以上的历元能够观测到 7 颗以上的 GPS 卫星数；GPS 观测数据多路径观测误差小于 IGS 经验值 0.5 m，多路径观测误差小于 0.75 m，资源三号卫星数据质量良好，全部符合国际通用质量准则，满足 GPS 精密定轨数据处理要求；星上接收机自主定位精度在 X、Y 方向的变化始终比较平稳，绝大部分均在 2 m 以内，Z 方向在初期变化稍大，后期逐渐平稳，均在 3 m 以内，三维定位精度均在 4 m 以内。资源三号卫星星载 GPS 观测数据质量和接收机均稳定，满足卫星和载荷研制要求。

10.2.3 相关系统指标测试

相关系统指标测试主要就测控系统、地面系统和应用系统在数据获取、辐射定标、测轨精度等方面能否达到应用精度要求进行全面测试。

测控系统功能、性能测试内容见表 10.3。

表 10.3 测控系统功能、性能测试

测试项目	测试内容	指标考核	功能性能
卫星轨道测量、预报	提供卫星遥测数据、轨道根式和星地时差		√
	提供卫星空间位置误差、事后卫星空间位置误差，并保证外推 24h(预报)卫星空间位置精度	√	

地面系统功能、性能测试内容见表 10.4。

表 10.4 地面系统功能、性能测试

测试项目	测试内容	指标考核	功能性能
数据处理精度	辐射校正精度	√	
地面系统接收卫星数据	跟踪起始仰角、接收起始仰角，接收信号数据解调适应星上体制	√	
双圆极化频率复用接收(试验项目)	450M 码速率解调能力，双通道同时数据接收能力	√	

应用系统功能、性能测试内容见表 10.5。

表 10.5 应用系统功能、性能测试

测试项目	测试内容	指标考核	功能性能
应用系统产品生产精度检查	生产满足规范要求的 1:5 万数字线划图、1:5 万数字高程模型、1:5 万数字正射影像图；完成 1:2.5 万地形图修测	√	
应用系统检校精度	几何检校精度	√	
姿态处理相对精度检查	事后处理姿态精度，经地面控制点处理后姿态精度	√	
测图精度验证	立体测绘产品符合规范要求		√
双频 GPS 精密定轨	精密定轨后处理精度	√	
SLR 联合观测(试验项目)	完成数据处理与轨道精度校核		√

1. 卫星轨道预报精度

以星载 GPS 精密定轨结果为精度评价标准，分别利用星载 GPS 精密后处理轨道和卫星测控轨道根数进行轨道预报，分析轨道外推精度。

星载 GPS 精密后处理轨道预报测试表明，轨道预报误差主要集中在切向方向，法向和径向精度较高，均在 30 m 以内。24 小时的轨道预报三维精度在 100 m 以内，3 天的轨道预报三维精度在 300 m 左右，能够满足在卫星可视条件下的 SLR 跟踪观测需求；6 天的轨道预报三维精度均在 500 m 以内，8 天的轨道预报三维精度在 1000 m 以内，能够满足几何检校靶标布设的轨道预报需求。测控轨道根数轨道预报测试表明，利用 6 个轨道根数(当日北京时 9:00)进行当日(北京时 20:30~22:30)轨道预报，预报的结果与精密定轨结果进行比较，三维精度均在 200 m 以内。总体来讲，资源三号卫星星载 GPS 精密后处理轨道外推 24 小时精度在 100 m 左右，满足外推 24 小时(预报)、卫星空间位置误差≤1000 m 的研制要求。

2. 应用系统检校精度

应用系统检校精度测试包括资源三号卫星专用测绘标志提取精度验证评价、资源三号卫星外方位元素标定(偏置矩阵)、资源三号卫星内方位元素标定、资源三号卫星几何定向精度试验(单景、单条带)等。

在高精度专用靶标像面位置提取精度验证过程中，首先在地面较小范围内布设标志十字、圆形和方形三种标志，十字标志中心线及不同图案间连线按照垂轨和沿轨方向排列和摆放。专业测绘人员对布设完成的标志和周围明显的地物点进行高精度几何位置测量，得到了各点几何位置的坐标数据，据此计算得到各标志点中心实际间距。采用基于黑白交变的差分法、刃边拟合法、模板匹配法、质心法(统计匹配)等方法，判定靶标中心位置。通过相似卫星在轨标定实验，确定 40 m×40 m 大小靶标能满足像面位置提取精度的要求。资源三号卫星内方位元素标定采用按一定规律分布的方案进行。

在轨几何标定测试期间，利用外业实测 GPS 控制点进行外方位元素在轨标定，标定后定期进行无控定位精度检查，测试外方位元素的有效性和精度。利用区域 1：2000 高精度 DOM、DEM 进行内方位元素，利用人工靶标区域影像进行定向验证。

在进行资源三号卫星单景和条带几何精度定向测试时，主要利用 GPS 控制点，对比分析不同控制点情况下的平面、高程精度。

总体测试结果表明，前、正、后三视立体平差平面中误差为 1.691m、高程中误差为 1.327 m，满足 1：50 000 立体测图平差精度要求；无地面控制点平面精度为 10 m，优于 100 m 指标要求；利用检校场对 CCD 探元指向角进行标定，精度优于 0.2 像元，优于 0.3 像元指标要求。

3. 测图精度验证

测图精度验证包括测试验证资源三号卫星遥感影像进行 1：50 000 数字高程模型

(DEM)、数字正射影像图(DOM)和数字线划图(DLG)等地理信息产品生产的可行性、适用性，及1：25 000地图修测的能力，确定各项精度指标和技术参数。

测试方法是以资源三号卫星影像立体模型为主要数据源，利用已有的控制资料，采用全数字立体成图的作业方法，试验生产DEM、DOM、DLG等成果，分析资源三号卫星遥感影像在1：5万地理信息产品生产上的适用性和精度情况。

按照资源三号测绘卫星工程研制总要求，分别选择哈尔滨地区、延安地区、阿坝地区和法国马赛地区，对平坦地、丘陵、山区和高山区等几种地形的测图精度进行验证，测试结果表明,资源三号测绘卫星可以满足1：50 000立体测图精度要求,以及1：25 000地图修测与更新精度要求。

4. 姿态处理相对精度检查

事后姿态处理相对精度检查是利用下传星图、原始星敏陀螺数据进行高精度姿态处理，获取高精度事后姿态数据；在一景影像的1级产品上，选择高密度分布均匀的地面控制点，选择其中少量的控制点作为控制点，其他作为检查点；在精密定轨和几何标定的基础上，利用控制点进行区域网平差，消除各系统误差；基于区域网平差结果，对各检查点进行定位，计算定位坐标与检查点坐标的偏差，统计偏差结果，判断是否满足定姿精度。

根据姿态与几何定位精度关系可知，高程误差主要与姿态精度有关。在确定卫星实际基高比、轨道误差等参数的情况下，相对姿态精度0.6″可引起高程误差达到3m，测试实验中高程定位精度优于1.5m，说明在加入控制点消除姿态系统误差后，事后处理姿态达到0.6″的精度要求，满足优于1″的精度指标。

5. 双频GPS精密定轨和SLR联合观测

双频GPS接收机精密定轨后处理精度测试主要从重叠弧段内符合精度和SLR轨道外符合精度两方面完成测试。其一，采取重叠弧度互差的方法评定轨道精度，时间系统采用GPS时，轨道计算弧长为30小时，从计算当天的15时至下一天的21时，重叠策略取当天的15时至21时共6小时重叠比较。其二，利用SLR站点(北京房山站、长春站、阿根廷圣胡安站、喀什站)的激光测距结果，经固体潮、海潮、大气延迟、相对论效应、卫星质心、测站偏心、板块运动改正后，与基于资源三号卫星双频GPS精密轨道获取的站星距进行同时段比较，得到对星载GPS定轨精度的外符合评估结果。

重叠弧段内符合精度测试表明，采用IGR快速星历进行精密定轨处理，切向、法向、径向3个方向精度均优于5 cm，三维精度达到5~7 cm；采用IGS精密星历进行精密定轨处理，轨道精度得到进一步改善，切向、法向、径向3个方向精度均优于3 cm，三维精度达到3~5 cm。与SLR站星距相比，星载GPS站星距精度达到2 cm左右，表明资源三号卫星定轨系统在轨运行状态良好，满足精密定轨数据精处理时段1天、事后精处理轨道精度优于20 cm(1σ)的精密定轨技术指标。

10.3　在轨测试成果及结论

10.3.1　在轨测试成果

1. 大型试验开展

在轨测试期间，相继完成了几何检校试验、测图精度验证试验、SLR 激光联测试验等多项试验工作，其中，几何检校试验中，完成了靶标提取精度验证、在轨几何标定和检校精度验证等多项工作，从而为资源三号卫星功能和性能指标测试及分析提供了重要的试验数据和控制基础。

2. 关键技术突破

结合卫星发射前和在轨测试期间的技术攻关情况，突破了几何标定、低轨遥感卫星精密定轨、MTF 测量技术等多项关键技术，为资源三号卫星数据精度提升和高精度应用奠定技术基础。

针对资源三号卫星几何成像特点，构建严密成像几何模型，研究利用专业测绘标志和高精度地面影像进行相机内外方位元素精确标定方法，突破三线阵和多光谱相机各谱段影像标定技术，对比分析传感器精校正产品的 RPC 模型与严密成像模型的精度，保证资源三号测绘卫星在轨运行过程中为专业测图生产单位提供高精度的基本测绘遥感影像产品。

基于星载 GPS 观测数据，实现了资源三号卫星精密轨道确定，并基于 SLR 地面跟踪技术，对星载 GPS 精密轨道进行了外符合精度检验，从而为资源三号卫星影像产品应用提供了高精度的轨道信息。

采用刃边靶标对卫星进行全频段 MTF 测试，同时满足多光谱相机 25 lp/mm、正视相机 71.5 lp/mm、前视相机 50 lp/mm、后视相机 50 lp/mm 多种空间频率的测试要求，为后期影像质量进行 MTFC 提升奠定了基础。为消除 MTF 计算过程可能产生的误差，在采用刃边靶标测试 MTF 的同时，针对正视相机布设垂轨向 60 lp/mm 五线靶标，达到了满足差频的条件，解决相位匹配的难题，从而获取准确的 MTF，为刃边提取 MTF 的算法验证提供了基础验证数据。

3. 试验项目测试

资源三号卫星工程共有 3 个试验项目，包括卫星的边记边传工作模式、正交双极化双通道频率复用传输与双圆极化频率复用数据接收、激光角反射器观测。

在轨测试期间，对边记边传工作模式进行了充分试验，按照应用需要，满足了常规拍摄要求。

资源三号卫星首次采用了双圆极化频率复用数传模式，单通道码速率高达 450 Mbps，双极化频率复用数据传输速率达 900 Mbps，为当时我国民用遥感卫星数据传输速度之最，这对地面系统的接收和传输等环节提出了新的更高的要求。在轨测试期间，资源三号卫星成功建立了双极化频率复用传输状态,攻克了高码速率、双圆极化频率复用接收的技术难关,实现了资源三号卫星数据的快速、稳定、高效接收,设定为试验性的双极化复用接收方式已转为常态日常运行,后期全部下行数据均为双极化复用接收方式。

2012年4月中旬,资源三号卫星在轨测试工作顺利完成,这为资源三号卫星的长期、稳定运行奠定了技术分析基础。卫星关键指标、功能及测试符合情况见表 10.6。

表 10.6　卫星关键指标和功能

功能、指标	具体要求	测试结果	结论
地面像元分辨率	前视:优于 4 m	3.19 m(垂轨) 3.50 m(沿轨)	优于
	后视:优于 4 m	3.20 m(垂轨) 3.51 m(沿轨)	优于
	正视:优于 2.5 m	2.07 m(垂轨) 2.07 m(沿轨)	优于
	多光谱影像:优于 10 m	5.72 m(垂轨) 5.74 m(沿轨)	优于
立体有效覆盖宽度	大于 45 km	52.12 km	优于
系统在轨动态 MTF	优于 0.1	正视:优于 0.12	优于
		前视:优于 0.16	优于
		后视:优于 0.14	优于
		多光谱 B1:优于 0.20	优于
		多光谱 B2:优于 0.21	优于
		多光谱 B3:优于 0.20	优于
		多光谱 B4:优于 0.14	优于
平面和高程精度	有地面控制点平面精度:优于 25 m	1.691m(单景平差精度)	优于
	有地面控制点高程精度:优于 5 m	1.327m(单景平差精度)	优于
	无地面控制点平面精度:优于 100 m	10m	优于
辐射定标精度	全色影像的相对辐射定标精度优于 3%	相对定标精度 0.52%	优于
	多光谱影像的相对辐射定标精度优于 3%	相对定标精度 0.8%	优于
	全色绝对定标精度优于 7%	需要长期积累数据,从获取地物影像的灰度层次和分辨率信息情况分析能够满足要求	
	多光谱影像的绝对辐射定标精度优于 7%	需要长期积累数据,从辐射定标对地物分类情况分析能够满足要求	
测图精度要求	1∶5 万数字地形图基本产品	平面: 4.67 m 高程: 1.18 m(平地)	优于
	1∶5 万数字高程模型	高程: 1.27 m(平地)	优于

续表

功能、指标	具体要求	测试结果	结论
测图精度要求	1：5 万数字正射影像图	平面：3.04 m（平地）	优于
	1：2.5 万地形图修测		满足
轨道测量精度	≤10 m（实时，1σ）	优于 4 m	优于
姿态稳定度	姿态稳定度≤5×10⁻⁴（°）/s	小于 3×10⁻⁴（°）/s	优于
卫星指向精度	指向精度≤0.1°	0.005 73	优于
系统动态范围和信噪比	太阳高度角 70°、地面反射率 0.6 的条件下，SNR 优于 48 dB	目前国内成像条件不具备测试条件，无直接测试结果，推算能够满足要求	
	太阳高度角 70°、地面反射率 0.3 的条件下，SNR 优于 42 dB	前视 44.3 dB	优于
		后视 46.8 dB	优于
		正视 43.6 dB	优于
	太阳高度角 30°、地面反射率 0.03 的条件下，SNR 优于 28 dB	前视 39.0 dB	优于
		后视 37.4 dB	优于
		正视 35.7 dB	优于
多光谱相机系统动态范围和信噪比	太阳高度角 70°、地面反射率 0.6 的条件下，SNR 优于 46 dB 无等效条件	目前国内成像条件不具备测试条件，无直接测试结果，推算能够满足要求	
	太阳高度角 70°、地面反射率 0.3 的条件下，SNR 优于 40 dB	B1：41.3 dB	优于
		B2：40.4 dB	优于
		B3：41.3 dB	优于
		B4：40.7 dB	优于
	太阳高度角 30°、地面反射率 0.03 的条件下，SNR 优于 20 dB	B1：32.5 dB	优于
		B2：31.4 dB	优于
		B3：30.5 dB	优于
		B4：32.9 dB	优于
工作时间要求	有效载荷具备每轨连续工作时间 10 min 的能力	10 min	满足
几何检校	利用检校场对 CCD 探元指向角进行标定，精度优于 0.3 像元尺寸	0.2 像元	优于
姿态数据处理精度	经过地面控制点处理后，结合精密定轨数据，姿态精度达到 0.6″（1σ）	0.6″	满足

10.3.2　在轨测试结论

　　通过对资源三号卫星及相关系统功能、性能测试，卫星在轨测试期间，影像及辅助数据、姿态、轨道原始观测数据完整、正确，数据获取链路畅通，测试结果完整、有效，现形成结论如下：

(1)资源三号卫星在轨测试完成了在轨测试大纲规定的全部工作内容,测试项目和方法符合测试细则要求,测试数据稳定可靠,结果可信。

(2)卫星系统功能和性能全面满足《资源三号测绘卫星工程研制总要求》,关键项目性能优于指标要求。

(3)地面系统工作正常、运行稳定,功能和性能满足在轨测试要求。

(4)资源三号卫星测图精度验证、测图产品精度检查,测试结果表明,该卫星完全满足 1∶50 000 立体测图精度、1∶25 000 地图修测与更新精度要求;应用系统具备生产 1∶50 000 地形图及 1∶25 000 地图修测与更新的能力。

(5)卫星在轨测试期间获取的影像清晰,三线阵、多光谱相机内方位元素保持高精度稳定,外方位元素(姿态、轨道、时间)精度保持稳定,经过地面几何检校后,定位精度达到国际先进水平;高码速率正交圆极化频率复用数据传输系统工作稳定,达到国际领先水平。

资源三号运行 4 年多以来,卫星平台、载荷工作稳定、正常,轨道、姿态和影像定位精度长期稳定,影像质量清晰,资源三号卫星多领域应用全面开展,为国民经济建设提供了重要的测绘基础支撑。

参 考 文 献

曹圣群, 黄普明, 鞠德航. 2003. HVS 模型及其在静止图象压缩质量评价中的应用. 中国图象图形学报, 8(4): 379-386.

陈泽民, 马荣华. 2004. IKONOS 卫星遥感影像的精度分析. 遥感技术与应用, 17(1): 46-53.

段云龙, 赵海庆. 2013. 高分辨率遥感卫星的发展及其军事应用探索. 电光系统, (3): 12-16.

冯文灏. 2010. 近景摄影测量. 武汉: 武汉大学出版社.

傅祖芸. 2006. 信息论——基础理论与应用. 北京: 电子工业出版社.

龚健雅. 2004. 当代地理信息系统进展综述. 测绘与空间地理信息, 27(1): 5-11.

龚健雅, 李德仁. 2008. 论地球空间信息服务技术的发展. 测绘通报, (5): 5-10.

顾有林, 张冬英, 乔延利. 2008. 基于 COM 的光学遥感成像模拟软件的设计与实现. 系统仿真学报, 20(9): 2319-2322.

顾有林, 张冬英, 易维宁. 2008. 基于航空图像的航天光学遥感器成像的仿真. 系统仿真学报, 20(14): 3730-3732.

郭连惠, 喻夏琼. 2013. 国外测绘卫星发展综述. 测绘技术装备, (3): 86-88.

郭兆曾, 周凡. 1994. 卫星遥感图像几何质量的仿真评价. 中国空间科学技术, (6): 26-33.

国家测绘地理信息局测绘发展研究中心. 2016. 《全国基础测绘中长期规划纲要(2015~2030 年)》辅导读本. 北京: 测绘出版社.

郝秀兰. 2004. 多光谱遥感图像压缩技术研究. 西安: 西北工业大学硕士学位论文.

胡莘, 曹喜滨. 2008. 三线阵立体测绘卫星的测绘精度分析. 哈尔滨工业大学学报, 40(5): 695-699.

胡莘. 2013. 天绘一号立体测绘卫星概观. 测绘科学与工程, (4): 1-4.

贾永红. 2003. 数字图像处理. 武汉: 武汉大学出版社.

江万寿, 张剑清, 张祖勋. 2002. 三线阵 CCD 卫星影像的模拟研究. 武汉大学学报(信息科学版), 27(4): 414-419.

焦润海, 朱元诚, 侯京彪. 2005. 基于视觉模型和图像特征的遥感图像压缩. 北京航空航天大学学报, 31(2): 197-201.

雷蓉, 董杨. 2015. Pleiades 卫星严格几何模型的构建及定位精度分析. 测绘科学与工程, (3): 43-46.

李德仁. 2003. 论 21 世纪遥感与 GIS 的发展. 武汉大学学报(信息科学版), 25(2): 127-131.

李德仁. 2012. 我国第一颗民用三线阵立体测图卫星——资源三号测绘卫星. 测绘学报, 41(03): 317-322.

李德仁, 童庆禧, 李荣兴, 等. 2012. 高分辨率对地观测的若干前沿科学问题. 中国科学(地球科学), (6): 805-813.

李德仁, 王密. 2012. "资源三号"卫星在轨几何定标及精度评估. 航天返回与遥感, 33(3): 1-6.

李飞鹏. 2003. 卫星遥感影像压缩. 武汉: 武汉大学博士学位论文.

李伟建. 1999. 国家基础测会对卫星遥感数据的需求. 卫星应用, (1): 49-51.

李永亮, 叶宇菁. 2015. 三线阵立体测绘卫星的测绘精度分析. 地球, (7): 164.

李远飞, 张雅声, 周海俊, 等. 2013. 印度对地观测卫星发展现状. 国际太空, (1): 25-31.

廖容升, 李君. 2015. 试析三线阵立体测绘卫星的测绘精度. 地球, (6): 202.

刘荣科, 张晓琳, 廖小涛. 2004. 星载遥感图像压缩编码技术综述. 遥测遥控, 25(2): 7-12.

刘韬. 2014. Skybox 公司高分辨率小微卫星星座开启商业遥感 2.0 时代. 卫星应用, (3): 70-71.

刘韬. 2014. 国外视频卫星发展研究. 国际太空, (9): 50-56.

刘韬. 2015. 北京 2 号卫星星座. 卫星应用, (8): 67-67.

刘先林. 2015. 测绘装备发展的新趋势. 遥感信息, (1): 3-4.

马国锐, 武文波, 秦前清. 2004. 遥感影像压缩质量评价方法. 遥感信息, (3): 48-52.

宁津生. 2003. 从测绘学科发展看 GIS 专业的学科建设. 测绘科学, 28(4): 1-3.

潘红播, 张过, 唐新明, 等. 2013. 资源三号测绘卫星影像产品精度分析与验证. 测绘学报, 42(5): 738-744.

潘经宏. 2015. 三线阵立体测绘卫星的测绘精度分析. 地球, (9): 283.

庞之浩. 2012. 印度遥感卫星家族. 太空探索, (6): 44-47.

祁首冰. 2015. 韩国多用途卫星-3A. 卫星应用, (9): 80-80.

祁首冰. 2015. 韩国遥感卫星系统发展及应用现状. 卫星应用, (3): 52-56.

司马文. 2015. 2014 年世界遥感卫星回顾. 数字通信世界, (02): 44-59.

孙家抦, 舒宁, 关泽群. 1997. 遥感原理、方法和应用. 北京: 测绘出版社.

孙伟健, 林军, 阮宁娟. 2010. 国外光学遥感成像系统仿真软件发展综述与思考. 航天返回与遥感, 31(3): 70-75.

谭碧涛. 2009. 光电系统对空间目标成像建模仿真研究. 计算机仿真, 26(5): 240-243.

唐新明, 谢俊峰, 张过. 2012. 测绘卫星技术总体发展和现状. 航天返回与遥感, 33(3): 17-24.

唐新明, 谢俊峰. 2011. 高分辨率遥感卫星测绘关键技术研究综述. 中国卫星应用大会会议文集: 237-240.

唐新明, 张过, 祝小勇, 等. 2012. 资源三号测绘卫星三线阵成像几何模型构建与精度初步验证. 测绘学报, 41(2): 191-198.

童庆禧, 卫征. 2007. 北京一号小卫星及其数据应用. 航天器工程, 16(2): 1-5.

万志. 2008. 基于辐射传输模型的 TDI CCD 遥感相机信噪比分析. 红外与激光工程, 37(3): 497-500.

王崇倡, 石吉宝. 2004. QuickBird 遥感全色影像平面精度分析. 测绘工程, (1): 53-56.

王刚, 禹秉熙. 2002. 基于图像仿真的对地遥感过程科学可视化. 系统仿真学报, 14(6): 756-760.

王广亮, 李英成, 陈志军, 等. 2011. RapidEye 卫星影像质量分析与彩色合成方案研究. 遥感信息, (2): 98-101.

王任享. 2001. 论不同航天摄影测量传感器的摄影测量性能. 武汉大学学报(信息科学版), 26(2): 95-100.

王任享, 胡莘. 2004. 无地面控制点卫星摄影测量的技术难点. 测绘科学, 29(3): 3-5.

王任享, 王建荣, 胡莘. 2011. 在轨卫星无地面控制点摄影测量探讨. 武汉大学学报(信息科学版), 36(11): 1261-1264.

王任享, 王建荣, 胡莘. 2016. 卫星摄影姿态测定系统低频误差补偿. 测绘学报, 45(2): 127-130.

王晓晨, 孟婷. 2015. 三线阵立体测绘卫星的测绘精度分析. 地球, (9): 284.

王亚丽. 2002. 基于计算机仿真技术的 SPOT 5 影像几何误差分析. 阜新: 辽宁工程技术大学硕士学位论文.

王余涛. 2014. 空间视频成像市场前景尚不确定. 卫星应用, (7): 64.

王正涛. 2005. 卫星跟踪卫星确定地球重力场的理论与方法. 武汉: 武汉大学博士学位论文.

王之卓. 1979. 摄影测量原理. 北京: 测绘出版社.

魏雯. 2013. 俄罗斯调整 2020 年前遥感卫星系统发射计划. 中国航天, (1): 21-25.

吴北婴, 李卫, 陈宏滨, 等. 1998. 大气辐射传输实用算法. 北京: 气象出版社.

吴轩. 2013. 探讨三线阵立体测绘卫星的精度. 建筑与装饰, (22): 231-232.

肖亮, 吴慧中. 2003. 下视景象匹配仿真成像系统的建模与实现. 全国系统仿真学术年会, 330-335.

熊兴华. 2004. 数字影像质量评价方法综述. 测绘科学, 29(1): 68-71.

徐庚保, 曾莲芝. 2003. 航天仿真. 计算机仿真, 20(10): 1-4.

徐开, 金光, 张刘. 2012. 小卫星立体成像姿态控制半物理仿真. 光电工程, 39(9): 12-17.

徐鹏, 黄长宁, 王涌天, 等. 2002. 航天光学遥感器仿真系统原理方案初步设计. 中国空间科学技术, (10): 38-43.

许才军, 申文斌, 晁定波. 2006. 地球物理大地测量学原理与方法. 武汉: 武汉大学出版社.

杨飞, 曲宏松, 金光, 等. 2015. 航天 TDI CCD 双线阵相机动态成像光线几何建模. 光电工程, 42(2): 41-46.

杨秀彬, 贺小军, 张刘, 等. 2008. 偏流角误差对 TDI CCD 相机成像的影响与仿真. 光电工程, 35(11): 45-49.

尹宏. 1993. 大气辐射学基础. 北京: 气象出版社.

尤政, 戴泊. 2001. "航天清华一号"微小卫星及其图像处理. 遥感学报, 5(3): 177-182.

袁孝康. 2006. 星载 TDI-CCD 推扫相机的偏流角计算与补偿. 上海航天, (6): 10-13.

袁修孝, 张过. 2003. 缺少控制点的卫星遥感对地目标定位. 武汉大学学报(信息科学版), 28(5): 505-509.

翟亮, 唐新明. 2011. 光学遥感影像压缩质量评价. 北京: 测绘出版社.

张兵. 2011. 智能遥感卫星系统. 遥感学报, 15(3): 415-431.

张兰庆. 2012. 基于星载 TDICCD 相机动态成像质量的分析与仿真. 哈尔滨: 哈尔滨工业大学硕士学位论文.

张刘, 孙秋香, 金光. 2010. 星载 TDI CCD 相机成像仿真系统的实现. 空间科学学报, 30(1): 91-96.

张永军, 张勇. 2006. SPOT-5 HRS 立体影像无(稀少)控制绝对定位技术研究. 武汉大学学报(信息科学版), 31(11): 941-944.

张永生. 2000. 遥感图像信息系统. 北京: 科学出版社.

张召才. 2015. 吉林一号卫星组星. 卫星应用.

张祖勋. 2008. 由数字摄影测量的发展谈信息化测绘. 武汉大学学报(信息科学版), 33(2):111-115.

张祖勋, 张永军. 2012. 利用国产卫星影像构建我国地理空间信息. 测绘地理信息, 37(5):7-9.

赵春梅, 唐新明. 2013. 基于星载 GPS 的资源三号卫星精密定轨. 宇航学报, 34(9): 1202-1206.

赵利平, 刘凤德, 李健, 等. 2007. 印度测图卫星 IRS-P5 定位精度初步研究. 遥感应用, (2): 27-32.

赵秋艳. 2000. OrbView 系列卫星介绍. 航天返回与遥感, (2): 23-28.

赵秋艳. 2000. 俄罗斯的 RESURS 系列地球资源卫星. 航天返回与遥感, (3): 30-35.

中国资源卫星应用中心. 2014. 环境一号 A/B/C 星. http://www.cresda.com/CN/Satellite/3064.shtml [2016-01-28].

周立强. 2013. 三线阵立体测绘卫星的测绘精度解析. 中国科技博览, (27): 33.

曾生根, 仲海泉, 夏德深. 2001. 从图像工程角度看 CBERS-1 卫星图像. 航天返回与遥感, 22(3): 40-45.

庄绪霞. 2011. 平台运动对星载 TDICCD 相机成像质量影响分析与仿真. 哈尔滨: 哈尔滨工业大学硕士学位论文.

Abdou I E, Dusaussoy N J. 1986. Survey of image quality measurements. ACM Fall Joint Computer Conference:71-78.

Aguilar M A, Aguilar F J, Saldana M D, et al. 2012. Geopositioning Accuracy Assessment of GeoEye-1 Panchromatic and Multispectral Imagery. Photogrammetric Engineering and Remote Sensing,78(3): 247-257.

Amundsen R M, Feldhans W S, Little A D, et al. 1995. Integration of Design, Structural, Thermal and Optical Analysis UNDER User's Guide for Structural-to-Optical Translator(PATCOD). NASA Technical Memorandum: 95.

Anko B, Lorenz W, Ralf R, et al. 2001. Sensor: a Tool for the Simulation of HyperspectralRemote Sensing Systems . ISPRS Journal of Photogrammetry and Remote Sensing, 55(5): 299-312.

Baltsavias E, Kocaman S, Wolff K. 2008. Analysis of Cartosat-1 Images Regarding Image Quality, 3D Point Measurement and DSM Generation. Photogrammetric Record, 23(123): 305-322.

Borner A, Wiest L. 1999. Simulation of APEX Data: the SENSOR Approach. The International Society for Optical Engineering, (3753):235-246.

Brown S D. 2000. Utilization of DIRSIG in Support of Real-time Infrared Scene Generation. The International Society for Optical Engineering, (4029): 278-285.

Chen T J, Chuang K S, Chiang Y C, et al. 2004. A Statistical Method for Evaluation Quality of Medical Images: A Case Study in Bit Discarding and Image Compression. Computerized Medical Imaging and Graphics, 28(4): 167-175.

Chin F Z C, Xydeas C S. 2002. Dual-mode Image Quality Assessment Metric. IEEE Region 8 International Symposium on Video/Image Processing and Multimedia Communications: 137-140.

Cook R L. 1984. Distributed Ray Tracing. Computer and Graphics, 18(3): 137-145.

Cook R L. 1986. Stochastic Sampling in Computer Graphics. ACM Transaction on Graphics, 5(1): 51-72.

Crespi M, De L, Onori R, Onori R. 2007. DSM Extraction from QuickBird Basic Stereo and Standard Orthoready Imagery: Quality Assessment and Comparison. Proceeding of 26th EARSEL Symposium New Developments and Challenges in Remote Sensing: 639-648.

Daniele Cerra, Jakub Bieniarz. 2015. Restoration of Simulated EnMAP Data through Sparse Spectral Unmixing. Remote Sensing, 7(10): 13190-13207.

Dolloff J, Settergren R. 2010. An assessment of World View-1 Positional Accuracy Based on Fifty Contiguous Stereo Pairs of Imagery. Photogrammetric Engineering and Remote Sensing, 76(8): 935-943.

Fraser C S, Hanley H B. 2003. Bias Compensation in Rational Functionsfor IKONOS Satellite Imagery. Photogrammetric Engineering and Remote Sensing, 69(1): 53-57.

Fukue K, Shimoda H. 2002. Simulation Data Set of ALOS Optical Sensor, Geoscience and Remote Sensing Symposium, (4): 2223-2235.

Gastaldo P, Zunino R, HeynderickxI, et al. 2005. Objective Quality Assessment of Displayed Images by Using Neural Networks. Signal Processing: Image Communication, 20(7): 643-661.

Gastellu Etchegorry J P, Martin E, Gascon F. 2004. DART: a 3D Model for Simulating Satellite Images and Studying Surface Radiation Budget. Remote Sensing, 25(1): 73-96.

GIM International. 2014. http://www.isprs.org/proceedings/XXXV/congress/comm1/papers/1.pdf [2016-04-6].

Godeyes. 2016. http://www.godeyes.cn/satellite/eros-b/about.html [2016-1-28].

Gregory G G, Freniere E R. 1999. End-to-end Electro-optical Modeling Software. The International Society for Optical Engineering, 3780(5): 23-32.

Grodeckl J, Dlal G. 2003. Block Adjustment of High-Resolution Satellite Images Described by Rational Polynomials. Photogrammetric Engineering and Remote Sensing, 69(1): 59-70.

Guanter L, Segl K, Kaufmann H. 2009. Simulation of Optical Remote-Sensing Scenes with Application to the EnMAPHyperspectral Mission. IEEE Transactions on Geoscience and Remote Sensing, 47(7): 2340-2351.

Heckbert P S. 1990. Adaptive Radiosity Textures for Bidirectional Ray Tracing. Computer Graphics and Interactive Techniques, 24(4): 145-154.

Iwata T. 2005. Precision attitude and position determination for the Advanced Land Observing Satellite (ALOS). The International Society for Optical Engineering, 5659(6):1-20.

Jacobsen K. 2004. Issues and Method for In-flight and On-orbit Calibration. Post-Launch Calibration of Satellite Sensors:83-91.

Jeong J, Kim T. 2014. Analysis of Dual-Sensor Stereo Geometry and Its Positioning Accuracy. Photogrammetric Engineering and Remote Sensing, 80(7): 653-661.

Kerekes J P, Landgrebe D A. 1989. Modeling, Simulation, And Analysis of Optical Remote Sensing. West Lafayette: School of Electrical Engineering, Purdue University.

Kornus W, Lehner M, Ebner H, et al. 1999. Photogrammetric Point Determination and DEM Generation Using MOMS-2P/PRIRODA Imagery. Geo-Informations-Systeme:28-36.

Kruse F A.,Perry S L. 2013. Mineral Mapping Using Simulated Worldview-3 Short-Wave-Infrared Imagery. Remote Sensing, 5(6): 2688-2703.

Kulhanek J. 2005. http://www2.humusoft.cz/www/papers/tcp04/kulhanek.pdf[2016-07-08].

Lehmussola A, RuusuvuoriP, Olli Y H. 2005. Exploring Subjective Image Quality Through IsopreferenceCurves. Washington D C: IEEE Computer Society Press.

Liang X, Wu H, Tang S, et al. 2005. Modeling and Simulation of Digital Scene Image Synthesis Using Image Intensified CCD Under Different Weathers in Scene Matching Simulation System. Heidelberg: Springer-Verlag.

Liu G R, Lin T H, Kuo T H. 2002. Estimation of Aerosol Optical Depth by Applying the Optimal Distance Number to NOAA AVHRR data.Remote Sensing of Environment, 81(2-3): 247-252.

Miller S W. 2004. End-to-end Simulation for Support of Remote Sensing Systems Design. The International Symposium on Optical Science and Technology, (5548): 380-390.

MitchellD P. 1991. Spectrally Optimal Sampling for Distribution Ray Tracing. Computer Graphics and Interactive Techniques, 25(4): 157-164.

Montenbruck O, Gill E, Lutze F. 2002. Satellite Orbits: Models, Methods, and Applications. Applied Mechanics Reviews, 55(2):2504-2510.

Mulawa D, Orbimage P D. 2000. Preparations for the On-orbit Geometric Calibration of the OrbView 3 and 4 Satellites. Standard Orthoready Imagery: Quality Assessment and Comparison. The International Archives of the Photogrammetry Remote Sensing and Spatial Information Sciences(18): 209-213.

NASA. 2016. http://landsat.gsfc.nasa.gov/?page_id=2290 [2016-1-28].

Noguchi M, Fraser C S, Nakamura T, et al. 2004. Accuracy Assessment of QuickBirdStereo Imagery. Photogrammetric Record, 19(106): 128-137.

Oliveros C S, Reyes F J O, AladosArboledas L. 1998. Determination of Aerosol Optical Thickness from Measurements of Spectral Sky Radiance. Journal Aerosol Science, 29(10): 1199-1211.

Perrin S, Redarce T. 1996. CCD Camera Modeling and Simulation. Journal of Intelligent and Robotic Systems, 17(3): 309-325.

Schott J R, Brown S D. Raqueno R V, et al. 1999. Advanced AyntheticImage Generation Models and their Application to multi/hyperspectralAlgorithm Development. The International Society for Optics and Photonics, (3584): 211-220.

Seo D C, Yang J Y, Lee D H, et al. 2008. KOMPSAT-2 Direct Sensor the Modeling and Geometric Calibration/Validation, (37): 47-51.

SPOT Image. 2002. SPOT Satellite Geometry Handbook. http://www.intelligence-airbusds.com/files/pmedia/public/r439_9_spot_geometry_handbook.pdf [2016-5-2].

Subbarao M, Lu M C. 1994. Image-sensing Model and Computer Simulation for CCD Camera Systems. Machine Vision and Applications, 7(4): 277-289.

Takaku J, Futamura N. 2004. High Resolution DEM Generation from ALOS PRISM Data - Simulation and Evaluation. IEEE International Geoscience and Remote Sensing Symposium (7): 4548-4551.

Verhoef W, Bach H. 2003. Simulation of Hyperspectral and Directional Radiance Images Using Coupled Biophysical and Atmospheric RadiativeTransfer Models. Remote Sensing ofEnvironment, 87(1): 23-41.

Whitted T. 1980. An Improved Illumination Model for Shaded Display. Communications of the ACM, 23(6): 343-349.

Wong K W. 1975. Geometric and Cartographic Accuracy of ERTS-1 Imagery. Photogrammetric Engineering and Remote Sensing, 41: 621-635.

Yu G X,Vladimirova T, Sweeting M N. 2009. Image Compression Systems on Board Satellites. Acta Astronautica, 64(9-10): 988-1005.

致　　谢

　　历史翻到了 2016 年，资源三号卫星已平稳在轨运行 4 年有余，卫星全面实现了各项工程目标，为国家获取了海量卫星影像，在基础测绘、地理国情普查、海岛礁测绘、天地图平台建设等国家重大测绘工程，国土资源调查、生态环境监测、水利工程建设、城市建设与管理、农业林业调查、防灾减灾等行业应用，以及在导航服务等方面发挥了巨大作用，已经成为测绘领域不可或缺的数据源。

　　"卫星测绘系列专著"是资源三号卫星在测绘技术方面的结晶。首先，感谢国家测绘地理信息局党组对资源三号卫星的长期支持。没有局党组一贯的支持，就没有资源三号卫星今天的成绩。在这里我要特别感谢王春峰副局长，他是资源三号卫星的大总指挥，他始终扎扎实实，带领大家坚持测绘卫星的发展方向，与国家国防科技工业局、国家发展和改革委员会和财政部反复沟通，阐述资源三号卫星的重要意义和作用，并带领大家埋头苦干，在困难的时候给大家鼓劲，在最重要的时候一马当先，为资源三号卫星立下了不可磨灭的功勋。

　　我要感谢国家测绘地理信息局卫星测绘应用中心孙承志副主任。他是资源三号卫星应用系统的总指挥。回想起资源三号立项论证的日日夜夜，心潮非常澎湃。他经常和国土资源部、国家国防科技工业局、国家发展和改革委员会反复沟通和协调，负责成立了资源三号卫星项目办公室，组织筹建了卫星测绘应用中心，组织开展资源三号的立项论证，以及卫星在轨测试、工程验收等与卫星相关的所有工作。在资源三号立项最困难的时候，他与我并肩作战，相互鼓励，坚持发展测绘卫星，为资源三号卫星倾注了无限的感情。

　　感谢国家国防科技工业局的领导和同事。资源三号卫星的立项经历了 4 年时间，有许多问题需要协调，感谢国家国防科技工业局孙来燕原副主任、系统一司罗格原司长、李国平司长、赵文波副主任、高军处长、熊攀处长、彭伟处长，国家国防科技工业局上上下下对这颗卫星的立项、发射和应用倾注了大量的精力，李国平司长为资源三号的立项付出了巨大的努力。国家国防科技工业局还在卫星工程中专门拿出经费支持我国资源三号卫星测绘的发展。正是国家国防科技工业局的支持，使得卫星测绘技术得以整体突破。感谢国家发展和改革委员会、财政部的领导，没有他们对测绘的支持，资源三号卫星就难以顺利实施。

　　感谢支持资源三号卫星工程建设的所有院士专家。陈俊勇院士、李德仁院士、刘先林院士、宁津生院士、刘经南院士、张祖勋院士、李建成院士为资源三号卫星立项论证和建设应用付出了大量的努力，龚健雅院士实际上是资源三号卫星的领头人。他们对资源三号卫星倾注了巨大热情，为资源三号卫星的立项论证给予了大量的指导，对卫星测绘的技术研发和应用系统建设提出了许多宝贵建议，极大地推动了我国航天摄影测量的发展。徐冠华院士、王家耀院士、李小文院士、郭华东院士、周成虎院士、郭仁忠院士对资源三号卫星工程的建设和应用给予了大量的指导和帮助，加快了卫星测绘和应用技术的发展。王希季院士、孙家栋院士、王礼恒院士、叶培建院士对资源三号卫星的立项和研制都非常关心，给予了大量技术指导，加快了卫星工程的建设。

感谢国土资源部的领导，特别感谢高平副司长对资源三号的立项支持。科技部社会发展科技司、高新司、国家遥感中心领导对资源三号的建设给予了大力帮助，科技部社会发展科技司还专门支持了国产立体测图卫星的关键技术和应用示范项目。感谢局科技司与国际合作司、规划财务司、地理信息与地图司的领导对资源三号卫星的支持和努力。孙承志、吴岚对资源三号卫星的起步和立项论证发挥了关键性作用，陈常松为卫星应用系统的建设密切与国家发展和改革委员会沟通。

我要感谢中国航天科技集团公司和五院的领导和同事。感谢徐福祥院长对资源三号卫星的鼎力支持，是他的高瞻远瞩使得卫星顺利立项。感谢五院测绘卫星团队，他们是卫星研制的先锋队。我们和五院的同事就资源三号卫星的技术参数反复论证、反复沟通，有时甚至为一个参数要论证好几个月。特别感谢资源三号卫星工程大总师陈世平研究员、卫星总师曹海翊研究员和总指挥王祥研究员。感谢五院测绘卫星团队的刘希刚、张新伟、李少辉、金洋等同事。我还要感谢参与卫星前期论证的刘品雄研究员、徐鹏研究员、周胜利老师和谭梅处长。其实参与论证的还有东方红小卫星公司的李劲东院长等一大批专家。他们的论证使得资源三号的技术参数不断得以改进。

我要感谢508所的所有参与资源三号建设的同事。感谢三线阵相机总师高卫军、多光谱相机的总师范斌，是他们孜孜不倦、精益求精的态度铸就了资源三号高质量的传感器。感谢502所的所有参与卫星平台研制的专家。感谢陈超副所长和她的团队为我国高精度平台作出了巨大贡献，她们还在后期的姿态处理上开展了大量工作。感谢504所的所有参与资源三号卫星影像压缩的专家。

感谢武汉大学资源三号卫星工程研发团队。刘经南院士赵其乐教授团队为卫星轨道的论证做了大量工作，李建成院士闫利教授团队为资源三号 TDI CCD 的几何精度进行了大量分析。感谢郑晗部长组织武汉大学全面参与资源三号卫星应用系统建设工程。感谢闫军教授、郭丙轩教授前期所做的论证工作。感谢江万寿教授、张祖勋院士张永军教授团队在数据处理以及其他方面的支持。特别感谢张过教授团队，团队的蒋永华、汪韬阳、潘红波、陈振炜、黄文超等为资源三号作出了重要贡献。

感谢解放军信息工程大学的范大昭教授团队，范教授基本参与了卫星工程建设的全部过程，完成了大量的论证和技术研发工作。

感谢参与卫星工程建设的吴晓良研究员。他参与了卫星参数的论证和设计，指导首幅影像的制作。邱振戈研究员参与了卫星测绘的全部设计、技术研发和工程建设工作。

感谢中国测绘科学研究院的各位专家。翟亮副主任为工程的立项建议书、影像压缩设计立下了汗马功劳。赵春梅研究员为卫星的轨道预报、卫星定轨作出了重要贡献。肖金成参与了大量的卫星几何检校场建设的技术研究。

感谢民政部卫星减灾中心，感谢范一大主任、杨思全总工。感谢中国科学院遥感与数字地球研究所顾行发研究员、余涛研究员对资源三号立项和系统建设的支持。

感谢李朋德副局长、冯先光主任、王权主任、刘小波书记对本套系列专著的支持和鼓励。感谢中心业务处常晓涛处长、樊文峰副处长、周晓青副处长和业务处全体同事。周晓青副处长参与了资源三号卫星工程的全部组织管理，他是工程管理的总联系人。感谢研发部高小明主任、岳庆兴博士、谢金华博士、胡芬博士、薛玉彩博士和研发部全体同事。高小明参与了资源三号卫星应用系统调度和系统管理，为本套系列专著的编写付出了大量心血。岳庆兴博士完成了资源三号卫星仿真系统的开发。感谢基准检校部付兴科主任、祝小勇博士、谢俊峰博士、朱广彬博士、窦显辉和全体同事。付兴科研究员为资源三号辐射参数的设计提供了具体技术指导，祝小勇为卫星的几何检校完成了大量创新性工作，谢俊峰为卫星的姿态处理开展了大量研究和试验，朱广彬博士一直在从事卫星定轨系统的完善工作。感谢数据处理部王霞主任、周平博士、赵世湖博士、李洪洲和全体同事。王霞研究员统筹协调资源三号卫星影像产品的开发，周平博士负责集成了资源三号卫星数据预处理系统。感谢运行管理部汪汇兵主任、史绍雨高工、信晟、何昭宁、欧阳斯达、叶芳宏和全体同事。他们负责建立了资源三号卫星运行管理系统和数据管理系统，在卫星运行管理和数据管理方面作出了重要贡献。感谢分发服务部王华斌主任、李参海高工、王光辉、王鸿燕、王玉、王伶俐和全体员工。他们负责建立了资源三号卫星分发服务系统，向测绘行业、地学领域和全社会分发了约 2 亿 km^2 的产品。他们还开发了满足 1∶5 万精度要求的影像控制点数据库，为资源三号卫星影像的正射纠正奠定了坚实基础。感谢中心的全体同仁，感谢所有卫星工程建设的参与者!

　　本套系列专著也集结了众多科研项目的成果，包括：科学技术部科技支撑计划项目"资源三号卫星立体测图技术和应用示范"（2011BAB01B00）；科学技术部国际合作项目"高分辨率立体测图卫星的地面几何检校联合试验研究"（2006DF717570）；国家基础测绘科技项目"高分辨率立体测图卫星应用系统论证"（1469990711111）。另外，国家国防科技工业局也在成像模型建立、数据处理、在轨测试、高分遥感测绘应用等多方面予以了项目支持。

　　资源三号卫星的成功得益于各级领导多位专家方方面面的支持和帮助。由于参与卫星测绘技术的人员众多，在这里本套系列专著作者对参与项目的所有人员表示衷心的感谢！由于论证、研发和应用的时间跨度较长，难免挂一漏万，请大家海涵！最后感谢资源三号卫星背后的无名英雄们！

作　者
2016 年 7 月 3 日